高等学校试用教材

建筑施工组织学

同济大学经济管理学院
天津大学管理学院
合编

中国建筑工业出版社

图书在版编目（CIP）数据

建筑施工组织学/同济大学经济管理学院，天津大学管理学院合编．—北京：中国建筑工业出版社，1987(2006 重印)

高等学校试用教材

ISBN 978-7-112-00039-5

Ⅰ．建… Ⅱ．①同… ②天… Ⅲ．建筑工程-施工组织-高等学校-教材 Ⅳ．TU721

中国版本图书馆 CIP 数据核字(2005)第 157467 号

本书是建筑管理工程专业的试用教材，主要内容有施工组织概论，建筑流水施工、网络计划技术、单位工程施工设计、施工组织总设计、建筑工地业务组织及工程的实施、管理与竣工验收等。本书也可供建筑施工管理人员和技术人员参考。

高等学校试用教材

建筑施工组织学

同济大学经济管理学院
天津大学管理学院
合编

*

中国建筑工业出版社出版、发行（北京西郊百万庄）

各地新华书店、建筑书店经销

北京云浩印刷有限责任公司印刷

*

开本：787×1092 毫米 1/16 印张：14½ 插页：2 字数：348 千字

1987 年 12 月第一版 2015 年 7 月第二十二次印刷

定价：**21.00** 元

ISBN 978-7-112-00039-5

(14916)

目　　录

前　言

《建筑施工组织学》是建筑管理工程专业的一门主要专业课程。设置本课程的主要目的是培养学生从事工程建设组织与管理工作的能力。

我国建筑施工组织学的教学、科研和工程实践，已有三十多年的历史。本书是在总结过去经验的基础上，按照专业教材编审委员会1984年制定的教学大纲编写的。在内容上联系建筑业管理改革的实际，立足于面向现代化、面向世界、面向未来。

全书共七章，绪论及第二、三、四、七章由同济大学江景波教授主编，林知炎、潘宝根和周德泉副教授参加编写。第一、五、六章由天津大学赵铁生教授主编，张忆森副教授参加编写。青岛建筑工程学院张树臣副教授参加了第七章的部分编写工作。

全书由重庆建筑工程学院丁于钧副教授、毛鹤琴副教授主审。

由于我们实践经验不足，书中缺点错误在所难免，恳请广大读者批评指正，不胜感激。

编　者

绪　　论

一、研究对象与任务

基本建设是发展我国社会主义经济，推动四个现代化建设，满足人民群众日益增长的物质和文化生活需要的重要保证。基本建设工作程序可简单地概括为计划、设计、施工和竣工验收四个阶段。计划是按照国家经济发展的远景目标，确定建设项目的性质、规模、建设时间和地点；设计是以批准的计划文件为依据，为建设项目编制具体的技术经济文件，决定项目的内容、建设方案和建成后的使用效果；施工则是根据计划文件和设计图纸的规定和要求，直接组织人力、物力进行工程的建造，从而使主观计划的蓝图变成客观的现实。

随着社会经济的发展和建筑技术的进步，现代建筑施工过程已成为一项十分复杂的生产活动。一个大型建设项目的建筑施工安装工作，不但包括组织成千上万的各种专业建筑工人和数量众多的各类建筑机械、设备有条不紊地投入建筑产品的建造；而且还包括组织种类繁多的，数以几十甚至几百万吨计的建筑材料、制品和构配件的生产、运输、储存和供应工作，组织施工机具的供应、维修和保养工作，组织施工临时供水、供电、供热，以及安排生产和生活所需要的各种临时建筑物等等。这些工作的组织与协调，对于工程建设具有十分重要的意义。

《建筑施工组织学》是研究社会主义条件下，工程建设的统筹安排与系统管理的客观规律的一门学科。它的首要任务是：根据建筑产品生产的技术经济特点，以及国家基本建设方针和各项具体的技术政策，从理论上阐述建设项目施工组织的基本原则；探索和总结如何根据建设地区自然条件和技术经济条件，因地制宜地确定工程建设的全局战略方针，合理部署施工活动的规律和经验，从而高速度、高质量、高效益地完成工程建设的施工安装任务，尽快地充分发挥国家建设投资的经济效益。一个建设项目的计划文件批准之后，接着就要着手工程的初步设计（或扩大初步设计）、技术设计和施工图设计。设计工作开始后，施工问题就提到了议事日程。与各设计阶段同步进行的施工组织设计工作，是使设计方案与施工条件紧密结合，工程建设技术先进性与经济合理性统一的保证。

基本建设施工安装活动的任务，是要落实到建筑安装施工企业去完成的。无论是将建设工程作为国家指令性任务下达，还是组织建设工程的招标投标，施工单位都必须根据承包合同或协议，组织施工并对工程全面负责。因此，《建筑施工组织学》的另一重要任务，是定量地探索和研究建筑安装施工企业如何以最少的消耗来组织承包工程的施工安装活动，以取得最大的经济效益。大家知道，每一建筑物在开始施工之前，施工承包单位必须根据工程的特点和本企业的情况，及时解决如下几个问题，即：（1）选择适当的施工机械和施工方法；（2）合理地确定工程的施工开展顺序和施工进度；（3）计算出工程所需要的各种劳动力、建筑机械设备、材料、制品构件等的需要量及其供应办法；（4）确定工地上所有机具设备、仓库、道路、水电管网及各种为施工服务的临时房屋的合理布置；（5）确定开工之前所必须完成的各项准备工作等等。而上述这些问题的解决，可能有各种不同的方案、途径和办法，其技术经济效果不尽一样；因此，如何结合具体工程的性质、特点、工期要求、质量标准等，选择技术上先进、经济上合理的施工方案，这是关系到施工企业微观经济效益的重要问题。加之建筑施工生产又经常受到主客观众多因素的影响，因此，如何采取有效的手段对施工过程进行工期、成本和质量的控制，这也是施工组织和管理人员所必须考虑的问题。

施工组织工作的全过程，也就是建筑施工安装活动的计划及其实施和调整的动态管理过程。一项工程计划的实施，涉及到施工总包与分包单位，不同专业工种和企业各个职能部门的工作。因此，施工组织学的第三方面任务，是研究和探索施工过程中的系统管理和协调技术，解决施工全局中的纵向和横向的协调一致问题，从而使建筑施工安装活动自始至终处于良好的管理和控制状态，达到工期短、成本低、质量好的目标。

二、课程内容与特点

本课程的基本内容包括：施工组织概论、流水施工原理、网络计划技术、单位工程施工设计、建筑群施工组织总设计、全工地性施工业务组织以及施工过程的管理和竣工验收工作等。

第一章的施工组织概论，首先从分析建筑产品生产的技术经济特点出发，揭示建筑施工的复杂性和施工准备工作的重要性；阐述不同施工组织设计文件的作用、编制内容和要求，所需要的原始资料以及施工组织的基本原则。

在建筑施工中，流水作业法是实现连续、均衡、有节奏地生产建筑产品的有效组织方法。第二章系统地介绍了流水施工的基本概念、各种常见的专业流水施工方式及其在工程施工设计中的实际应用。

第三章介绍计划管理新方法——网络计划技术，它是统筹安排施工活动的科学手段。内容包括网络计划的基本概念，常用网络图的编制、计算和优化方法。

第四、第五章分别介绍单位工程的施工设计和建筑群施工组织总设计的基本方法与工作程序。在内容上两者都包括施工方案的选择，施工进度计划的编制，施工平面图设计等。但它们的编制对象、编制依据、内容深度和作用各不相同。前者用以指导一个建筑物或构筑物的现场施工活动，通俗的说法即实施性、战术性的施工计划；而后者则用以指导一个建筑群体（或整个建设项目）的施工部署，属控制性、战略性的施工计划。学习中应注意两者的区别与联系。

建筑工地的仓库组织，运输组织，附属和辅助生产企业的组织，为施工服务的临时办公及生活设施的组织，施工临时供水、供能及通讯、调度设施的组织等，是工程建设中艰巨而复杂的任务；这些内容将在第六章中，作为全工地性施工业务组织加以研究。

第七章阐述施工组织设计文件的贯彻，施工过程的进度管理、成本管理和工程质量管理的方法，最后介绍工程竣工验收和交付使用的工作程序和要求。

本课程的显著特点之一是内容广泛，涉及到建筑技术、经济与管理知识的综合应用。它和建筑管理工程专业所设置的其它专业课程有着密切的联系。从事施工组织与管理，需要运用房屋建筑、结构、力学、施工技术、施工机械、工程定额与预算、建筑经济学以及运筹学等专门知识。

实践性强是本课程的另一显著特点。任何一项工程的施工，都必须从建筑产品生产的技术经济特点、工程特点和施工条件出发，才能编制出符合客观实际的施工组织设计，并在实施过程中经受实践的检验。因此，学习这门课程，除了掌握其基本理论之外，还必须十分重视实践经验的积累。

三、学习方法与要求

本课程的学习一定要注意理论联系实际。要正确处理定性的理论阐述和定量分析的关系。前者强调理解消化，克服教条式的背诵概念和生搬硬套的学习方法；提倡在理解的基础上进行归纳和概括，从而培养独立思考和分析问题的能力。后者则要求通过独立完成一定数量的课外习题，达到熟练掌握，锻炼动手工作能力。

由于建设工程的特点和施工条件各异，书中的例子仅是为了帮助读者理解课程内容而编写的，带有很大的局限性；且限于篇幅，既不可能也没有必要附上完整的工程图纸和技术资料，也不可能全面介绍施工条件的所有细节，因此学习中只能作为一种参考模式。学生在学完这门课程之后，应结合生产实习环节，到建筑施工企业阅读几套工程施工图纸和相应的施工设计文件，并且尽可能争取参加一项工程的施工设计工作，从而加深所学知识，增强实际工作本领。

第一章　施工组织概论

第一节　建筑产品及其生产特点

建筑产品有各种类型和规模的工业、民用和公共建筑物。同一般工业产品比较，建筑产品及其生产主要有以下几个特点：

一、建筑产品在空间上的固定性及其生产的流动性

建筑物均生根于大地，由于使用者的要求，被分散固定于不同的地点。建筑产品的固定性造成施工人员、材料和设备等要随着建筑物所在地点的变更或其施工部位的改变进行流动。并且，每变更一次施工地点，就要筹建一次必要的生产条件，即进行一次施工现场准备工作。随着工程的完工，为施工服务的各项业务设施还需要转移。由于施工是在建筑物所在位置或其部位上进行的，所以施工的空间是有限的。施工人员要按照一定的顺序流动。

二、建筑产品的多样性及其生产的单件性

由于使用要求的不同，有多种多样的建筑物。即使同一使用要求，因所在地区、环境条件的不同，建筑物在内部结构、外部形体和材料选用等方面也是不同的，从而使产品的生产也不同。随着建筑产品的不同，施工准备工作、施工工艺、施工方法和设备的选用也是不尽相同的。

三、建筑产品体形大、生产周期长

建筑物与一般工业产品比较，其体形较庞大，建造时耗用的劳动力、材料和机械设备等资源众多，又加上是在建筑物实体上按施工顺序进行流动性的露天作业，受季节气候与不良劳动条件的影响，因而造成建筑施工周期长的特点。

综上所述，建筑产品的固定性、多样性和体形庞大的特点，造成施工的流动性、单件性和周期长的特点。所以，建筑产品的生产组织比一般工业产品的生产组织要复杂得多。我们要研究分析建筑产品及其生产的特点，以便针对这些特点，发挥我们的主观能动性，采取有效的措施，搞好施工组织工作，多快好省地完成施工任务。

第二节　施　工　准　备

施工准备、施工和交工验收是建筑施工阶段的三个组成环节。

施工准备工作是为了创造有利的施工条件，保证施工任务得以又快、又好、又省地实现。

施工准备工作根据时间和内容的不同，可以分为建设前期的施工准备工作、单位工程开工前的施工准备工作，全面施工期间的经常性施工准备工作以及与冬雨季施工有关的特殊性施工准备工作等等。

一、建设前期的施工准备

工程设计和施工是紧密相关的。设计方案一旦产生，施工的问题也就提到了议事日程上。一个大型工业企业建设项目全面施工之前的施工准备，一般需要持续相当长的时间，它是整个工程建设的序幕，称为建设前期的施工准备。抓紧抓好前期施工准备，对于全面施工的顺利开展和缩短建设周期，意义重大。前期施工准备的重点是：

（一）落实施工组织准备措施

施工组织准备措施的内容包括：

1.确立工程建设指挥机构，委派建设项目总经理、总工程师。组建业务工作部门，形成健全的工程建设管理工作系统。

2.确定参加施工的建筑安装机构和专业化施工机构，并解决其重新组织或扩大生产能力的问题，以适应施工组织的需要。解决施工人员的安置和生活福利设施问题。

3.及时审批技术设计，明确施工任务，编制施工组织设计文件，划分施工阶段，确定建设总进度。在施工组织设计中列出准备时期所必须完成的项目。

4.对施工地区的自然条件和技术经济条件进行调查和勘测，及时解决建筑施工所需利用的运输设备、工程管道、建筑工业企业、热力工程设施等的条件问题，并办理施工用地的征用手续。

5.框算各种施工技术物资需要量，落实货源，签订采购订货合同，必要时可在技术经济论证的基础上，确定开发施工地区建筑材料资源和发展建筑构件工业的计划，或者制定增加建筑材料和构件生产能力的专门计划，并按施工进度计划的要求确定其投产期限，以解决施工中物资资源的供应问题。

（二）搞好场内场外准备工程

施工场内场外准备工程应在主要建筑安装工程开工之前完成。

场外准备工程包括：修筑通往建筑场地及沿线供应基地的室外专用铁路、公路、码头、通讯线路、配有变电站的输电线路、带引水结构物的给水管网及有净水设施的排水干管。

在未开发地区进行建设时，场外准备工程还包括建立建筑材料和构件的生产企业，这些企业的任务是向该建筑工程提供产品，以及设计规定的供施工人员居住和使用的住房及公共建筑物。

场内准备工程包括：为施工测量放样做好准备工作；开拓建筑场地——清理施工现场和拆除在施工过程中不使用的建筑物；施工现场的工程准备工作：平整场地，保证地表水的临时排水，迁移现有工程管道，修筑永久性和临时性场内道路，铺设供水、供电管网，敷设电话和无线电通讯网等；建立全工地性仓库业务，修建设备和建筑构件的拼装场，以及为工地服务的其它设施；安装工具库、机械设备库和临时构筑物，必要时建造临时为施工服务的永久性建筑物和构筑物；保证建筑工地所需的消防器材、通讯工具和信号装置。

在准备工程阶段，通常由建设地区的企业供应标准建筑构件和配件。离建筑生产基地比较远的建筑场地，可由区域性建筑机构的移动式和装卸式临时设施提供所需的半成品。

很大一部分全工地性工程如平整土地，敷设供电、供热、供水的地下干管和其它管线，修筑铁路和公路等，通常与准备工程同时完成。

厂内永久性供电供水管网的敷设及厂内铁路和公路的修筑，可在准备时期，也可安排在主要施工时期进行。

及时修筑足够长度的道路具有重大意义。拖延道路网的修建，会使运输工作间断，工人窝工，机器停转，工程进度受到影响。筑路工程应与敷设地下管道工程相配合。位于已设计出的公路下面的各段地下管道，最好在修筑公路之前先行敷设。

在需要填土的地段，应在平土之前敷设地下管道；在要求取土的地段，则应在平土之后敷设地下管道，这样，可减少地下管道工程的土方总量。

准备工程的规模，要能保证施工的顺利进行，保证施工单位所需要的工作面。在工艺上，准备工程应与主要建筑安装工程的总流水作业线相配合。

只有当扩大初步设计或技术设计及建筑工程项目表已经按照规定程序批准后，准备工程才能开始。准备工程的完成情况应该记录在总的施工日志上。

必需完成的组织准备措施和场外准备工程做好之后，主要建筑安装工程才允许开工。

（三）准备工程与主要建筑安装工程的配合

为了使工程按照正常顺序和规定程序顺利展开，准备工程的进度计划与工业企业建设进度计划要协调一致。

大型工业企业的建设，通常是按照建筑群工程分期进行的。为了使竣工投产的车间能够正常生产，必须将其辅助车间和该车间工作人员的住房，以及文化生活设施同时建造好。

依照进度计划（总进度计划和准备工程进度计划）中所确定的施工顺序，将施工的工程项目按投产顺序分成组。

为了保证工人和机械均衡地有节奏地从一组建筑项目转入另一组项目，要相应地安排好建筑物与构筑物的施工期限。

工业和民用住宅的建筑安装工程，不论是主要施工时期或是准备时期，都应该组织几条平行流水作业线，在开阔的工作面上进行施工。

在开始时期要集中完成那些能够为准备工程和主要正式工程打开工作面的工程项目。

为了创造正常施工条件，必须及时完成全工地性工程（平整场地，敷设排水管和地下管网，修筑道路）。这些工程要大大早于建筑物动工之前进行，俾使一个地段的建筑物和构筑物开工前，在该地段上的全工地性工程，已经结束。

首先应建造一些在施工初期可供利用的永久性工程，以减少临时建筑物和构筑物的工程量。一般可以利用的厂房有机械锻造车间、修理车间、带有汽车修理车间的车库、仓库等等。也可以利用行政办公和文化生活用的房屋，以及供建筑工人居住的永久性住房。

地下构筑物以及建筑物与构筑物的地下结构，应与该工程所在区段的全工地性工程同时施工。

建筑物或构筑物地面以上的工程，只有在其地下结构建成，完成回填土及平整土地之后才能进行。对于采用装配式构件建造的工业车间，建议预先做好混凝土地面垫层。

只有在个别情况下，当按上述程序进行工作增加劳动量、拖长工期或使施工复杂化时，才允许修改以上指定的程序。

二、单位工程开工前的施工准备

无论单位工程是独立的或者是某建筑群的一部分，都只有在工程技术资料齐全、施工现场完成“三通一平”（即水通、路通、电通和场地平整）以及主要建筑材料、构、配件基本落实的前提下，才具备开工条件。因此，单位工程开工前的施工准备工作，对于该工程施工活动的顺利开展，同样具有重要的作用。这方面准备工作的主要内容是：

（一）组织和技术的准备

1.审查施工图纸，做好设计交底。

2.编制单位工程施工预算文件，并进行工料分析和工程成本分析，提出节约工料、降低工程成本措施。

3.编制单位工程或主要分部工程的施工设计文件，确定施工方案、施工进度计划和施工平面布置。

4.签订工程协议书或经济合同，明确工程任务、工期要求、质量标准和工程预算价值、承发包双方在施工过程中的责任和相互配合。

5.对于独立的单位工程，施工单位必须根据上级下达的施工任务，申请施工执照，然后才能执行施工任务。

（二）施工现场的准备

1.及时做好施工现场补充勘测，取得工程地质第一手资料，了解拟建工程位置的地下有无暗沟、墓穴或地下管道等。

2.砍伐树木，拆除障碍物，平整场地。

3.铺设临时施工道路，接通施工临时供水供电管线。

4.做好场地排水防洪设施。

5.搭设仓库、工棚和办公、生活等施工临时用房屋。

6.做好拟建房屋定位放线，建立控制标高引测点。

7.设置防火保安等消防设施。

（三）技术物资准备

1.办理国拨材料及统配物资的计划指标申请。落实地方建筑材料的订货和运输工具。

2.办理钢筋混凝土构件、木门窗和其它零配件的委托加工手续。

3.组织施工机械、设备和模具的进场。

三、施工期间的经常性准备工作

1.按照单位工程施工设计的要求，搞好各阶段施工平面布置。

2.根据施工进度计划，组织建筑材料和构件的进场，认真做好检验试验和储存保管工作。详细核对材料的品种、规格和数量。

3.做好各项施工前的技术交底，签发施工任务单。

4.做好施工机械、设备的经常性检查和维修工作。

5.做好施工新工艺的技术培训。

四、冬雨季施工准备工作

（一）冬季施工准备

冬季施工是一项复杂而细致的工作。由于气温低、工作条件差、技术要求高，因此，认真做好冬季施工准备具有特殊的意义。例如，对于钢筋混凝土工程，混凝土的强度增长与养护时期的气温有密切关系，在摄氏正 4 度时比在正15度时养护时间长三倍；当气温在零度以下时，水化作用基本停止，当气温低于 $-3°C$时混凝土中的水冻结，而且水在结冰时体积要膨胀 8～9％，从而混凝土有被胀裂的危险。此外，由于养护时间长，不但拖延了工期，而且影响模板的周转使用，增加了工程的费用。实践证明，混凝土在凝结前3～6小时受冻结，其28天强度将比设计强度下降50%；如果在凝结后2～3小时受冻结，强度下降15～20%；而当强度达到设计强度50%以上并且其抗压强度不低于50公斤/厘米^{2}时受冻结，不会影响它的强度。因此，当平均气温低于5度或昼夜最低气温低于负3度时，就应采用冬季施工措施。

1.合理安排冬季施工项目和进度

一般说，对于采取冬季施工措施费用增加不大的项目，如砌砖、可用蓄热法养护的混凝土工程、吊装工程、打桩工程等可列入冬季施工范围；而对于受冬季施工影响较大的项目，如土方、外粉刷、防水工程、道路等，拟安排在冬季前施工；同时，应尽可能缩小冬季施工面积，将有条件完成外壳工程的项目尽可能安排在冬季前完成外壳施工，为冬季施工创造工作面。

2.重视冬季施工对临时设施布置的特殊要求

施工临时给排水管网应采用防冻措施，尽量埋设在冰冻线以下，外露的水管应用草绳包扎，免受冻结；注意道路的清理整修，防止积雪阻塞，保证运输通畅。

3.及早做好技术物资的供应和储备

增加冬季施工材料的储备量及堆场面积。及早准备好混凝土促凝剂等特殊施工材料和保温材料，以及锅炉、蒸汽管、劳保防寒用品等。

4.加强冬季防火保安措施；及时检查消防器材和装备的性能。

（二）雨季施工准备

在多雨地区，认真做好雨季施工准备，对于提高施工连续性、均衡性，增加全年施工天数具有重要作用。

1.首先在工程施工进度的安排上，应注意晴雨结合，晴天多进行室外作业，为雨天创造工作面；不宜在雨天施工的项目，如大型土方工程、屋面防水工程等，应安排在雨季之前进行。

2.做好施工现场排水防洪准备工作。加强排水设施的管理，经常疏通排水管沟，防止堵塞。

3.注意道路防滑措施，保证施工现场内外的交通畅通。

4.加强施工物资的保管，注意防水和控制工程质量。

第三节　施工组织设计文件

一、施工组织设计及其作用

创造一定的生产条件是生产活动顺利进展的基础。一般工业产品的生产均有固定的、长期适用的工厂为其提供必要的生产条件。而建筑产品因其生产特点的不同，目前尚没有长期适用的固定工厂为其提供生产条件，只能根据不同建筑任务的具体条件与要求，在施工现场创建必要的生产条件。

同时，由于建筑的类型很多，即使是同一类型的建筑，因建造地点不同，施工条件不同，组织施工的方案也就不同。所以，不论是技术方面或组织方面，通常都有多种可能的方案供施工人员选择。问题是，怎样根据基本建设的方针政策、建筑物的性质和规模、建造地区的条件、使用者对工期的要求，劳动力的调配情况、机械的装备程度、材料的供应情况、构件的生产情况、运输能力和气候等各项具体条件，从全局出发统筹安排，在许多的可能方案中选择最经济最合理的方案。所以，施工前需要有一个能指导施工准备和施工的技术经济文件。

施工组织设计就是为完成具体施工任务创造必要的生产条件、制订先进合理的施工工艺所作的规划设计，就是指导一个拟建工程进行施工准备和施工的基本技术经济文件。它的基本任务是根据国家对建设项目的要求，确定经济合理的规划方案，对拟建工程在人力和物力、时间和空间、技术和组织上作出全面而合理的安排，以保证按照规定，又好、又快、又省、又安全地完成施工任务。

施工组织设计是对施工活动实行科学管理的重要手段。通过编制施工组织设计，可以根据施工的各种具体条件制定拟建工程的施工方案，确定施工顺序、施工方法、劳动组织和技术组织措施；可以确定施工进度，保证拟建工程按照预定的工期完成；可以在开工前了解到所需材料、机具和人力的数量及使用的先后顺序；可以合理安排临时建筑物和构筑物，并和材料、机具等一起在施工现场上作合理的布置；可以使我们预计到施工中可能发生的各种情况，从而事先做好准备工作；还可以把工程的设计与施工、技术与经济、前方与后方、整个施工单位的施工安排和具体工程的施工组织更紧密地联系起来，把施工中的各单位、各部门、各阶段、各建筑物之间的关系更好地协调起来。经验证明，一项工程如果施工组织设计编得好，能反映客观实际，符合国家或合同规定的要求，并且认真地贯彻执行，那么施工就可以有条不紊地进行，取得好、快、省和安全的效果，国家的基本建设投资也就能发挥更大的效益。

二、施工组织设计的种类

如前所述，及时而精细地做好施工准备工作，对顺利进行工程施工有着极为重大的意义。为了适时地进行施工准备工作，施工组织设计必须分阶段地根据工程设计书来编制，这就是说，施工组织设计的各阶段是与主要设计的各阶段相对应的。

一般情况下，一个大型企业的建设要依次经过初步设计、技术设计和施工图三个设计阶段。施工组织设计的三个相应的阶段就是：①施工条件设计(或称施工组织基本概况)，这是包括在初步设计中的；②施工组织总设计，这是包括在技术设计中的；③各个房屋和建筑物的施工设计，其中包括各施工过程的设计。这是由施工单位根据施工图制定的。

1.施工组织条件设计

施工组织条件设计的作用在于阐明拟建工程在规定期限与建设地点的条件下，从施工角度说明工程设计的技术可行性与经济合理性，同时作出轮廓的施工规划，并提出在施工准备阶段首先应进行的工作，以便尽先着手准备。这一组织设计主要应由设计单位负责编制，并作为初步设计的一个组成部分。

2.施工组织总设计

它是以整个建设项目或民用建筑群为对象编制的，目的是要对整个工程的施工进行通盘考虑、全面规划，用以指导全场性的施工准备和有计划地运用施工力量，开展施工活动。其作用是确定拟建工程的施工期限、施工顺序、主要施工方法、各种临时设施的需要量及现场总的布置方案等，并提出各种技术物资资源的需要量，为进一步搞好施工准备工作创造条件。在现阶段，施工组织总设计是在扩大初步设计批准后，依据扩大初步设计文件和现场施工条件，由总承包单位组织编制的。

3.单位工程施工设计

它是以单项工程或单位工程为对象编制的（通常也称单位工程施工组织设计），是用以直接指导单位工程或单项工程施工的。它在施工组织总设计和施工单位总的施工部署的指导下，具体地安排人力、物力和建筑安装工作的进行，是施工单位编制作业计划和制定季度施工计划的重要依据。单位工程施工设计是在施工图设计完成后，以施工图为依据，由工区（工程处）或施工队组织编制的。

4.分部（分项）工程施工设计

它是以某些特别重要的和复杂的或者缺乏施工经验的分部（分项）工程（如复杂的基础工程、特大构件的吊装工程、大量土石方工程等）或冬、雨季施工等为对象编制的专门的、更为详尽的施工设计文件。

施工组织总设计是对整个建设项目施工的通盘规划，是带有全局性的技术经济文件。因此，应首先考虑和制订施工组织总设计，作为整个建设项目施工的全局性的指导文件。然后，在总的指导文件规划下，再深入研究各个单位工程，对其中的主要建筑物分别编制单位工程的施工设计。就单位工程而言，对其中技术复杂或结构特别重要的分部（分项）工程，还需要根据实际情况编制若干个分部（分项）工程的施工设计。

在编制施工组织总设计时，可能对某些因素和条件尚未预见到，而这些因素或条件的改变可能影响整个部署。所以，在编制了各个局部的施工设计之后，有时还需要对全局性的施工组织总设计作必要的修正和调整。当然，在贯彻执行施工组织设计的过程中，也应随着工程施工的发展变化，及时给予修正和调整。

三、施工组织设计的内容

施工组织设计的内容，决定于它的任务和作用。在施工组织设计中，必须根据不同工程的特点和要求，根据现有的和可能争取到的施工条件，从实际出发，决定各种生产要素的结合方式。

为了使所承担的具体施工任务具有必要的生产条件，用以保证施工工作的顺利进行，首先应做好施工准备工作。为了提高施工准备工作的计划性和科学性，事前要进行广泛详细的调查研究，编好施工准备工作的计划。另外，还要规划设计好为生产和生活服务的各项业务组织，并在施工现场范围内将拟建建筑物、构筑物、道路管网以及服务于生产和生活的各项临时设施在空间上进行全面合理的布置，这些通常以施工总平面图的形式表达出来，是施工组织设计的一项基本任务。

施工组织设计的另一项基本任务是根据工程任务的特点和要求，考虑地区的自然条件和环境情况等因素，选择先进、合理、实用的施工方法和各种主要施工设备，即通常所说的选择施工方案。并且在施工方案选定的基础上设计出对建筑产品进行加工的施工顺序、开竣工时间以及相互衔接关系的计划，这种在时间上的安排，在施工组织设计中被称之为施工进度计划。

由于建筑施工是在多专业、多单位相互协作配合下进行的，所以在安排施工进度计划时必须明确各单位的分工职责，协调好彼此之间的配合。另外，还要结合供应条件编好与施工进度计划的需要相适应的人员、机械设备和材料等的供应计划。

概括起来，施工组织设计所应包含的内容主要有：

1.施工准备工作；
2.施工方法与相应的技术组织措施，即施工方案；
3.施工进度计划；
4.施工现场平面布置图；
5.劳动力、机械设备、材料和构件等供应计划；
6.各项施工业务的组织；
7.各项技术经济指标。

在上述几项基本内容中，第1、4、5、6项主要用于指导准备工作的进行，为施工创造物质技术条件。第2、3项则主要是指导施工过程的进行，规定整个的施工活动。施工组织设计的几项内容是有机地联系在一起的，既相互依存又彼此制约。因此，在编制施工组织设计时，要抓住核心问题，同时处理好各方面的相互关系。

全部工程任务能否按期完工，或部分工程能否提前交付使用，主要取决于施工进度计划的安排；而施工进度计划的制定又必须以施工准备、场地条件，以及劳动力、机械设备、材料的供应能力和施工技术水平等因素为基础。反过来，各项施工准备工作的规模和进度、施工平面的分期布置、各项业务组织的规模和各种资源的供应计划等又必须以施工进度计划为根据。所以，施工进度计划是施工组织设计中的关键环节。

第四节　原始资料的调查研究

一、调查的重要性和调查的方法

建筑工程涉及的方面广、专业多、工程量大，影响因素复杂。而对其所在地区的特征和技术经济条件，人们往往是不熟悉的。在这方面，原始资料上的一点差错很可能导致十分严重的后果。因此，必须充分重视调查研究工作。

在实际工作开始之前，应拟定详细的调查提纲，以便调查研究工作有目的、有计划地进行。

调查时，首先应向主体设计单位、勘测单位收集有关设计计划任务书、工程地址选择报告、工程地质和水文地质勘察报告、地形测量图、工程设计文件及概预算等资料。其次，应向当地气象台（站）索取气象资料。还应向当地有关部门收集现行规定，以及涉及该项工程的指示、协议和类似工程的实践经验资料等。对于缺少的资料应予以补充。对某些有疑点的资料应特别注意搞清真实情况。在从有关单位收集有关资料的同时，还须到现场进行实地勘测调查。

表1-1～1-8为一般调查提纲。

二、建设地区自然条件调查

表 1-1

序号	项目	调　查　内　容	调　查　目　的
（一）		气　象	
1	气温	1.年平均、最高、最低、最冷、最热月的逐月平均温度 2.冬、夏季室外计算温度 3.≤－3℃、0℃、5℃的天数，起止时间	1.防暑降温 2.冬季施工 3.估计混凝土、灰浆强度增长

续表

序号	项目	调查内容	调查目的
2	雨	1.雨季起止时间 2.全年降水量，一日最大降水量 3.年雷暴日数	1.雨季施工 2.工地排水、防洪 3.防　　雷
3	风	1.主导风向及频率(风玫瑰图) 2.≥8级风全年天数、时间	1.布置临时设施 2.高空作业及吊装措施
(二)		工程地形、地质	
1	地形	1.区域地形图 2.工程位置地形图 3.该区的城市规划 4.控制桩，水准点的位置	1.选择施工用地 2.布置施工总平面图 3.计算现场平整土方量 4.掌握障碍物及数量
2	地质	1.钻孔布置图 2.地质剖面图，各层土类别、厚度 3.地质的稳定性：滑坡、流砂、冲沟 4.地基土强度的结论，各项物理力学指标：天然含水率、孔隙比、塑性指数 5.最大冻结深度 6.防空洞、枯井、土坑、古墓、洞穴 7.地下构筑物	1.土方施工方法的选择 2.地基处理方法 3.基础施工 4.障碍物拆除计划 5.复核地基基础设计
3	地震	1.地震级别	1.对地基影响，施工注意事项
(三)		工程水文地质	
1	地下水	1.最高、最低水位及时间 2.流向、流速及流量 3.水质分析 4.抽水试验	1.基础施工方案的选择 2.降低地下水位 3.判定侵蚀性质及施工注意事项
2	地面水	1.临近的江河湖泊及距离 2.洪水、平水和枯水时期，其水位、流量和航道深度 3.水质分析	1.临时给水 2.航运组织 3.水工工程施工

注：调查资料可从当地气象台站和设计原始资料中的勘测报告等处获取。

三、建设地区技术经济条件调查

(一)地方建筑生产企业调查

表 1-2

序号	企业或产品名称	规格质量	单位	生产能力	供应能力	生产方式	交货价格	运距	运输方式	单位运价	支援的可能性
1	2	3	4	5	6	7	8	9	10	11	12

注：1.企业名称栏按：构件厂、木工厂、金属结构厂、骨料厂、建筑设备厂、砖、瓦、灰厂等填列。
　　2.调查资料可向当地计划、经济或主管建筑企业机关获取。

（二）国拨、特殊材料和主要设备的调查

表 1-3

序号	项目	内容
1	国拨料	1.钢材分配订货的规格、钢号、数量、到货时间 2.木材分配订货的品种、等级、数量、到货时间 3.水泥分配订货的品种、标号、数量、到货时间
2	特殊材料	1.需要的品种、规格、数量 2.试制、加工和供应情况
3	设备	1.主要工艺设备名称及来源 2.供应时间、分批和全部到货时间

（三）地方资源情况调查

表 1-4

序号	材料名称	产地	储藏量	质量	开采量	开采费	出厂价	运距	运费	备注
1	2	3	4	5	6	7	8	9	10	11

注：材料名称按块石、碎石、砾石、砂、工业废料(包括冶金矿渣、炉渣、电站粉煤灰)等填列。

（四）交通运输条件调查

表 1-5

序号	项目	内容
1	铁路	1.邻近铁路专用线、车站至工地距离及运输条件 2.站场卸货线长度，起重能力和存贮能力 3.须装载单个货物的最大尺寸、重量 4.运费、装卸费和装卸力量
2	公路	1.主要材料至工地的公路等级、路面构造、路宽及完好情况，允许最大载重量；途经桥涵等级，允许最大载重量 2.当地专业运输机构及附近农村能提供的运输能力(吨、公里数)汽车、人力、畜力车数量和效率，运费、装卸费和装卸能力 3.当地有无汽车修配厂，至工地距离，能提供的修配能力
3	航运	1.货源、工地至邻近河流、码头、渡口的距离，道路情况 2.洪水、平水、枯水期，通航最大船只及吨位，取得船只的可能 3.码头装卸能力，最大起重量，增设码头的可能性。渡口的渡船能力，同时可载汽车、马车数，每日次数，能为施工提供的能力。运费、渡口费、装卸费和装卸能力

注：1.调查目的是组织运输业务、选择运输方式。
2.调查资料可向当地铁路、公路、航运局的业务部门获取。

（五）水、电、蒸汽等条件调查

表 1-6

序号	项目	内容
1	供排水	1.与当地现有水源连接的可能性，可供水量、接管地点、管径、材料、埋深、水压、水质、水费，至工地距离，地形地物情况 2.自选临时江河水源水量、水质、取水方式，至工地距离，地形地物情况。自选临时水井水源位置、深度、管径、出水量 3.利用永久排水设施的可能，施工排水去向，距离、坡度。有无洪水影响，现有防洪设施
2	供电与电讯	1.电源位置，引入的可能，（允许供电容量、电压、导线截面、电费）。接线地点，至工地距离，地形地物情况 2.建设、施工单位自有发、变电设备的型号、台数和能力 3.利用邻近电讯设备的可能，电话、电报局至工地距离，增设电话设备和线路情况
3	蒸汽等	1.有无蒸汽来源，可供蒸汽量，接管地点、管径、埋深，至工地距离，地形地物情况，蒸汽价格 2.建设、施工单位自有锅炉型号、台数、能力，所需燃料，用水水质 3.当地、建设单位提供压缩空气、氧气的能力，至工地距离

注：调查资料可向当地城建、电业、电话局和建设单位获取。

（六）社会劳动力和生活设施的调查

表 1-7

序号	项目	内容
1	社会劳动力	1.少数民族地区的风俗习惯 2.当地能支援的劳动力数量，技术水平和来源 3.上述人员的生活安排
2	房屋设施	1.须在工地居住的人数和必须的户数 2.能作为施工用的现有房屋栋数，每栋面积、结构特征、总面积，位置，水、暖、电、卫设备情况 3.上述建筑物的适宜用途，如用作宿舍、食堂、办公、生产等
3	生活	1.主副食品，日常用品，文化教育，消防治安等机构的支援能力 2.邻近医疗单位至工地距离，可能服务情况 3.周围有无有害气体污染企业和地方疾病

（七）参加施工单位的力量调查

表 1-8

序号	项目	内容
1	工人	1.总数、分工种人数，能投入本工程的人力 2.专业分工及一专多能情况 3.定额完成情况

续表

序号	项目	内容
2	管理人员	1.总数，所占比例 2.其中技术人员数，专业情况，其它人员数
3	施工机械	1.名称、型号、能力、数量、新旧程度(列表)，能投入本工程的情况 2.总装备程度，马力/全员 3.分配、新购情况
4	施工经验	1.历史上曾施工过的主要工程项目 2.习用的施工方法，曾采用过的先进施工方法 3.双革和科研成果
5	主要指标	1.劳动生产率、年完成能力 2.质量、安全、降低成本情况 3.机械化程度，机械设备的完好率、利用率

第五节　组织施工的基本原则

根据建国以来建筑业积累的经验，在组织施工时应遵循以下几项基本原则。

一、搞好项目排队，保证重点，统筹安排。

应根据拟建工程项目的轻重缓急和施工条件落实情况进行工程排队。把有限的人力、物力、财力优先投入国家最迫切、最急需的工程上，使其尽快建成投产。同时，注意照顾一般工程，使重点和一般工程很好地结合起来。还应注意主体工程与配套工程的关系，准备项目、施工项目、收尾项目和竣工投产项目的关系，做到有主有次，统筹兼顾。

二、科学合理地安排施工顺序。

坚持按基本建设程序办事。违反基本建设程序，就等于违反客观规律。

由于建筑产品有固定性及施工流动性的特点，因而建筑施工活动是在同一场地上同时或先后交叉地进行的。顺序反映客观规律要求，交叉则体现争取时间的主观努力。

就单位工程而言，因为空间有限，更主要的是因为建筑物本身各结构部分之间有依附关系(如主体结构必须依附在基础工程之上，装修工程又要依附于主体结构)，所以一般不可能多工种同时作业，而必须按顺序施工，即在投入工作的时间上有先后之分。

虽然施工顺序会随工程性质、施工条件和使用的要求而有不同，但是施工实践经验证明，还是能够找出可以遵循的共同性规律，主要有以下几条：

1.先做准备工程，后进行正式工程施工。为了给正式工程的施工创造良好条件，一般应先进行必要的准备工程施工。没有作好必要的准备就冒然施工，必然会造成现场混乱。但正式施工也不是要求所有一切准备工作都作好才能开始，只要准备工作做到基本上满足开工需要即可。因此，准备工作可视施工的需要一次完成或分期完成。

2.正式施工时应该先进行全场性工程，然后进行各个工程项目的施工。全场性工程是指平整场地、铺设管网、铺设道路等。在正式工程施工之初完成这些工程，有利于工地内部的运输和利用永久性管网供水和排水，并便于现场的平面管理。在安排管线道路施工顺序时，一般宜先场外，后场内；场外由远而近；先主干，后分支；地下工程要先深后浅；

排水工程要先下游，再上游。

3.可供施工期间使用的永久性建筑物（如铁路、道路、各种管网、仓库、宿舍、车间、办公楼和食堂等）可以先建造，以便减少暂设工程，节省施工费用。

4.在安排工业厂房施工时，先进行土建工程，再进行设备安装。土建工程要尽早为设备安装和试运转创造条件，并要考虑配套生产，同步完成有关的车间。对工业建设项目来说，各单位工程之间亦有合理安排先后顺序的问题。例如，可安排一个新建工业企业项目的所有单位工程都竣工后同时投入生产，但亦可分批施工，分期投产。这两种施工顺序不同的组织方案所获得的经济效果差异很大。

5.单个房屋和构筑物的施工，既要考虑空间顺序，也要考虑工种顺序。空间顺序是解决施工流向的问题，它必须根据生产需要、缩短工期和保证工程质量的要求来决定。工种顺序是解决时间上的搭接问题，它必须做到保证质量，工种之间互相创造条件，充分利用工作面，争取时间。

值得注意的是，并非所有的施工顺序都是永恒不变的。在一些具体工程中，由于采取相应的技术组织措施，改变了施工顺序而取得明显效益的不乏其例。如在砖混结构房屋施工中，习惯的做法是先浇筑圈梁再铺设楼板。但目前则多改为先铺楼板后浇筑圈梁。这一改变既缩短了工期，又改善了圈梁施工的操作条件，从而提高了工效，并增强了结构物的整体性。再如桩基工程，有的情况宜于先打桩，后挖槽；而在另一些情况下可能以先挖槽，后在槽内打桩效果更好。上述施工顺序的改变，只能说明是用新的施工顺序代替了老的顺序，仍未脱离施工顺序的制约。

总之，无论是组织单位工程或群体工程施工，都必须遵循一定的施工顺序。随着科学技术的不断发展，尚应不断研究施工顺序的合理化、科学化问题，以期获得更大的经济效益。

三、在保证质量和安全的前提下，努力提高生产效率，加快施工进度，缩短建设工期，以期获得最大的经济效益。

缩短建设周期是基本建设战线提高经济效益的最根本的措施。我们知道，葛洲坝水利建设工程的前21台发电机平均每年发电144亿度，可使国家获利7亿多元，平均每天190万元以上。第一汽车制造厂1983年前8个月平均每天上缴税利54万元。上海一服装公司仅用三个月就可收回建筑面积为6000平方米的一幢六层楼的基建投资。由此不难看出缩短工期所能取得的经济效益。此外，缩短建设工期还是降低间接费用的有效途径。按我国80年代初的基建规模，如工期拖后一年，就需多支付间接费用50亿元。在间接费用中，劳动保护及技术安全费、劳动力招募费、小型临时设施费以及工资附加费和辅助工资等主要决定于工人数量的多少。因此，采取各种有效措施提高劳动生产率是加速施工进度和降低间接费的关键。

加快施工进度能使工程早日发挥投资效益。值得注意的是，工期、质量、成本是密切联系在一起的。合理的施工计划不但要求工期短，而且要做到投资少、材料省、质量高，即多快好省的统一。因此，工期不是越短越好，应要求最佳工期或合理工期，即在保证工程质量和安全生产的前提下，合理使用人力、机械设备、节约材料的最短施工工期。

四、努力简化现场施工工艺，尽量扩大作业空间，争取作业时间。

由于建筑产品的固定性、规模庞大和构造复杂，多专业、多工种的施工人员、机械设备等要在建筑物所在位置的有限空间内穿插，进行流动作业。这往往引起生产效率降低，工期拖长。改变这一状况的途径之一是减少建筑结构所用的材料品种，用以简化现场施工工艺，减少作业工种，使能连续施工。例如采用现浇钢筋混凝土结构，可以利用定型钢模板进行施工。另一途径是将建筑物分解成为若干个组成部件，把它们安排到预制加工厂中生产，再将构件运至现场进行组装。这样就可以化集中生产为分散生产，变流动生产为固定生产。这不仅能扩大作业空间，争取平行作业的时间，而且还能改善劳动条件，提高产品的质量和生产效率，有效地加快施工进度。

五、采用先进的施工技术，应用科学的组织方法，合理地选择施工方案，确保施工安全。

先进的施工技术是提高劳动生产率、改善工程质量、加快施工速度、降低成本的重要源泉。因此，在编制施工组织设计文件时，必须注意结合具体的施工条件，广泛地采用国内外先进的施工技术，吸收先进工地和先进工作者在施工方法、劳动组织等方面所创造的经验。

拟定合理的施工方案是保证施工组织设计贯彻上述各项原则和充分采用先进经验。施工方案的优劣，在很大程度上决定着施工组织设计的质量。

拟定施工方案通常包括拟定施工方法、选择施工机具、安排施工顺序和组织流水施工等内容。每项工程的施工都可能存在多种可能的方案供我们选择。在选择时要注意从实际条件出发，在确保工程质量和生产安全的前提下，使方案在技术上是先进的，在经济上是合理的，并符合国家在基本建设方面所规定的方针和政策。此外，在拟定施工方案时还必须注意施工验收规范及操作规程的要求，遵守保安防火和卫生方面的有关规定，确保工程的质量和施工安全。

在施工组织方面，流水作业法及网络计划技术已是国内外施工实践所证明的有效方法。

采用先进的技术不应仅限于施工技术与组织方法方面，还应从材料选用到设计方案方面来全面考虑。所以，设计、施工等各有关方面需要密切配合。需要强调的是，采用先进的科学技术并非目的，是为达到获得最大经济效益的一种手段。因此，必须遵循从实际情况出发因地制宜的原则。如砖混结构这一古老的传统结构型式，在我国某些地区选用时，由于条件适合，却能收到很好的经济效益。再如美国，虽然其科学技术很先进，但却大量生产小型混凝土砌块，并建造小型砌块房屋。其主要原因就是经济效益好。

六、克服季节影响，恰当地安排冬、雨季施工项目，增加全年的施工日期，提高施工的连续性和均衡性。

建筑施工周期长，多属露天作业，不可避免地受到气候和季节条件的影响，主要是冬、雨季的影响。因此，如何使冬、雨季所造成的不利影响降至最低限度，保证全年施工，就成为组织施工所须解决的问题。否则，在不利季节内，将会使施工人员窝工，机械设备闲置，以致施工工期拖长，施工费用增加。

克服季节影响的主要措施有两方面：一是在安排进度时使受季节影响严重的施工项目尽量避开不利季节，而将影响较轻的项目安排在冬、雨季施工；二是采取一定的技术措施来保证冬、雨季施工的工程质量与进度，使因冬、雨季施工所增加的施工费用降到最低限度。

组织连续均衡施工可避免劳动力和机具设备的窝工与频繁调动，并可减少各种加工企业、水电设备及其它为施工服务设施的需用量，提高它们的利用率。否则，会使大量的劳动力和机具设备不能充分利用，从而引起工程成本提高等不良后果。加强施工均衡性的重要措施之一，是正确地计划未完工程的数量，建立合理的工程储备。如果一个建筑机构到年底结束时所有的工程项目都已经竣工，即只有已完工程而没有未完工程，那么到下一年度开始就没有必要的工作前线，就无法保证各个工种的工人和机具设备都有适当的工作负荷。为了充分发挥现有人力和物力的作用，在编制施工组织设计文件时，不仅要规定那些在计划期末将要竣工的工程项目、计划已完工程数量，而且要规定那些在计划期末并不竣工而只达到某种施工程度的工程项目，计划这些项目的未完工程的数量，为加强施工的连续性和均衡性创造条件。

七、加强经济核算，贯彻增产节约方针，降低工程成本。

应尽量减少临时设施，充分利用原有房屋、当地生产服务能力和正式工程为施工服务；组织材料、制品的合理储备和平面布置，避免重复搬运，减少损耗；充分利用当地资源和工业废料，合理选择外地资源，尽量减少物资运输量，以降低运输负荷，节省运费；所选用的施工方案、施工方法应在技术经济方案比较的基础上进行选优，并应有降低成本的技术组织措施；合理布置施工平面图，节约施工用地；要有切实的措施，用以降低一切非生产性开支和管理费用。

第二章　建 筑 流 水 施 工

工业生产的经验表明，流水作业法是组织生产的有效方法。在建筑安装施工中，由于建筑产品固定性和施工流动性的特点，应用流水作业法组织施工，和一般工业生产相比，具有不同的特点和要求。

第一节　流水施工基本概念

一、线条型施工图表

施工图表是生产建筑产品（工程）时用以表达工程展开、工艺顺序和施工进度安排的工具。线条型施工图表具有直观、易懂、一目了然的优点，常用的有以下两种形式：

（一）横线图

横线图的左边按照施工的先后顺序列出各项工作（或施工对象）的名称；右边是施工进度表，用水平线段在时间座标下画出工作进度线；右下方画出每天所需要的劳动力（或其他物资资源）动态曲线，它是由施工进度表中各项工作的每天劳动力需要量按时间迭加而得到的，如图2-1、2-2所示。

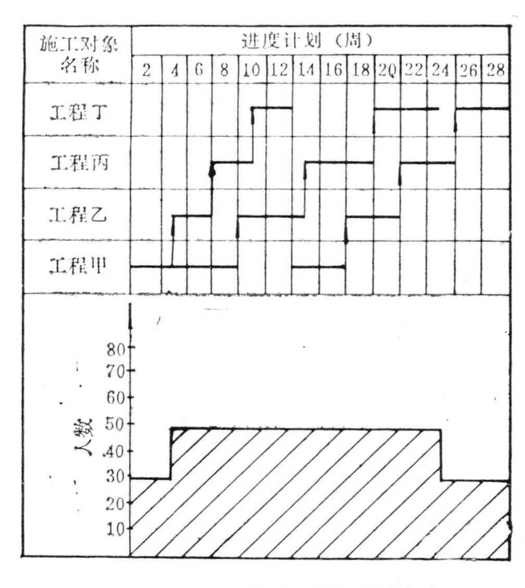

图 2-1　横线型施工图表之一

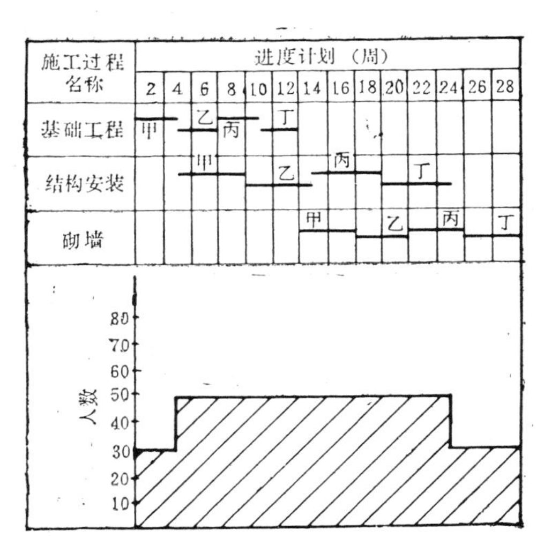

图 2-2　横线型施工图表之二

（二）斜线图

斜线图是将横线图中的工作进度线改为斜线表达的一种形式。一般是在图的左边列出施工对象名称，右边在时间座标下画出工作进度线。斜线图一般只用于表达各项工作连续作业，即流水施工的进度计划，它可以直观地反映出两相邻施工过程之间的流水步距（参见第三小节流水施工参数），如图2-3所示。

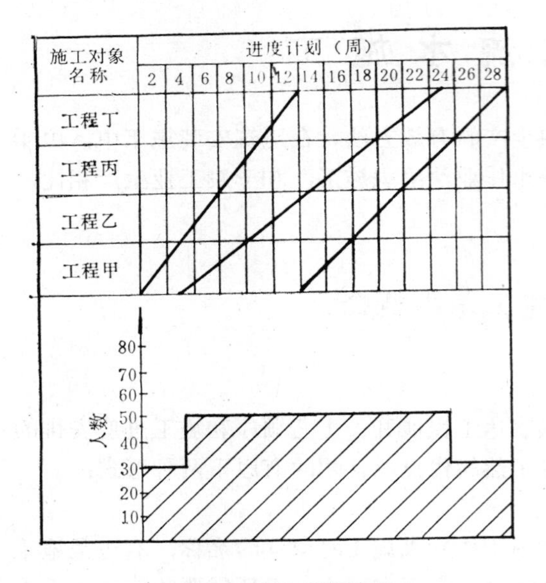

图 2-3 斜线型施工图表

二、施工展开的基本方式

如果我们要建造m幢相同的房屋，在施工时可以采用依次施工、平行施工、搭接施工和流水施工等不同的展开方式。但它们的特点和效果是不同的。

（一）依次施工

依次施工是指在第一幢房屋竣工后才开始第二幢房屋的施工，即按着次序一幢一幢地进行施工。这种方法虽然同时投入的劳动力和物资资源较少，但建筑工人专业工作队(组)的工作是有间歇性的，工地物资资源的消耗也有间断性，工期显然拉得很长（见图2-4 a）。

（二）平行施工

平行施工是指所有m幢房屋同时开工，同时竣工。这样工期虽然可以大大缩短，但建筑工人专业工作队（组）数目却大大增加，物资资源的消耗集中，这些情况都会给施工带来不良的经济效果（见图2-4 b）。

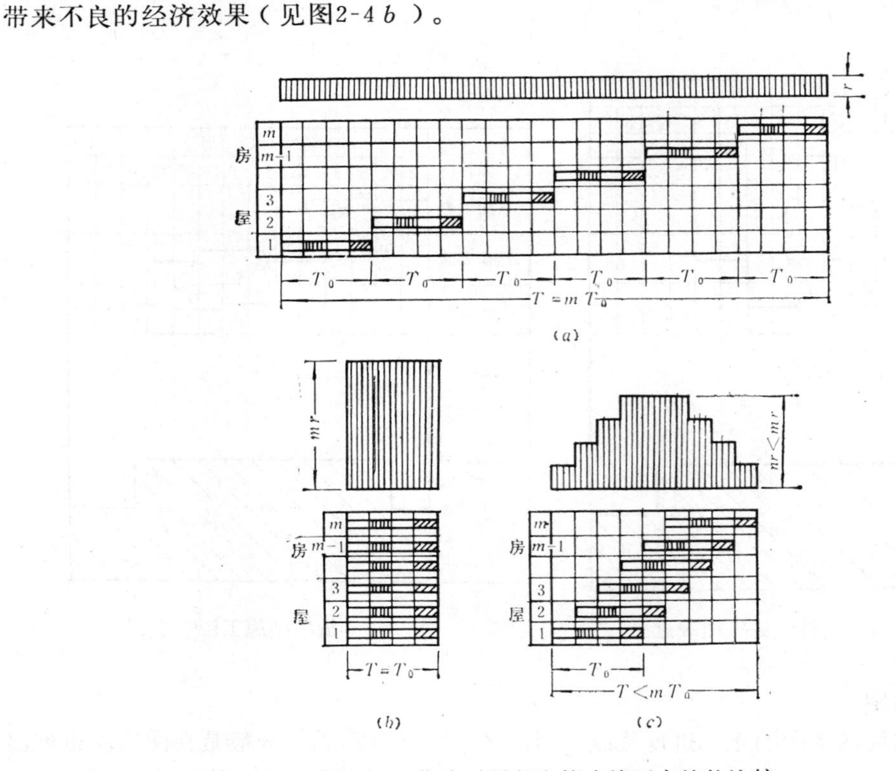

图 2-4 依次、平行和流水施工方法的比较

（三）搭接施工

最常见的施工方法是搭接施工，它既不是将m幢房屋依次地进行施工，也不是平行施工，而是陆续开工，陆续竣工。这就是说，把房屋的施工搭接起来，而其中有若干幢房屋处在同时施工状态，但形象进度各不相同。

（四）流水施工

在各施工过程连续施工的条件下，把各幢房屋的建造过程最大限度地相互搭接起来，就是流水施工。流水施工保证了各工作队（组）的工作和物资资源的消耗具有连续性和均衡性。从图2-4c中可以看出，流水施工方法能消除依次施工和平行施工方法的缺点，但保留了它们的优点。

三、流水施工参数

流水施工首先是在研究工程特点和施工条件基础上，通过一系列流水参数的计算来实现的。

流水参数按其性质不同，可以分为以下三种。

（一）工艺参数

1.施工过程数n

一幢房屋（构筑物）的建造过程，通常是由许多施工过程（如挖土、浇混凝土垫层、支模、扎筋、浇混凝土等）所组成。

施工过程可以分为三类，即：为制造建筑制品（或提高建筑制品的加工程度）而进行的制备类施工过程（如制作砂浆、混凝土和钢筋等）；把材料和制品运到工地仓库或再转运到施工场地的运输类施工过程；以及在施工中占主要地位的安装砌筑类施工过程。

一幢房屋施工过程数n的决定，与房屋的复杂程度、施工方法等有关。如一般混合结构居住房屋的施工过程数n大致可取20～30个。工业建筑的施工过程数要多一些。施工过程数要取得适当。若取得太多、太细，会给计算增添麻烦，在施工进度表上也会带来主次不分的缺点；但若取得太少，又会使计划过于笼统，失去指导施工的作用。

在组织现场流水施工时，只有安装砌筑类施工过程和直接同安装砌筑过程有联系的运输过程（如构件的随吊随运）以及需要占用施工对象上工作前线的制备过程，才应作为施工过程列入流水施工的生产工艺中去。

2.流水强度（流水能力、生产能力）V

每一施工过程在单位时间内所能完成的工程量（如浇捣混凝土施工过程每工作班能浇捣多少立方米混凝土）叫流水强度。

1）机械施工过程的流水强度按下式计算：

$$V=\sum_{1}^{x}R_i\cdot S_i \tag{2-1}$$

式中 R_i——某种施工机械台数；

S_i——该种施工机械台班生产率；

x——用于同一施工过程的主导施工机械种数。

2）手工操作过程的流水强度按下式计算：

$$V=R\cdot S \tag{2-2}$$

式中 R——每一工作队工人人数（R应小于工作面上允许容纳的最多人数）；

S——每一工人每班产量定额。

（二）时间参数

1.流水节拍K

流水节拍是指施工过程在一个施工段上的作业持续时间。它与投入该施工过程的劳动力、机械设备和材料供应的集中程度有关。流水节拍决定着施工的速度和施工的节奏性。因此，它的确定在施工组织设计中具有重要意义。通常有两种确定方法，一种是根据工期要求来确定；另一种是根据现有能够投入的资源（劳动力、机械台数和材料量）来确定。当按可能投入的劳动力或施工机械台数决定流水节拍时，按下式计算，但须满足最小工作面或工作前线的要求：

$$K=\frac{Q_m}{S\cdot R}=\frac{P_m}{R} \tag{2-3}$$

式中 Q_m——某施工段的工程量；

S——每一工日（或台班）的计划产量；

R——施工人数（或机械台数）；

P_m——某施工段所需要的劳动量（或机械台班量）。

如果流水节拍根据工期要求来确定，则也很容易使用上式计算所需要的人数（或机械台班）。但在这种情况下，必须检查劳动力和机械供应的可能性，材料物资供应能否相适应，工作面是否足够等。

2.流水步距B

流水步距是指两个相邻的施工过程，在保持其工艺先后顺序、满足连续施工要求和时间上最大搭接的条件下，相继投入流水施工的时间差（或时间间隔），一般通过计算才能确定。流水施工进度图表的绘制，只有在流水步距确定以后才能进行。从图2-7可以看出，铺设垫层和填土夯实两施工过程之间的流水步距为8天，浇捣混凝土和铺设垫层之间的流水步距为4天（不包括准备时间）。这是最恰当、最紧凑的时间间隔。扩大或者缩短这些时间间隔，都会违背流水施工的基本要求。不难看出，盲目拉大流水步距，将使工期延长，不符合最大限度搭接施工的要求；盲目缩小流水步距，将会造成窝工现象。

3.工艺间歇时间G

根据施工过程的工艺性质，在流水施工组织中，除了考虑两相邻施工过程之间的流水步距外，必要时还需考虑合理的工艺间歇时间，如基础混凝土浇捣以后，必须经过一定的养护时间，才能继续后道工序——墙基础的砌筑；门窗底漆涂刷后，必须经过一定的干燥时间，才能涂刷面漆等等，这些由工艺原因引起的等待时间，称为工艺间歇时间。

4.组织间歇时间Z

组织间歇是指施工中由于考虑组织技术的因素，两相邻施工过程在规定的流水步距以外增加的必要时间间隔，以便施工人员对前道工序进行检查验收，并为后面工序作必要的施工准备。如基础混凝土浇捣并经养护以后，施工人员必须进行墙身位置的弹线，然后才能砌基础墙，回填土以前必须对埋设的地下管道检查验收等等。

工艺间歇和组织间歇在具体组织流水施工时，可以一起考虑，也可以分别考虑，但它们是两个不同的概念，其内容和作用也不一样。灵活应用工艺间歇和组织间歇的时间参数特点，对于简化流水施工的组织有特殊的作用。

（三）空间参数

1.工作面A（工作前线L）

工作面又称工作前线，它的大小表明施工对象上可能安置多少工人操作或布置多少施工机械进行施工。所以工作面反映施工过程（工人操作、机械施工）在空间上布置的可能性。

工作面的大小可以采用不同的单位来计量，如对于砌墙，可以采用沿着墙的长度以米为计量单位；对于浇捣混凝土楼板则可以采用整个楼板的面积以平方米为计量单位等。

工作面形成的方式直接影响到流水施工的设计方法。

2.施工段数m

在组织流水施工时，通常把施工对象划分为劳动量相等或大致相等的若干个段，这些段就叫施工段。每一个施工段在某一段时间内只供一个施工过程的工作队使用。

施工段可以是固定的，也可以是不固定的。在固定施工段的情况下，所有施工过程都采用同样的施工段，施工段的分界对所有施工过程来说都是固定不变的。在不固定施工段的情况下，对不同的施工过程分别地规定出一种施工段划分方法，施工段的分界对于不同的施工过程来说是不同的。固定的施工段便于组织流水施工，采用较广，而不固定的施工段则较少采用。

在划分施工段时，应考虑以下几点：

1）施工段的分界同施工对象的结构界限（温度缝、沉降缝和单元尺寸等）取得一致；

2）主要施工过程在各施工段上所消耗的劳动量尽可能相近；

3）划分的段数不宜过多，过多了因工作面缩小，势必要减少施工过程的施工人数，放慢施工速度，拉长工期；

4）对施工过程要有足够的工作面和适当的作业量，避免施工过程移动过于频繁，降低施工效率；

5）当房屋有层高关系，分段又分层时，应使各施工过程能够连续施工。即各施工过程的工作队做完第一段，能立即转入第二段。做完第一层的最后一段，能立即转入第二层的第一段。因而每层的最少施工段数目m_0应满足：

$$m_0 \geqslant n$$

当$m_0 = n$时，工作队连续施工，施工段上始终有工作队在工作，即施工段上无停歇，比较理想；

当$m_0 > n$时，工作队仍能连续施工，虽然有停歇的施工段，但不一定有害；

当$m_0 < n$时，工作队就不能连续施工而窝工。因此，对一个建筑物组织流水施工是不适宜的。但是，在建筑群中可与另一些建筑物组织大流水。

根据以上流水施工参数的概念，我们可以进一步理解流水施工组织的基本要点为：

（一）把生产某一建筑产品（如房屋、构筑物、基础工程、结构工程、墙体工程、装修工程等）的全部施工活动，划为若干个工序或施工过程，每一工序或施工过程可以独立地交给一个专业工作队或混合工作队完成。

（二）把整个建筑安装施工对象，划分为若干个施工段，每一施工段在同一时间内，供一个工作队而且在理论上只能供一个工作队开展施工作业。

（三）根据最有利的施工顺序，各施工过程按照工艺的先后关系，依次进入各施工段完成施工作业。

（四）在保证各施工过程连续施工的前提下，将它们的施工时间最大限度地搭接起来。

四、流水施工的组织特点

流水施工是搭接施工的一种特定形式。流水施工的最主要的组织特点是施工过程（工序或工种）的作业连续性。在一个工程对象上，有时由于受到工程性质，特别是工作面形成方式的制约，难以组织施工过程的流水作业。在这种情况下，只能组织搭接施工，施工过程的连续性问题，应通过生产调度或在几个工程上组织施工过程的流水作业来解决。为了便于理解，下面分别举例说明。

【例 1】 有一个三跨工业厂房的地面工程，如图2-5所示。施工过程分为：(1)地面回填并夯实；(2)铺设道渣垫层；(3)浇捣石屑混凝土面层。各施工过程的持续时间和每天出勤人数，根据工程量和劳动定额计算如表2-1所示。

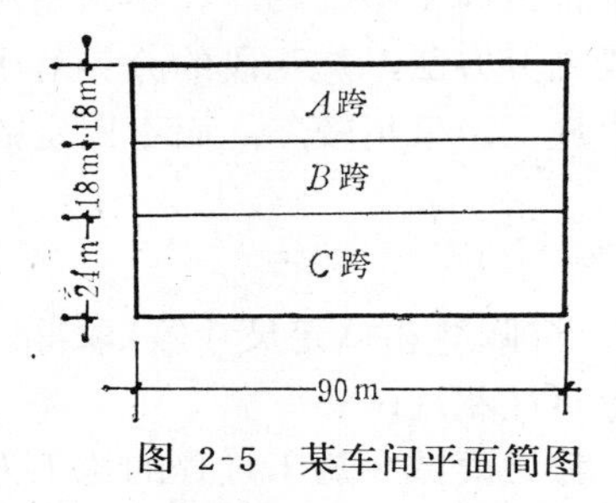

图 2-5 某车间平面简图

表 2-1

施工过程	人数	施工时间（天）			
		A跨	B跨	C跨	合计
填土夯实	30	3	3	6	12
铺设垫层	20	2	2	4	8
浇混凝土	30	2	2	3	7

图2-6表示该项工程搭接施工的进度计划。图2-7表示该项工程流水施工的进度计划。显然两者都是可行的，所不同的是，前者施工过程有间断；后者施工过程是连续的。

施工过程	人数	进度计划（天）									
		2	4	6	8	10	12	14	16	18	20
填土夯实	30										
铺设垫层	20										
浇混凝土	30										

80
60
40
20
30 50 60 80 50 60 30 20 30

图 2-6 搭接施工进度表

【例 2】 有一幢四层装配式钢筋混凝土框架结构办公大楼 A，如图2-8所示。安装工程施工过程分为：(1)由一台60吨米塔式起重机安装柱子，每层4天；(2)由一台40吨米塔式起重机安装梁板及楼梯，每层2天。每层分两段搭接施工，进度计划如图2-9所示。

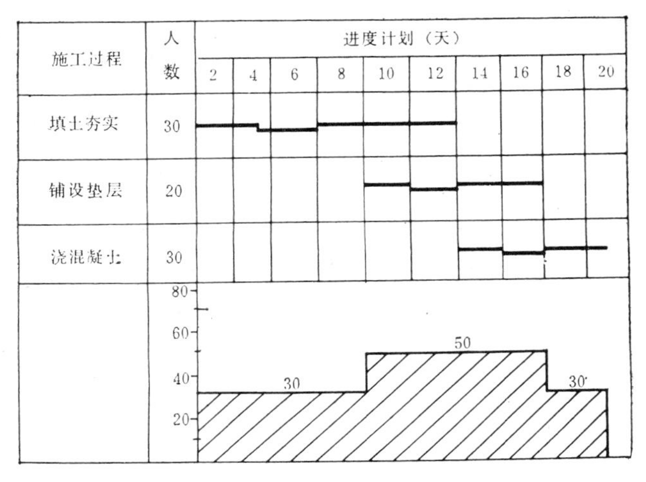

图 2-7　流水施工进度表

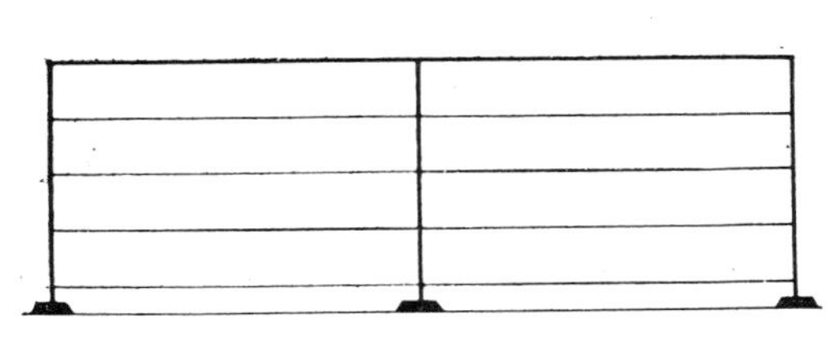

图 2-8　一幢四层框架结构流水安装示意图

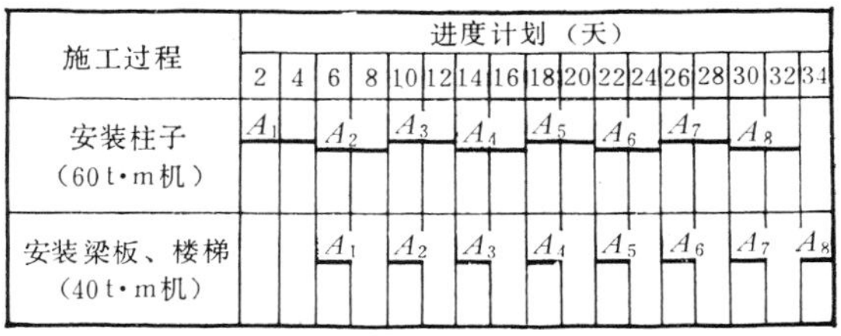

施工过程	2	4	6	8	10	12	14	16	18	20	22	24	26	28	30	32	34
安装柱子（60t·m机）	A_1		A_2		A_3		A_4		A_5		A_6		A_7		A_8		
安装梁板、楼梯（40t·m机）			A_1		A_2		A_3		A_4		A_5		A_6		A_7		A_8

图 2-9　四层框架安装进度表

显然在这个工程中，安装梁板及楼梯这一施工过程无法实现连续施工，因为在每一施工段上其工作面的形成都受到柱子安装的约束。反之，二层以上每一施工段柱子的安装又受到同一段下一层梁板安装的约束。这就是说，两个安装施工过程是互为创造工作面的，不象例一中回填土和铺设垫层这两个施工过程彼此是独立的，可以采用推迟铺设垫层的开始时间来实现施工的连续性。本例中，在梁板和楼梯安装中断期间，施工机械可以用来进行构件卸车和就位。如果有两幢同类房屋，柱子安装配备两台起重机，梁板和楼梯安装用一台机械组织对翻流水，也可以解决所有安装过程的连续施工。不过在这种情况下，应该另外配备小型机械进行构件的卸车、就位和其它辅助工作，如图2-10和图2-11所示。

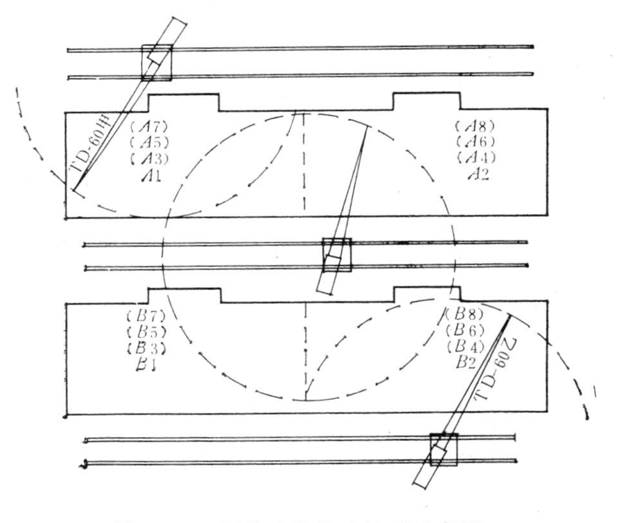

图 2-10　两幢房屋流水施工示意图

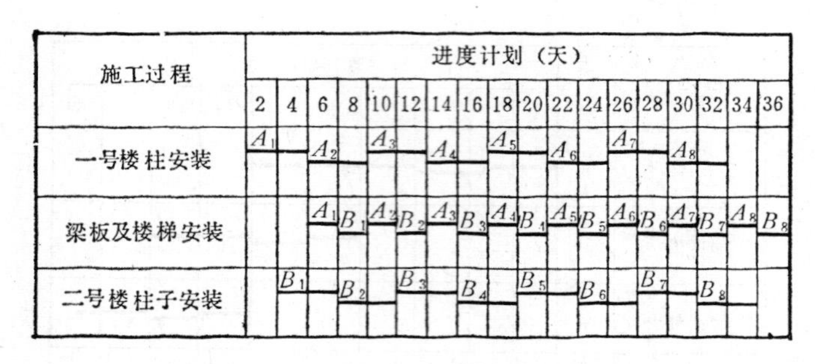

图 2-11　两幢四层结构流水安装进度表

五、流水施工的经济效果

由于流水施工方法能使建筑安装生产活动有节奏地、连续和均衡地进行，因此它的结果必然是有节奏地、连续均衡地消耗劳动和各种技术物资资源，有计划地均衡地完成建筑产品的生产。它的技术经济效果，具体表现在：

（一）由于按专业工种建立劳动组织，实行生产专业化，为工人提高技术水平、改进操作方法、革新生产工具创造了有利条件，有利于劳动生产率的不断提高。

（二）由于生产的专业化，有利于建立施工过程的岗位责任制，实行技术检查和监督，推行全面质量管理制度，提高建筑产品质量。

（三）由于科学地安排了施工进度，使各施工过程在保证连续施工的条件下最大限度地实现搭接施工，从而也就最大限度地减少了因组织不善而造成的停工窝工损失，合理地利用了施工的时间和空间，有效地缩短施工工期。

（四）由于施工的连续性、均衡性，可以少建施工现场的各种临时设施，充分利用施工机构及其附属生产加工企业的能力，从而节约国家建设投资，降低工程成本。

总之，流水施工是组织建筑安装施工生产的科学方法，也是一种不需要增加任何补充费用的技术组织措施。由于现代建筑施工是一项非常复杂的工作，尽管理论上的流水施工组织方法和实际情况会有差异，甚至很大的差异，但是它所总结的一套安排生产的方法和计算分析的原理，对于施工生产活动的组织，不是无益的。

第二节　固定节拍专业流水

所谓专业流水，是指为生产某一建筑产品（或产品组成部分）的主要专业工种，按照流水方式组织施工的一种方式。根据各施工过程时间参数的不同特点，专业流水可以分为固定节拍、成倍节拍和非节奏流水等几种形式。本节先介绍固定节拍专业流水。

一、主要特点

从图2-12可知，固定节拍专业流水的主要特点是：

1.各施工过程的流水节拍是相等的。如果有n个施工过程，则

$$K_1 = K_2 = \cdots = K_{n-1} = K_n = K\text{（常数）}$$

2.由于流水节拍相等，因此各施工过程的施工速度是一样的，两相邻施工过程间的流水步距应等于一个流水节拍。即

$$B_2 = B_3 = B_4 = \cdots = B_n = K$$

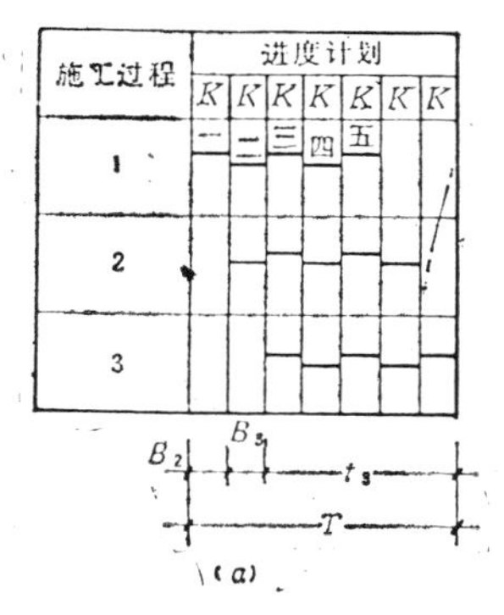

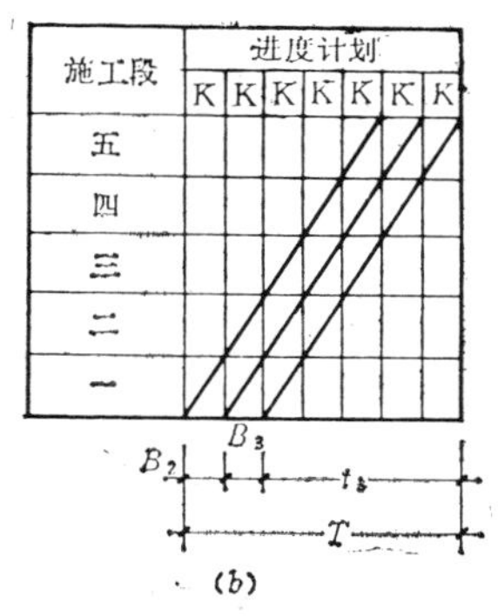

图 2-12 固定节拍专业流水图表

(a)横线图；(b)斜线图

二、组织示例

某五层四单元混合结构住宅的基础工程，施工过程分为：（1）土方开挖，采用一台斗容量0.2立方米的蟹斗挖土机；（2）铺设垫层；（3）绑扎钢筋；（4）浇捣混凝土；（5）砌筑砖基础；（6）回填土，也用同一台抓铲挖土机来完成。各施工过程的工程量及每一工日（或台班）产量定额如表2-2所示。

表 2-2

施工过程	工程量	单位	产量定额	每段劳动量	人数（台数）	流水节拍 K
1.挖土	560	m^3	65		1台	2
▲垫层	32	m^3				
2.扎钢筋	7600	kg	450		2	2
3.浇混凝土	150	m^3	1.5		12	2
4.砌墙基	220	m^3	1.25		22	2
▲回填土	300	m^3	65		1台	

分析表2-2所给的条件，可以看出铺设垫层施工过程的工程量较少；回填土采用抓铲挖土机，与挖土同比，数量少得多，因此，为简化流水施工的计算，可将垫层和回填土这两个施工过程所需要的时间，作为组织间歇来处理，各自预留一天时间，总的组织间歇时间为$\sum Z=2$天。另外考虑浇捣混凝土和砌基础墙之间的工艺间歇也留2天，即$\sum G=2$。从而该基础工程的施工过程数可按$n=4$进行计算。

显然，这个基础工程要组织成固定节拍专业流水，首先在施工段的划分上，应使各施工过程的劳动量在各段上基本相等。根据建筑物的特征，可按房屋的单元分界，划分四个施工段，即$m=4$。接着，找出其中的主导施工过程。一般应取工程量大的、施工组织条件（即配备的劳动力或机械设备）已经确定的施工过程作为主导施工过程。本例土方开挖由一台挖土机完成，这是确定的条件，所以可列为主导施工过程，其流水节拍为：

$$K=\frac{Q_m}{S\cdot R}=\frac{Q}{m\cdot S\cdot R}=\frac{560}{4\times 65\times 1}\approx 2(\text{天})$$

其余施工过程，可根据主导施工过程所确定的流水节拍K，反算所需要的人数。

绑扎钢筋：
$$R_2=\frac{Q_2}{m\cdot S_2\cdot K}=\frac{7600}{4\times 450\times 2}\approx 2(\text{人})$$

浇混凝土：　　　$R_3=\frac{Q_3}{m\cdot S_3\cdot K}=\frac{150}{4\times1.5\times2}\approx12$（人）

砌墙基：　　　$R_4=\frac{Q_4}{m\cdot S_4\cdot K}=\frac{220}{4\times1.25\times2}=22$（人）

根据计算所求得施工人数，应复核施工段的工作面是否能容纳得下（本例假定能容纳得下，复核从略）。根据以上计算结果，可以画出该基础工程固定节拍专业流水进度计划，如图2-13所示。

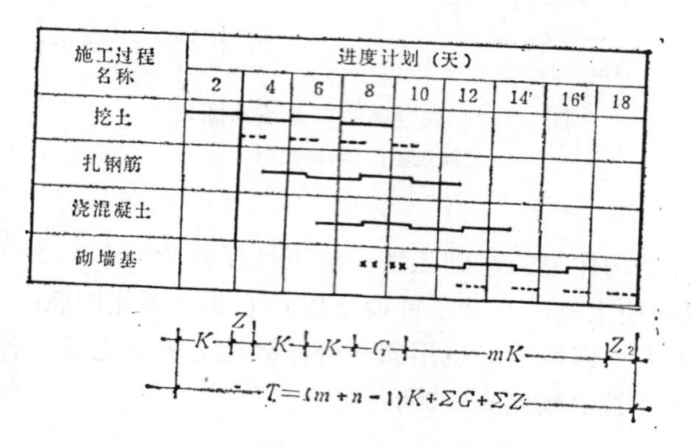

图 2-13　基础工程固定节拍专业流水图表
（…表示组织间歇　××××表示工艺间歇）

三、工期计算

专业流水的工期，一般计算公式是：

$$T=\sum_{2}^{n}B_i+t_n+\Sigma G+\Sigma Z \tag{2-4}$$

式中　$\sum_{2}^{n}B_i$——从第2个到第n个施工过程的流水步距总和；

t_n——最后一个施工过程在各施工段的持续时间之和；

ΣG——工艺间歇时间总和；

ΣZ——组织间歇时间总和。

在固定节拍专业流水中，由于各施工过程的流水步距B_i（$i=2,3\cdots n$）都等于常数，即等于流水节拍K（参见图2-13），所以

$$\sum_{2}^{n}B_i=(n-1)K \tag{2-5}$$

且

$$t_n=mK \tag{2-6}$$

将式（2-5）、（2-6）代入式（2-4）得：

$$T=(n-1)K+mK+\Sigma G+\Sigma Z=(m+n-1)K+\Sigma G+\Sigma Z \tag{2-7}$$

在设计固定节拍专业流水时，可以直接根据施工段数m、施工过程数n、流水节拍K以及工艺间歇和组织间歇时间总和，使用式（2-7）进行工期的试算，如果工期合适，就可以绘制进度计划图表，否则应对这些流水参数进行调整，直到工期满足要求为止。

上例基础工程的流水工期为：

$$T=(4+4-1)\times2+2+(1+1)=18\text{（天）}$$

第三节　成倍节拍专业流水

一、成倍节拍专业流水的形成

在进行固定节拍专业流水的设计时，可能遇到非主导施工过程所需要的人数或机械设备台数超出施工段上工作面所能容纳的数量的情况。这时某些非主导施工过程只能按施工段所能容纳的人数或机械台数来确定其流水节拍，从而可能出现某些施工过程的流水节拍为其它施工过程流水节拍的倍数，这样就形成了成倍节拍专业流水。

例如，某住宅点准备兴建四幢大板结构职工宿舍，施工过程分为：（1）基础工程；（2）结构安装；（3）室内装修；（4）室外工程。当一幢房屋作为一个施工段，并且所有施工过程都安排一个工作队或一台安装机械时，经计算各施工过程的流水节拍如表2-3所示。

表 2-3

施工过程	基础工程	结构安装	室内装修	室外工程
流水节拍（天）	$K_1=5$	$K_2=10$	$K_3=10$	$K_4=5$

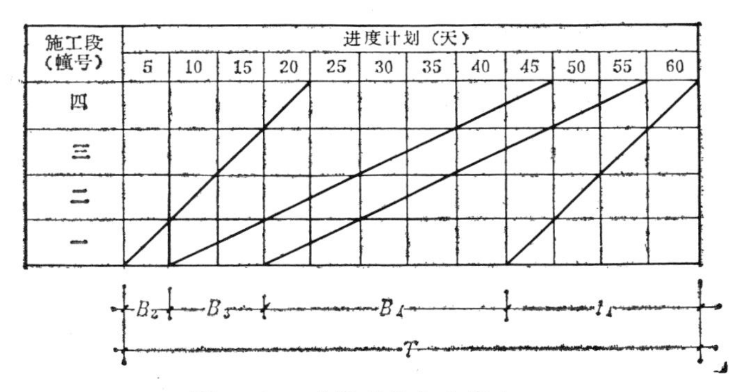

图 2-14　成倍节拍专业流水

根据表2-3各施工过程的流水节拍可知，这是一个成倍节拍的专业流水，它的进度计划如图2-14所示。

二、流水步距和工期的计算

从图2-14可见，在成倍节拍专业流水中，由于流水节拍的不同，各施工过程的进展速度不同。节拍小的，进展速度快；节拍大的，进展速度慢。为了保持它们之间的工艺顺序，流水步距也不一样。当采用式（2-4）计算流水工期时，主要的计算在于求出各施工过程的流水步距B_i（$i=2\cdots n$）。成倍节拍专业流水中，步距可按下式计算：

$$B_i=\begin{cases}K_{i-1} & \text{当}K_{i-1}\leqslant K_i\\ mK_{i-1}-(m-1)K_i & \text{当}K_{i-1}>K_i\end{cases}\tag{2-8}$$

现在可以计算表2-3中各施工过程之间的流水步距：

$\because K_1<K_2$，　　$B_2=K_1=5$（天）

$K_2 = K_3$，　　$B_3 = K_2 = 10$（天）

$K_3 > K_4$，　　$B_4 = m\ K_3 - (m-1)K_4$

$= 4 \times 10 - 3 \times 5 = 25$（天）

从而可由式（2-4）求得该工程的流水工期为：

$$T = \sum_2^4 B_i + t_4 + \Sigma G + \Sigma Z$$

$$= (5 + 10 + 25) + 4 \times 5 + 0 + 0 = 60 \text{（天）}$$

必须指出，只有经过流水步距的计算以后，才能正确绘制成倍节拍专业流水的施工图表。

三、成倍节拍施工过程的加快

分析表2-3的流水节拍，自然会产生这种想法：能否增加一台安装机械和一个装修工作队，从而将它们的生产能力增加一倍，使流水节拍从10天缩短到5天，以便组成固定节拍专业流水，缩短工期？显然这要根据具体工程的情况和施工条件而定。一般说，如果一幢房屋面积不大，安排两台安装机械可能出现互相干扰、降低效率等不良情况，只要工期没有特别要求，按上述成倍节拍专业流水组织施工是合理的；如果对工期有特殊要求，需要增加施工机械和工作队组时，则这些机械和工作队组一般应以交叉的方式安排在不同的施工段上。假设本例安排两台安装机械和两个装修工作队，此时应作这样的组织：

安装机械甲：　一段——→三段

安装机械乙：　二段——→四段

装修队组A：　一段——→三段

装修队组B：　二段——→四段

加快后的施工进度计划如图2-15所示。

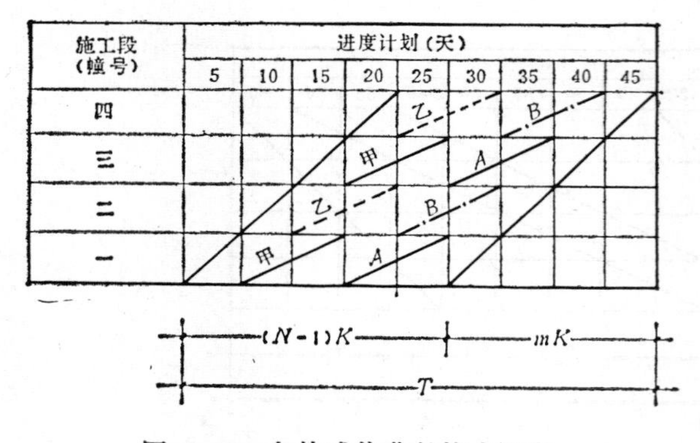

图 2-15　加快成倍节拍流水图表

仔细观察图2-15，可以看出成倍节拍施工过程采用增加施工机械或工作队组的措施加快施工进度以后，该专业流水就转化成类似于N个施工过程的固定节拍专业流水，所不同的仅是安排方法上有所差异。这里，N为工作队总数。

因此，加快成倍节拍流水的工期，仍可按式（2-7）计算，但必须先求出工作队总数N。计算方法如下；

1.求成倍流水节拍的最大公约数K_0

$$K_0 = [K_i] \qquad (i = 1,\ 2, \cdots\cdots n)$$

$$= [5,\ 10,\ 10,\ 5] = 5 \text{（天）}$$

2.求各施工过程的工作队数n_i（$i = 1, 2, \cdots\cdots n$）

$$n_i = \frac{K_i}{K_0}$$

本例

$$n_1 = \frac{5}{5} = 1$$

$$n_2 = \frac{10}{5} = 2$$

$$n_3 = \frac{10}{5} = 2$$

$$n_4 = \frac{5}{5} = 1$$

3.求工作队总数N

$$N = \sum_{1}^{n} n_i = 1 + 2 + 2 + 1 = 6$$

4.利用式（2-7）计算工期：

$$T = (m + N - 1)K_0 + \sum G + \sum Z$$
$$= (4 + 6 - 1) \times 5 + 0 + 0 = 45(\text{天})$$

第四节　非节奏专业流水

非节奏专业流水是由若干个持续时间不等的施工过程所组成。例如，某一施工对象分为六个施工段，由三个施工过程组成专业流水，即$m = 6$，$n = 3$，各施工过程的持续时间见表2-4，相应的进度计划横线图如图2-16所示。

表 2-4

施工过程＼施工段	一	二	三	四	五	六
1(A)	3	3	2	2	2	2
2(B)	4	2	3	2	2	3
3(C)	2	2	3	3	3	2

非节奏专业流水中，施工过程之间的流水步距，常用的有两种计算方法，即分析计算法和临界位置计算法；专业流水工期，仍按式（2-4）计算。

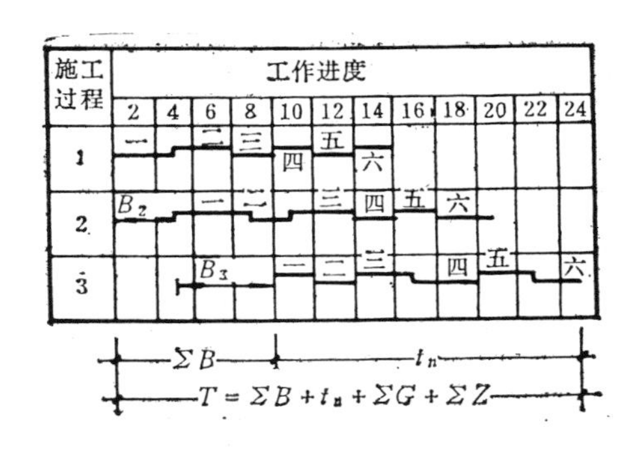

图 2-16　非节奏专业流水工期的确定（横线图表）

一、分析计算法

首先分析表2-4中B和A两施工过程的流水步距。显然，根据流水施工的要求，所确定的流水步距应能满足：

1.在任意施工段上，A施工过程完成后B施工过程才能进行，即始终保持A和B之间的工艺先后顺序；

2.A和B都要连续施工；

3.A和B的施工时间能够最大限度的搭接。

表2-5分析了A、B两施工过程在各施工段上的时间关系。

从表2-5可以看出，A施工过程完成第一施工段的时间为第3天，B可能开始第一施工段作业的时间为0。为了保持和A的先后顺序，B必须等待3天，即A结束第一施工段作业后，B才能开始。同理，A施工过程完成第二施工段的时间应是第6天，而B施工过程在第一施工段完成（即4天）后就可能开始在第二施工段进行，但因A尚未退出第二施工段，因此B必须等待2天；依此类推。在表中算出了B施工过程在第三至六各施工段上的等待时间。为了满足连续施工和最大限度搭接施工的要求，应取其中最大值，即$B_2=3$作为B施工过程的流水步距。

表 2-5

施工段	A的完成时间	B可能的开始时间	B的等待时间
一	3	0	3
二	3+3=6	4	2
三	6+2=8	4+2=6	2
四	8+2=10	6+3=9	1
五	10+2=12	9+2=11	1
六	12+2=14	11+2=13	1

C和B两施工过程间的流水步距，也可用同样分析方法进行计算。为了方便，通常可列表进行计算（表2-6）。

第一步：将各个工作队在每个施工段上的持续时间填入表格；

第二步：计算各个工作队由加入流水起到完成各段工作止的施工时间总和（即累加），填入表格；

第三步：从前一个工作队由加入流水起到完成各段工作止的持续时间和，减去后一个工作队由加入流水起到完成各前一施工段工作止的持续时间和（即相邻斜减），得到一组差数；

第四步：找出上一步斜减差数中的最大值，这个值就是这两个相邻工作队之间的流水步距B_i。

表 2-6

施工过程 i \ 施工段 j	各段施工时间K_i^j/累计施工时间ΣK_i^j						流水步距
	一	二	三	四	五	六	
1(A)	3/3	3/6	2/8	2/10	2/12	2/14	
2(B)	4/4	2/6	3/9	2/11	2/13	3/16	
3(C)	2/2	2/4	3/7	3/10	3/13	2/15	
$\Sigma K_1^j-\Sigma K_2^{j-1}$	3	2	2	1	1	1	3
$\Sigma K_2^j-\Sigma K_3^{j-1}$	4	4	5	4	3	3	5

由表2-6可知，该非节奏专业流水的工期为：

$$T=\sum_{2}^{3}B_i+t_n+\Sigma G+\Sigma Z$$
$$=(3+5)+15+0+0$$
$$=23(\text{天})$$

二、临界位置法

图2-17是图2-16所示进度计划的斜线图。现以其中第一施工过程（甲）和第二施工过

程（乙）为例，说明临界位置法的计算原理。

从图中可以看出，在每两个相邻施工段的交界处，可以定出两个时间间隔。用上面一条水平线段表示前一施工过程从进入到退出该施工段的时间间隔，下面一条表示后一施工过程与前一施工过程退出前一施工段的时间间隔。各交界处上这两个时间间隔的最大值，控制着后一施工过程在此处的开始时间。我们的目的是使两个施工过程的进度线尽量靠近。在上述时间间隔的限制下，当后一施工过程的进度线靠近到与某一时间间隔线相碰时，后一施工过程进度线的位置就是最靠近前一施工过程进度线的位置。这时在前一施工段开始处所形成的两施工过程开始时间的间隔，就是流水步距B_2。我们把控制后一施工过程进度线位置的施工段交界处称为临界位置。

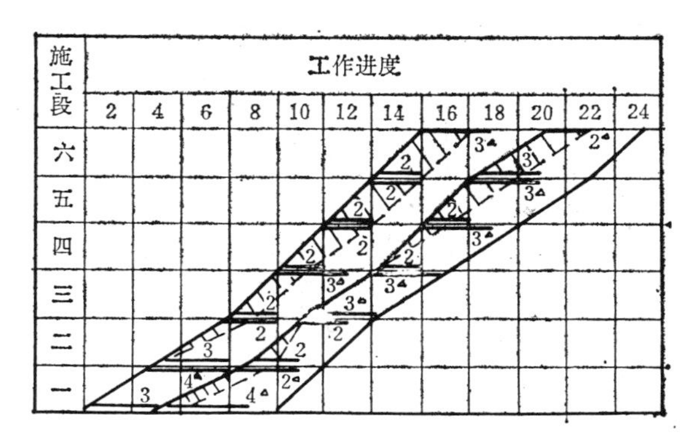

图 2-17　非节奏专业流水工期的确定

任意两相邻施工过程之间，在各相邻施工段交界处，临界位置至少有一处，也可能有几处。

现以图2-18a为例，假定第一和第二施工过程在第一、二段的交界处是临界位置，所对应的流水步距b_2^{1-2}为：

$$b_2^{1-2}=K_1^1+t_2^{1-2}-K_2^1=3+4-4=3（天）$$

式中　K_1^1——第一施工过程在第一施工段的持续时间；

K_2^1——第二施工过程在第一施工段的持续时间；

t_2^{1-2}——第二施工过程在第一、二施工段交界处和第一施工过程间的时间间隔。

再假定第二和第三施工段交界处为临界位置（如图2-18b所示）则所对应的流水步距b_2^{2-3}为：

$$b_2^{2-3}=(K_1^1+K_1^2)+t_2^{2-3}-(K_2^1+K_2^2)$$
$$=(3+3)+2-(4+2)=2(天)$$

式中　K_1^2——第一施工过程在第二施工段的持续时间；

K_2^2——第二施工过程在第二施工段的持续时间；

t_2^{2-3}——第二施工过程在二、三两施工段交界处和第一施工过程间的时间间隔。

其他符号同上。

由此我们可以归纳出：任意两相邻施工过程第$i-1$和i以任意两相邻施工段x和$y(y=x+1)$的交界处为临界位置时，其相应的流水步距b_i^{x-y}为：

$$b_i^{x-y}=\Sigma K_{i-1}+t_i^{x-y}-\Sigma K_i \qquad (2-9)$$

式中　ΣK_{i-1}——前面施工过程在假定的临界位置以下的持续时间总和；

ΣK_i——后面施工过程在临界位置以下的持续时间总和；

t_i^{x-y}——两个施工过程在假定临界位置的时间间隔

$$t_i^{x-y}=\max[K_{i-1}^y;\ K_i^x]|(y=x+1) \qquad (2-10)$$

根据式（2-9），可以分别计算出所有交界处作为假定临界位置时相应的流水步距

b_i^{x-y}，然后从中选择最大值，就是实际临界位置所对应的流水步距B_i，

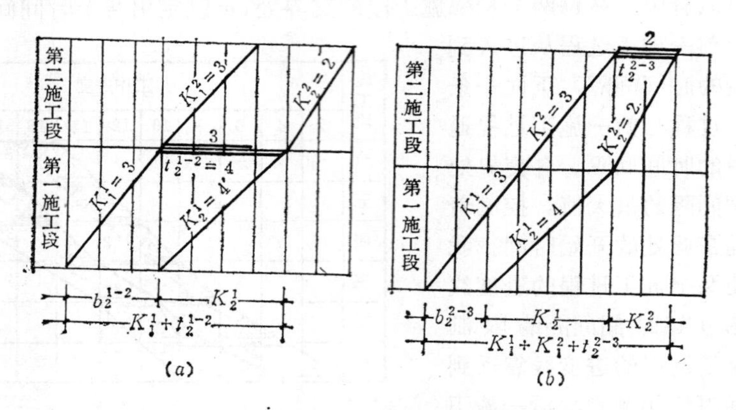

图 2-18 非节奏专业流水临界位置的确定

$$B_i=\max[b_i^{x-y}] \quad (x=0, 1, 2, \cdots m) \quad (2\text{-}11)$$

为了方便，通常采用表格形式进行计算，如表2-7所示。

表 2-7

施工段	$K_1/\Sigma K_1$	t_2^{x-y}	$K_2/\Sigma K_2$	t_3^{x-y}	$K_3/\Sigma K_3$	b_2^{x-y}	b_3^{x-y}	施工段交界
7		0		0				
6	2/14	3 2	3/16	2 3	2/15	14+3-16=1	16+2-15=3	6—7
5	2/12	2 2	2/13	3 2	3/13	12+2-13=1	13+3-13=3	5—6
4	2/10	2 2	2/11	3 2	3/10	10+2-11=1	11+3-10=4	4—5
3	2/8	3 2	3/9	3 3	3/7	8+3-9=2	9+3-7=5*	3—4
2	3/6	2 3	2/6	2 2	2/4	6+2-6=2	6+3-4=5*	2—3
1	3/3	4 3	4/4	2 4	2/2	3+4-4=3*	4+2-2=4	1—2
0	0/0	0	0/0	0	0/0	0+3-0=3*	0+4-0=4	0—1

注：为计算清晰，施工段0和7是虚设的。

第一步：绘制计算表格，填写各施工过程在各施工段上的持续时间（K_i）以及各施工过程从加入流水起，到完成各该段止累计的持续时间（ΣK_i）；

第二步：根据式（2-10）确定两相邻施工过程在各施工段交界处的时间间隔，如表2-7中方框所示；

第三步：根据式（2-9）计算两相邻施工过程以任意两施工段交界处为假定临界位置时相应的流水步距b_i^{x-y}；

第四步：按式（2-11）确定最大的流水步距；

第五步：根据式（2-4）计算专业流水的工期。

从表2-7中可以看到，第一、二两个施工过程的流水步距最大为3（天），其临界位置在第零、一施工段和第一、二施工段交界两处；第二、三两个施工过程的流水步距最大为5（天），其临界位置在第二、三施工段和第三、四施工段交界两处。

三、允许偏差范围

在实际施工中，由于劳动力、材料、机具和气候条件等影响，各个施工过程在施工中的进度偏差是难免的。我们在组织流水施工时，只要注意把这种偏差控制在某一范围之内，就能保证后续施工过程的进度不受影响。在非节奏流水中，确定了流水步距以后，两相邻的施工过程在各施工段交界处的实际时间间隔往往大于必要的间隔值，只有在临界位置才等于必要的间隔值。也就是说，只要在临界位置处不出现进度偏差，非临界位置出现一定程度的进度偏差不会影响计划工期。

我们在表2-7计算中可以发现，两相邻施工过程一和二在各施工段交界处所求的b_2^{x-y}并不是全等于3（天），而有的是2（天）和1（天）。在这些相邻施工段的交界处（非临界点）允许有偏差。其允许偏差值分别为：二、三施工段和三、四施工段为3-2＝1（天）；四、五施工段和五、六施工段以及六、七施工段都是3－1＝2（天）。在图2-17中，以第一施工过程已画好的进度线为基点，分别在各施工段交界处向右标出各施工段交界处的必要时间间隔，即0、0、1、1、2、2、2（天），把这些点连成虚线，和第一施工过程的进度线闭合，其斜线阴影部分即是第一施工过程的允许偏差范围，以同样方法得第二施工过程的允许偏差范围。

必须指出，对于各施工过程在施工中的允许偏差范围，只能供施工人员在执行施工进度计划中参考，使他知道前一施工过程在哪几个施工段交界处拉后几天时间不会影响后一施工过程的进度，在哪几个施工段交界处则不能拖工期。

第五节　多层居住房屋流水施工

图2-19所示是由混合结构居住建筑单元定型设计之一所组合的五层三单元房屋，建筑面积为3075平方米。它的结构特征是：在钢筋混凝土条形基础上砌筑砖条形墙基；为加强砖墙基的整体作用和防潮作用，在砖墙基上有现浇防水钢筋混凝土地圈梁；砖墙；为增强墙砌体整体性，在第二、四、五层有现浇钢筋混凝土圈梁，一、三层有预制钢筋混凝土过梁；钢窗、木门、阳台门为钢门；空心楼板上作水泥石屑楼地面；空心屋面板上作细石混凝土屋面和一毡二油分仓缝；外墙用水泥石灰黄砂粉面；内墙用石灰粉砂喷浆，纸筋石灰作底层，石灰粉面。

施工时，除了运装在工厂集中生产的钢筋混凝土楼板、木门和钢窗等制品外，其余施工过程都在现场完成。

表2-8为本例施工过程及工程量一览表，该房屋规定工期为 4 个月。

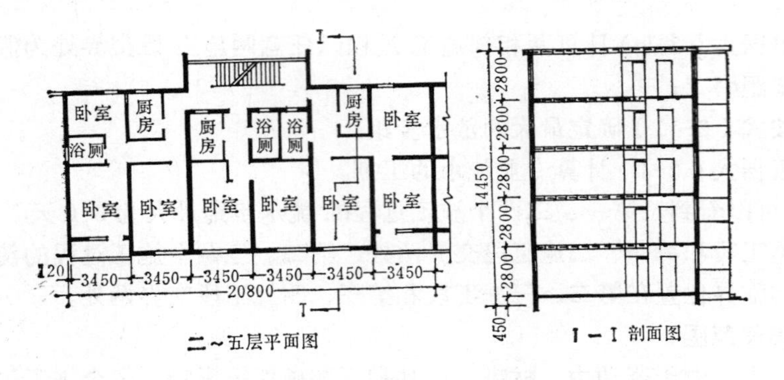

图 2-19　混合结构居住房屋的平、剖面示意图

一幢五层三单元混合结构居住房屋的工程量一览表　　　　**表 2-8**

顺　序	工　程　名　称	单　位	工 程 量	需要的劳动量(工日)或台班
1	墙基挖土	米^3	432	12台班，12×3＝36工日
2	混凝土垫层	米^3	22.5	14
3	钢筋混凝土基础扎铁	公斤	5475	11
4	浇基础混凝土	米^3	109.5	70
5	砌　墙　基	米^3	81.6	60
6	墙基和地坪回填土	米^3	399	76
7	砌　砖　墙	米^3	1026	985
8	钢筋混凝土圈梁安模	米^3	381	38
9	钢筋混凝土圈梁扎铁	公斤	6000	40
10	浇钢筋混凝土圈梁混凝土	米^3	46.5	53
11	安装预制过梁	根	357	14.9台班
	安装楼板	块	1320	14.9×14＝209工日
	安装楼梯	座	3	
12	楼板嵌缝	米	4200	49
13	屋面第二次嵌缝	米	840	10
14	细石混凝土面层	米^2	639	32
15	贴分仓缝	米	160.5	16
16	安装吊篮架子	根	54	54
17	拆除吊篮架子	根	54	32
18	安装钢门窗	米^2	318	127
19	外墙抹灰	米^2	1782	213
20	楼地面和楼梯抹灰	米^2	2500，　120	128，　50
21	室内地坪三和土	米^3	408	60
22	天棚抹灰	米^2	2658	326
23	内墙抹灰	米^2	3051	268
24	安装木门	扇	210	21
25	安装玻璃	米^2	318	23
26	油漆门窗	米^2	738	78
27	其　　他			15%(劳动量)
28	卫生技术安装工程			
29	电气安装工程			

地下工程：包括开挖墙基土方、铺设基础垫层、绑扎基础钢筋、浇捣基础混凝土、砌筑墙基和回填土等六个施工过程。当这个分部工程全部采用手工操作时，其主导施工过程是混凝土浇灌工程。当土方工程由专门的工作队采用机械开挖时，通常将其与其它手工操作的过程分开来考虑。

墙基采用斗容量为0.2立方米的蟹斗式挖土机开挖。共需12台班和36个工日。如果采用一台机械两班施工。则开挖墙基施工过程可以6天完成。考虑到浇捣混凝土垫层施工过程的工程量很小，全幢房屋仅需1.5天即可完成，为不影响其它过程的流水施工，可以将其紧接在挖土过程之后开始，工作一天后，再进行其他施工过程。

其余四个施工过程（$n_1=4$）根据流水施工原理可以组成节奏专业流水。根据其结构特点和前面所述的分段原则，以房屋的一个单元作为一个施工段；即在房屋平面上划分成三个施工段（$m_1=3$）。主导施工过程是浇捣基础混凝土，共需70工日，采用一个工作队（12人）一班制施工，则每一施工段浇捣混凝土的施工持续时间为$\frac{70}{3\times1\times12}\approx2$天。为使各施工过程能相互紧凑搭接，其他施工过程在每个段上的持续时间也采用2天($K_1=2$)。则地下工程施工持续时间可以估算如下：

$$T_1=6+1.0+(m_1+n_1-1)K_1=6+1.0+(3+4-1)\times2=19\text{天}$$

地上工程：包括砌墙、安装过梁或浇筑圈梁（包括支模、扎筋、浇混凝土）、安装楼板和楼梯、楼板灌缝六个施工过程。其中主导过程为砌墙工程。为组织主导施工过程进行流水施工，把这幢房屋在平面上划分为三个施工段。每个楼层划分成二个施工层，每一施工段每个施工层的砌墙工作时间为1天，这样每一施工段砌墙的持续时间为2天($K_2=2$)。浇捣钢筋混凝土圈梁由于工程量较小，安装模板和绑扎钢筋可以组织混合工作队进行施工，每段工作1班，在第2班进行浇捣混凝土，支模、扎筋、浇混凝土共一天，第二天为圈梁养护，这样，在计算分部工程的持续时间时，三个施工过程可看作为一个施工过程，它在每一施工段上的持续时间仍为2天（$K_2=2$）。安装一个施工段的楼板和楼梯的持续时间为一个台班（即1天），第二天进行楼板灌缝，这样两者可以合并为一个施工过程。因此，在计算地上工程施工持续时间时，施工过程数以3计（$n_3=3$），地上工程的施工持续时间为

$$T_2=(m_2+n_2-1)K_2=(5\times3+3-1)\times2=34\text{天}$$

屋面工程：包括屋面板第二次灌缝、细石混凝土屋面防水层、贴分仓缝等。由于屋面工程通常耗费劳动量较少，且其工艺顺序与装修工程相互制约，因此考虑工艺要求，与装修工程衔接施工即可。

装修工程：包括安装门窗、室内外抹灰、门窗油漆、楼地面抹灰等十一个施工过程。其中抹灰是主导工程。由于安装木门和安装玻璃可以同时进行，安装和拆除吊篮架子、地坪和三和土三个施工过程可与其他施工过程平行施工，不占绝对工期。因此，在计算分部工程的施工持续时间时，施工过程数以7计（$n_4=7$）。

装修工程采用由上向下的施工顺序。结合装修工程的特点，把房屋的每层三个单元作为一个施工段（$m_4=5$）。考虑到内部抹灰工艺上的要求，在每一施工段上的持续时间最少需3～5天。在本例中，装修工程在每一施工段上的持续时间采用3天（$K_4=3$）。装修分部工程的持续时间为：

$$T_4=(m_4+n_4-1)K_4+\sum Z+\sum G=(5+7-1)\times 3+6=39\text{天}$$

计算出各个分部工程的施工持续时间之后，就可求出近似的总工期。如前所述，由于屋面工程是与装修工程平行施工的，所以计算总工期时，屋面工程的持续时间可以不计。这样可以大致地求出建造该幢房屋的总工期：

$$T=T_1+T_2+T_4=19+34+39=102\doteq 100\text{天}$$

以上仅是估算，实际上各分部工程之间还有搭接，总的施工持续时间与估算的数字会稍有出入。只要估算的施工持续时间基本上符合规定工期的要求，就可以着手绘制图表，最后确定下来的总的施工持续时间肯定会与规定的相接近。

在安排各分部工程之间的搭接时，要确保正确的工艺顺序，遵守安全技术的规定，并使主要工种的工人能连续工作。

在本例中，砌墙工程是在地下工程的回填土为其创造了足够的工作面之后才开始，即在第一个施工段上土方回填后开始砌墙。因此地下工程与地上工程两个分部工程相互搭接4天。

屋面第二次灌缝，紧接在楼板灌缝的后面完成。如前所述，屋面细石混凝土防水层的施工与外粉刷采用的脚手架形式有关。在本例中是采用吊篮脚手架。为了避免损坏屋面，屋面防水层安排在吊篮脚手架拆除后再进行。分仓缝的施工要等到防水层干燥后才能进行。根据当地气候条件，考虑了7天的工艺间歇。因此屋面分部工程实际上与装修工程并行施工，不占绝对工期。

装修工程紧接在地上分部工程的楼板灌缝之后。实际上外粉刷决定于吊篮脚手架的装设，在屋面二次灌缝后开始装设吊篮脚手架，随后进行外粉刷。本例是采用先做楼面后做天棚和内墙抹灰的顺序。考虑到抹灰劳动力配备情况，组织两个工作队。天棚抹灰接在楼面之后，由一个队完成。内墙抹灰接外墙粉刷之后，由另一工作队完成。这样组织保证了楼地面有必要的干燥时间。考虑到装修工程内部工种的搭配，实际施工的持续时间为43天。经过最后调整，实际总工期为89天。图2-20为修正后的施工进度计划。

从图2-20可以看出，实际工程的施工进度计划图表（横道图），较完整地反映了施工过程的主要内容。横道图的内容分为左右两个部分，左边部分按施工先后顺序列出所有施工过程的名称，相应的工程量，施工产量定额，劳动力和机械台班需要量，工作的持续时间和工作队的组成情况等；右边部分上方为日历表，中间画出各施工过程的作业进度线，下方必要时画出劳动力或其他资源每天总需要量动态曲线。

为了简化设计工作，可将某些在工艺上和组织上有紧密联系的施工过程归并为一个工艺组合。一个工艺组合内的几个施工过程在时间上、空间上能够最大限度地搭接起来，而不同的工艺组合则通常不能平行地进行施工，必须待一个工艺组合中的大部分施工过程或全部施工过程完成之后，另一个工艺组合才能开始。在划分工艺组合时，必须注意使每一个工艺组合能够交给一个混合工作队（或专业施工单位）完成。例如，平整场地、铺设场内给水供电管线、铺设永久性及临时性道路、修建临时设施等，可以归并为一个准备工程工艺组合；开挖基坑和基槽、修建基础和地下室墙、铺设防潮层、铺设地下室楼板、铺设引入室内的管道等，可以归并为一个地下工程的工艺组合；砌墙、安装楼板和楼梯等可以归并为一个主体结构工程工艺组合；架设屋架和檩条、铺设屋面板等可以归并为一个屋面工程工艺组合等等。

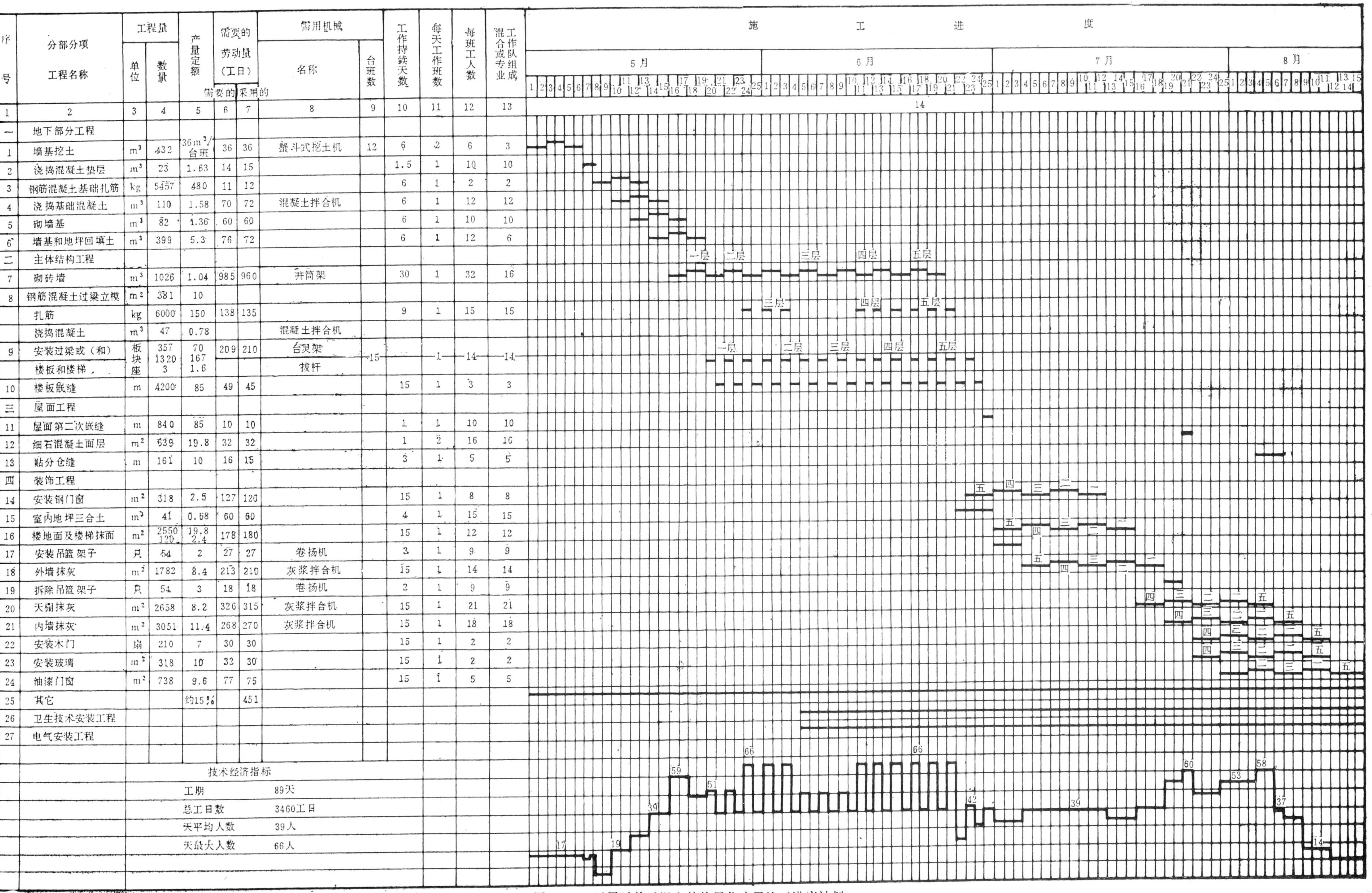

序号	分部分项工程名称	工程量 单位	工程量 数量	产量定额	需要的劳动量（工日） 需要的	需要的劳动量（工日） 采用的	需用机械 名称	需用机械 台班数	工作持续天数	每天工作班数	每班工人数	工作队混合或专业组成
1	2	3	4	5	6	7	8	9	10	11	12	13
一	地下部分工程											
1	墙基挖土	m^3	432	$36m^3$/台班	36	36	蟹斗式挖土机	12	6	2	6	3
2	浇捣混凝土垫层	m^3	23	1.63	14	15			1.5	1	10	10
3	钢筋混凝土基础扎筋	kg	5457	480	11	12			6	1	2	2
4	浇捣基础混凝土	m^3	110	1.58	70	72	混凝土拌合机		6	1	12	12
5	砌墙基	m^3	82	1.36	60	60			6	1	10	10
6	墙基和地坪回填土	m^3	399	5.3	76	72			6	1	12	6
二	主体结构工程											
7	砌砖墙	m^3	1026	1.04	985	960	井筒架		30	1	32	16
8	钢筋混凝土过梁立模	m^2	381	10								
	扎筋	kg	6000	150	138	135			9	1	15	15
	浇捣混凝土	m^3	47	0.78			混凝土拌合机					
9	安装过梁或（和）楼板和楼梯	板 块 座	357 1320 3	70 167 1.6	209	210	台灵架 拔杆	15		1	14	14
10	楼板嵌缝	m	4200	85	49	45			15	1	3	3
三	屋面工程											
11	屋面第二次嵌缝	m	840	85	10	10			1	1	10	10
12	细石混凝土面层	m^2	639	19.8	32	32			1	2	16	16
13	贴分仓缝	m	161	10	16	15			3	1	5	5
四	装饰工程											
14	安装钢门窗	m^2	318	2.5	127	120			15	1	8	8
15	室内地坪三合土	m^3	41	0.68	60	60			4	1	15	15
16	楼地面及楼梯抹面	m^2	2550 120	19.8 2.4	178	180			15	1	12	12
17	安装吊篮架子	只	54	2	27	27	卷扬机		3	1	9	9
18	外墙抹灰	m^2	1782	8.4	213	210	灰浆拌合机		15	1	14	14
19	拆除吊篮架子	只	54	3	18	18	卷扬机		2	1	9	9
20	天棚抹灰	m^2	2658	8.2	326	315	灰浆拌合机		15	1	21	21
21	内墙抹灰	m^2	3051	11.4	268	270	灰浆拌合机		15	1	18	18
22	安装木门	扇	210	7	30	30			15	1	2	2
23	安装玻璃	m^2	318	10	32	30			15	1	2	2
24	油漆门窗	m^2	738	9.6	77	75			15	1	5	5
25	其它			约15%		451						
26	卫生技术安装工程											
27	电气安装工程											

技术经济指标

工期	89天
总工日数	3460工日
天平均人数	39人
天最大人数	66人

图 2-20　五层三单元混合结构居住房屋施工进度计划

一个建筑物能划分工艺组合的数目和性质，取决于建筑物的类型和结构形式。

按照对整个工期的影响大小，工艺组合可以分为两种。第一种是对整个单位工程的工期起决定性作用的、基本上不能相互搭接进行的工艺组合，叫做主要工艺组合。第二种是对整个单位工程的工期有一定影响但是不起决定性作用的、能够和第一种工艺组合平行地或在很大程度上搭接进行的工艺组合，叫做搭接工艺组合。

在工艺组合确定之后，首先可以从每个工艺组合中找出一个主导施工过程；其次确定主导施工过程的施工段数及其持续时间；然后尽可能地使工艺组合中其余的施工过程都采取相同的施工段、施工段分界和持续时间，以便简化计算工作；最后按照节奏专业流水或非节奏专业流水的计算方法，求出工艺组合的持续时间。所有的工艺组合都可以按照上述同样步骤进行计算。为了计算方便，对于各个工艺组合的施工段数、施工段分界和持续时间，在可能条件下，也应力求一致。

当建筑物类型和结构形式等特点不可能使各个工艺组合和各个施工过程的施工段数、施工段分界和持续时间取得一致时，仍然可以进行计算，只是计算工作比较复杂而已。

把主要工艺组合的持续时间相加，就得到整个单位工程的施工工期。如果工期超过规定，则可以改变一个或若干个工艺组合的流水参数，把工期适当地缩短。反之，也应该改变一个或若干个工艺组合的流水参数，把工期适当地延长。

所以，当施工进度计划采用流水施工的设计方法时，不必等进度线画出就能看出工期是否符合规定。同时，采用这种设计方法还可以在进度线画出之前，初步确定不同施工阶段的劳动力均衡程度。如果劳动力过分不均衡，可以采用改变工艺组合施工段数和施工过程在各个施工段上的持续时间等流水参数的办法加以调整。当工期、劳动力均衡程度和机械负荷等基本符合要求之后，就可以绘制施工进度计划。

由上可知，这种设计方法是把许多施工过程的搭接问题变成少数几个工艺组合的搭接问题，因而可以大大简化施工进度计划的设计工作。

第六节　单层工业厂房流水施工

一、单层工业厂房结构及施工特点

单层工业厂房是工业建筑中最普遍的形式。单层工业厂房的类型很多，按厂房大小、吊车荷载和构件重量方面的特征来分，有小跨度（轻型）和大跨度（中型和重型）两类；

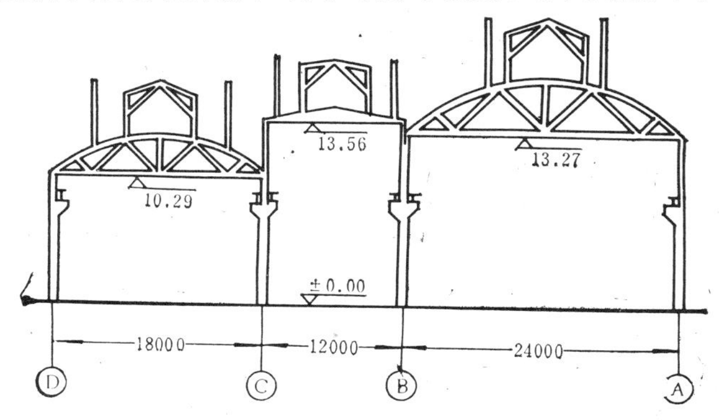

图 2-21a　某铸工车间剖面示意图

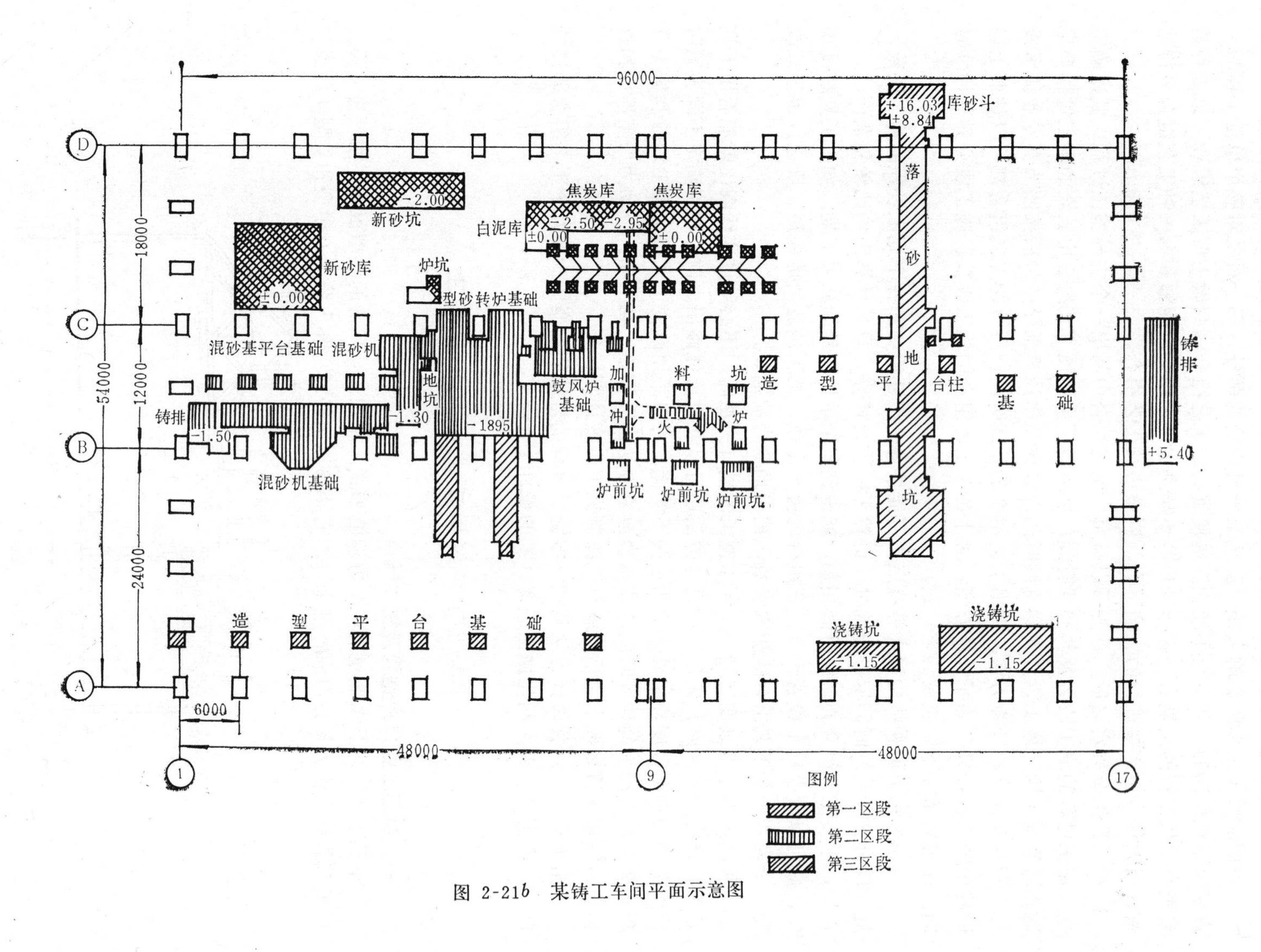

图 2-21b 某铸工车间平面示意图

按厂房的结构材料特征来分，有钢筋混凝土结构、钢结构和混合结构三类。

现以最常见的装配式钢筋混凝土结构单层工业厂房为例，说明单层工业厂房施工组织的一般方法。图2-21 *a* 、 *b* 所示，是一个通用机械制造厂的铸工车间平面和剖面示意图。铸工车间是该厂主要生产车间之一，生产各种铸铁件供给其他车间加工使用，并生产部分铁锭供应外厂需要。

车间建筑面积为5184平方米。厂房由三跨组成，18米的*C*—*D*跨为炉料跨，12米的*B*—*C*跨为熔化跨，24米的*A*—*B*跨为浇注跨。厂房宽度54米，厂房全长96米，柱距6米。在厂房长度方向有一道双柱构成的伸缩缝（在9轴线处）。厂房的最高点为20.39米。

厂房承重结构由现浇钢筋混凝土杯形基础（因设备基础和地沟的影响，杯形基础埋深不一，且深度较深。最深者达-5.95米，最浅者为-1.8米）、装配式钢筋混凝土工字形截面柱、装配式钢筋混凝土吊车梁（*A*—*B*跨为先张法预应力的）、预应力多腹杆拱形屋架（*A*—*B*、*C*—*D*跨）、薄腹梁（*B*—*C*跨）、大型屋面板及天窗架等组成。围护结构为1砖厚的双面清水砖墙和钢门窗组成。屋面是二毡三油卷材屋面。大部分是混凝土地面，个别是素土地面。

厂房内设备基础、地坑和地上构筑物甚多，图2-21 *b* 中示出主要的和工程量较大的各种特殊构筑物的布置情况。车间的主要生产过程是：炉料（生铁、废铁、焦炭、白泥等）经冲天炉熔炼成铁水，将铁水浇入铸件型模中，冷却开箱后即得铸件。因此，在炉料跨（*C*—*D*跨）内有各种料库（如焦炭库、白泥库等），用以贮存运来的炉料和贮存造型用的新砂库，在炉料库靠近熔化跨的一侧设有加料平台。熔化跨（*B*—*C*跨）内装有二台5吨和一台3吨的冲天炉，冲天炉下需建造钢筋混凝土基础，在跨的西端有混合新砂和旧砂用的混砂坑。在浇注跨（*A*—*B*跨）内有浇注坑，其上有开箱落砂用的落砂坑，在跨的西端还有造型平台。以上所述各跨中的设备基础、料库、坑以及平台等都采用钢筋混凝土结构。

从上述比较典型的结构特征不难看出，单层工业厂房由于适应生产工艺的需要，不论在房屋类型、建筑平面、造型或结构构造上都与民用建筑有很大差别。而且由于有着大量的设备基础和各种管网，因此，它要比民用建筑复杂得多。它的复杂性表现在施工方面有以下几个特点：①需要合理安排设备基础、管沟等特殊构筑物的施工顺序；②装配化程度较高，需用大型机械进行结构安装；③建筑工程和设备安装工程需要密切配合；④有时需要考虑分期施工的要求。

本例车间的土建工程，根据全厂性施工组织设计的规定，工期为8个月，从3月1日施工，10月30日土建完成，给设备安装单位进行设备安装工程的施工。

在研究和分析图2-21所示的厂房结构之后，可知建造这一幢厂房需要完成下列一些分部分项工程：开挖基坑土方；浇捣柱基础；回填基坑及平整场地；现场预制装配式钢筋混凝土构件（如柱、屋架、吊车梁等）；装配式结构的安装；浇捣设备基础和地坑等；砌墙和安装门窗；铺设卷材屋面；浇灌混凝土地坪和夯实素土地坪；装饰工程；电气安装、卫生技术工程；工艺设备安装和管道工程；等等。

二、施工方案

正确地拟定施工方法和选择施工机械是合理地组织施工的关键。每一分部分项工程或施工过程总是有许多种不同的施工方法和多种不同类型的建筑机械可以采用。例如，以本例的厂房基础土方工程而言，就可以有以下几种施工方案：①由于基础埋设较深，柱基基坑在厂房纵向基本上相连接，可以采取通条开挖方式。第一个方案可以考虑用大型挖土机（例如铲运机等）进行基槽的开挖工作，然后由人工修整基坑；②第二方案可以考虑采用小型机械（如斗容量为0.2立方米的蟹斗式挖土机等）进行单个基坑的开挖；③或者在当地缺乏机械装备的情况下，也可以考虑由人工开挖基坑。我们在确定施工方案时，应当从施工机构可能获得的机械的实际情况出发，在充分利用现有技术装备的前提下，选出技术上先进和经济上合理的方案。

施工方法在技术上必须满足保证工程质量、提高劳动生产率以及充分利用机械的要求。在选择建筑机械时，首先应当选择主导机械，然后根据辅助工作的性质、主导机械的参数和生产率来选择辅助机械。所选用机械的各种参数应当符合施工条件，并需要考虑充分利用所选用机械的生产率。例如，选择挖土机的型号时，必须考虑到土壤的性质、工程量、挖土机和运输设备的行驶条件等，并须保证有足够的掌子高度，不致于因为掌子高度不够而降低挖土机的生产率。其次，应该考虑在工程集中和工程量不大的情况下，尽量采用多功能的机械，使同一种机械能适应于不同施工过程的需要。如履带式挖土机既可用于挖土，又可用于装卸起重。这样，有利于工地上的管理和减少机械转移的麻烦。

基坑土石方开挖、现场预制工程和结构安装工程是单层工业厂房施工中三个主要分部分项工程，现结合本例将其施工方法叙述如下：

1.基坑土石方开挖

基础埋置深度较深时，基坑的开挖工作就比较复杂，所占工期也较长，因此在组织施工时，应该很好地考虑。

本车间所处地区，表面土下就是岩层，因此，需要先挖掉基坑的土壤，然后再开挖石方。本例厂房的基础大部分埋置较深，基坑基本上已连成一条槽，根据现场的机械条件并经过比较分析后，决定选用铲运机挖出深1～2米的基槽，再用人工挖至岩石层。

石方开挖是先用风钻打眼，电引放炮爆破，再用风镐与人工结合解石，人工修整。

回填土的夯实通常采用蛙式打夯机与人工手夯结合，分层填夯。起重机开行的路线则用压路机压实。

2.现场预制工程

根据我国具体条件，构件的生产采取现场预制和工厂预制相结合的方针。一般来说，一些重型或大型构件，如柱、吊车梁、屋架等在现场就地预制；而屋面板及其他标准小型构件，在工厂或工地集中预制，随着安装工程的进展陆续运至安装地点。现场就地预制工程，因为占据厂房场地，对整个厂房的施工进度有影响，因此应在施工进度计划中得到反映。在本例中，结合场地条件决定厂房各列柱、$A—B$跨和$C—D$跨的多腹杆拱形预应力屋架、$C—D$跨和$B—C$跨吊车梁采用场内就地预制方式。$A—B$跨吊车梁、基础梁、$B—C$跨工字形薄腹梁、大型屋面板以及其他小型构件采用预制场集中预制的方式。

预制构件的布置，直接影响着安装速度，因此，在布置时应考虑安装方便，务必使起重机能就地将构件起吊，并考虑到模板架立、混凝土运输以及预应力屋架抽管的方便。为了加速模板的周转，屋架和柱都用多节脱模的方法。由于场地狭窄，屋架采用多榀叠浇，一般是二榀，个别是三榀叠浇方式来预制。

$A—B$跨的预应力吊车梁采用槽式台座先张法制作，台座设在车间东首；由于制作技术要求较高，由公司混凝土预制构件厂派工人到现场进行。

预制场集中预制的构件用汽车（载重量3～5吨）或拖拉机加平板车运至安装地点。

3.结构安装工程

结构安装工程是装配式单层工业厂房的主导分部分项工程，由于需要采用使用费较高的大型机械来完成，因此在拟定施工方法时，要通过技术经济分析，选出最合理的安装方案、机械的类型和数量。

构件安装的方法通常有综合安装法和分件安装法两种。对于象本例的厂房结构，通常是屋盖下部的承重结构采用分件安装，屋盖系统采取综合安装。

最合理的机械化施工方法是综合机械化。安装工程综合机械化方法是使用一套生产率和起重机参数相互协调和相互联系的机械，来完成下列安装过程：①运来的构件卸车；②构件的拼装组合；③起吊和安装构件到设计位置。

安装工程的其他过程或工序，如绑扎、挂钩、脱钩、固定、焊接等，应广泛地采用先进的小型机具和工具，以提高劳动生产率，减轻劳动强度。

设计安装工程综合机械化的方法，先从决定吊装用的主导机械类型和数量开始，然后再选择辅助机械。

确定安装机械类型及其主要使用参数的主要因素为：①现场的地形条件，如有无铁路，能否保证有电、燃料、水等供应；②安装现场宽敞的程度与机械通向建筑工地的可能性；③建筑物的外形尺寸；④所安装构件的外形尺寸、位置和重量。将这四个因素与安装机械的技术性能、使用参数加以比较，就可找出若干个满足工期要求且技术方面合适的机械类型。然后根据方案的技术经济比较决定所采用的机械类型。

一般来说，在小跨度的轻型工业厂房中，由于装配式构件的重量不大，厂房高度不高，安装机械能在厂房内移动，构件有可能直接运送到厂房的内部，因此起重机械可以采用的有汽车式、轮胎式和履带式起重机。其中最有效的是移动灵活的汽车式和轮胎式起重机。如果厂房内有永久性铁路，也可以采用铁路式起重机。

在安装大跨度厂房的建筑结构时，可以采用履带式、铁路式、门式和塔式起重机。起重桅杆和其他简单机械仅在缺少一般起重机械的条件下采用，或者作为辅助设备。

一个厂房内使用机械数量的多少，与现场机械装备的情况、施工条件（如工作面等）、厂房的结构特点、安装工程量、工期要求和工人操作的熟练程度等因素有关。另外，从经济上分析，增加安装机械的数量，可以缩短工期，也就有可能使企业早日投入生产，为国家增加财富，并可减少与施工期限有关的间接费用，但相应地要增加与使用机械有关的附加费用，如机械的一次性费用、增加的临时性设施费用以及为增加构件供应所需要扩大附属企业生产能力的费用等。通过权衡比较，可以找出最优安装工期及相应的安装机械的数量。

本例厂房的主要装配式构件的重量列于表2-9中。根据可能获得的机械条件，并通过技术经济比较，采用W—1004型履带式起重机作为安装工程的主导机械，完成下列工作：①吊装$C—D$跨的所有构件；②吊装$B—C$跨的屋盖系统和吊车梁；③吊装$A—B$跨的吊车梁；④就地预制屋架的翻身就位；⑤所有自集中预制场运来构件的卸车就位。至于A和B列柱和$A—B$跨屋盖系统，从表2-9可以看出，由于重量大而高度高，一台W—1004型起重机不能适应安装要求。根据现有条件考虑，A和B列柱曾考虑了二个机械化安装方案（用两台W—1004型起重机进行双机抬吊，或者使用木脚把杆起吊）。经过研究比较，为了保证进度，且考虑到现场上有两台W—1004型起重机可供使用，故决定采用双机抬吊的方案。$A-B$跨的屋盖结构系统有三个方案可以采用：①用两台W—1004型起重机双机抬吊；②使用经过改装的2—6吨塔式起重机（在底架处加一长为25米、钢架截面为80×100厘米的把杆，并附加卷扬机等设备）；③使用独脚把杆。为了保证安装工作的安全和工程的质量，决定采用改装的塔式起重机方案。

主要构件安装一览表　　表 2-9

构件名称	所在轴线	构件顶面标高(米)	重量(吨)	数量
柱	A	13.27	15.68	18根
柱	B	13.56	19.63	18根
柱	C	13.56	10.79	18根
柱	D	10.22	10.79	18根
吊车梁	$A-B$	10.16	6.0	32根
壁行吊车梁	$A-B$	5.55	3.28	7根
吊车梁	$B-C$	10.11	2.70	12根
吊车梁	$C-D$	7.82	3.64	32根
24米预应力多腹杆拱形屋架	$A-B$	16.39	11.60	18榀
12米薄腹梁	$B-C$	15.00	6.33	18榀
18米预应力多腹杆拱形屋架	$C-D$	12.96	6.05	18榀
天窗架(9米宽)	$A-B$		2.86	10榀
天窗架(6米宽)	$B-C$		1.27	8榀
天窗架(9米宽)			2.86	4榀
大型屋面板			1.48	570块
基础梁			1.98	38根

三、施工顺序

单层工业厂房虽无层间的关系，但在确定其空间的施工顺序时不但要考虑土建工程的影响，还要考虑到工艺的要求和与设备安装工程的配合，因而要比居住建筑复杂得多。从施工的角度来看，单层工业厂房从任何一端、一跨开始施工都是一样的，但是按照生产工艺的顺序来进行施工，可以保证设备安装工程分期进行、工程项目分批交付使用，从而提前发挥国家基本建设投资的效果。总的来说，保证及时、提前投产使用是确定施工顺序的总的要求；生产工艺顺序、土建和设备安装工程量、土建和设备安装工程的施工难易程度以及所需工期的长短、厂房结构特征和施工方法等是影响空间施工顺序的因素。

以本例铸工车间而言，生产工艺尚比较简单，土建和设备安装工程量的分布也比较均匀，且施工也不算复杂，因此，空间的施工顺序主要取决于主要工程的施工方法和生产工艺顺序。结构安装工程的施工顺序，从$C-D$跨开始较为适宜，因为$C-D$跨设备基础和坑基较多，施工比$A-B$跨复杂，同时考虑到$A-B$跨屋盖用塔式起重机安装，机械准备工作所需的时间较长。因此吊装顺序从$C-D$跨D列柱开始，其次是$B-C$跨，最后是$A-B$跨。详细安装顺序参见图2-22进度计划。应该指出，各个分部分项工程的施工顺序必须与整个厂房的施工顺序相适应。对于单层工业厂房，特别是在设备基础和沟道较多的情况下，必须审慎地考虑安装工程与设备基础工程的施工顺序，同时还应该注意到各分部分项工程的施工顺序与所采用的施工方法有着相互制约关系。

序号	分部分项工程名称	工程量 单位	工程量 数量	产量定额	需要劳动的量	需要的机械 机械名称	需要的机械 台班数	工作延续天数	工作天（3月、4月、5月、6月、7月、8月、9月、10月、11月、12月；每月5、10、15、20、25）
1	2	3	4	5	6	7	8	9	10
1	准备工程							10	
2	土石方工程	m³	4896	1.57	3166	铲运机	25	25	
3	钢筋混凝土杯形基础	m³	860	0.66	1304			32	
4	回填土及场地夯实	m³/m²	3824/2224	5/7	1088			18	
5	现场预制工程								
	柱预制	m³	350	0.41	864			17	预应力张拉
	屋架预制	m³	95	0.28	315			25	
	吊车梁预制	m³	70	0.48	153			8	
6	结构安装								
	C–D跨安装								
	B–C跨安装				990	W–1004履带式起重机；塔式起重机	39；6	25	
	A–B跨安装								
7	屋面工程	m²	6163	8.6	717			21	
8	砌墙工程	m³	731	0.5	1470			14	
9	装饰工程				3936			53	
10	设备基础工程								
	第一区段（主安C–D跨）	m³	212	0.11	1868			60	
	第二区段（主安B–C跨）	m³	391	0.11	3322			39	
	第三区段（主安A–B跨）	m³	221	0.09	2572			66	
11	混凝土地面	m²	4080	53	767			35	
12	其它工程			15%	2160				
13	电气和卫生技术工程								
14	设备和管道安装工程								

图 2-22 某铸工车间控制性施工进度计划

单层工业厂房一般土建工程中各个分部分项工程间的施工顺序，可根据施工工艺的要求决定。在一般情况下，其顺序是准备工程、土方工程、基础工程、现场预制工程、结构安装工程、砌墙工程、屋面工程、装饰工程和地面工程等。

设备基础的施工顺序，主要有两种方式：

1.厂房基础先建造，结构先安装，而设备基础后施工（即封闭式施工）；

2.厂房基础和设备基础先施工，而厂房结构后安装（即开敞式施工）。

上述两种方案各有其优缺点。开敞式施工，对土方施工有利，因为工作面大，采用机械开挖的条件好，能够充分发挥机械的作用，可以避免或减少设备基础与柱基础相邻处因先后施工而引起的重复的填挖工程量，为提前进行设备安装创造条件。但给构件的就地预制造成了很大的困难，并给结构安装工程带来诸多不便，因为设备基础建成后，地面高低不平，起重机和运输工具难以在跨中行走；如果要在跨中开行，势必要增加大量辅助工作。因此，有时在开敞式施工中采取先完成零米以下部分，然后进行结构安装工程，待厂房骨架完成之后，再建造设备基础地上部分。封闭式施工的优缺点则与开敞式相反。究竟采用何种方案，必须根据具体条件来考虑。当设备基础较深，特别是其埋置深度低于厂房基础时，通常是先开挖设备基础土方，待基础完成并回填好土方后，再施工厂房基础，随后再进行地上结构的施工。如果设备基础与厂房基础埋置深度相同，则二种施工方案都有可能，这主要取决于厂房结构的安装方案以及土建工程与安装工程之间配合的要求，应通过技术经济比较确定。

本例厂房的设备基础、地沟、地坑较多而且比较复杂，若采用敞开式施工，预制构件受场地限制无法就地预制，安装机械也无法在跨中开行。因此，本例采用在结构安装工程完工后再施工设备基础的方法。

四、施工进度计划

一般规模大、工期长的工程项目的施工进度计划，往往采用“两步走”的方式编制。由于本例铸工车间的规模较大，结构较复杂，土建工期定为8个月（较长），因此施工进度计划采用两步走的方式编制。首先编制一个控制性（轮廓性）的单位工程施工进度计划，然后在施工过程中再编制各分部分项工程的施工进度计划。

控制性施工进度计划的目的，是在满足规定工期的前提下，确定各分部分项工程的施工持续时间、施工顺序、搭接关系，并作为编制各分部分项工程施工进度计划的依据。因此，在进度计划“工程名称”一栏中，只需要列出主要分部分项工程。例如铸工车间的分部分项工程有：准备工程、土方工程、基础工程、回填土及场地平整、预制构件工程、结构安装工程、砌墙工程、屋面工程、装饰工程、设备基础工程、地面工程、电气和卫生技术工程以及设备和管道安装工程等。

图2-22就是本例的控制性施工进度计划。由于进度计划中所列出的都是分部分项工程，因此采用综合性施工定额来计算劳动量。各个建筑安装机构为编排施工进度计划一般都积累有这种综合性施工定额资料。

各个分部分项工程的施工持续时间，根据该分部分项工程的工程量，完成该种工程的机械生产率或工人的劳动生产率，以及施工机构现有的人力、物力等条件来确定。例如，铲运机挖槽的工程量为2156米^3，根据机械台班产量定额计算，铲运机挖槽需14个台班，采用一台工作二班制，即需7个工作天。再如，人工开挖土石方中，人工挖土为992立方米，人工开凿石方为1748立方米。石工是该施工机构的关键性工种，根据当时的劳动力资源情况，每天最多能配备146人，石方开挖需要16天完成。在机械挖土全部完成后，随即进行人工挖土，在人工挖土创造出一定工作面后（即在挖土1～2天后），随即插入开挖石方工作。因此，人工开挖的施工持续时间即为（1～2）+16=17～18天。如果取18天，土方工程的全部施工时间即是7+18=25天。

又如，现场预制工程中的预制屋架，共有三跨，一般来说，每跨每批屋架的施工持续时间约为6～10天，其中包括安装模板2～3天，绑扎钢筋2～3天，浇注混凝土1～2天，养护1～2天。由于部分屋架受场地的限制，必须采取三榀叠浇，因此总共需用（6～10）×3=18～30天。在本例中结合劳动力配备的情况，估算为25天。

对施工操作过程比较熟悉的话，采用上述的估算方法决定各个分部分项工程的施工持续时间不会有多大困难。如果估算有困难，可以采用非节奏专业流水的计算方法来确定。

非节奏专业流水的计算主要在于确定相邻两个施工过程之间的合理搭接关系，也即求出流水步距B。现以土石方开挖工程为例说明其计算方法。

在本例中土方的人工开挖分成八段进行。D列和C列基础土石方开挖合在一起分为四段，B列和A列基础合在一起分为四段，分段情况示于图2-23。各段的人工挖土、运土的工程量和石方开挖、运石方的工程量见表2-10。

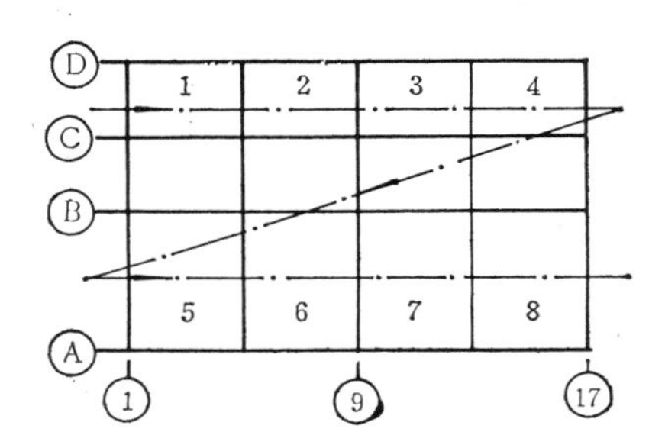

图 2-23 土石方开挖的分段和流水方向

土石方开挖工程各段工程量 **表 2-10**

施工过程	单位	施工段 1	2	3	4	5	6	7	8
		各段工程量							
人工挖土及运土	米³	25	25	34	34	30	30	407	407
石方开挖及运石方	米³	296	296	218	218	241	241	119	119

计算时，应首先决定完成施工过程最适宜的每天生产能力（即流水强度），据此，可以求出每段工作的持续时间，即

$$\text{每段工作的持续时间}=\frac{\text{每段工程量}}{\text{完成该过程的流水强度}}$$

计算各个施工过程在每个施工段上的持续时间时，应该先决定主要施工过程的持续时间，然后再决定其它过程的持续时间。

在本例的人工开挖土石方工程中，石方开挖所需的劳动量大，是主导施工过程，是控制进度的关键。因此，应先决定开挖石方的流水强度和持续时间。根据施工机构劳动力情况，每天能配备石工146人，按每工日产量0.74立方米计，石方开挖和运石方的每天生产能力即为109立方米/日。由于每个施工段不能同时容纳146人，可以采取两个班制施工。

根据石方开挖和运石方的流水强度，可以计算出石方开挖总的持续时间和各段的工作持续时间。为减小流水步距和缩短工期，宜使其它过程的总的持续时间与主导施工过程（石方开挖）的总的持续时间接近或相等，据此反求出其它施工过程每天需完成的工程量，然后再根据现有的人数、工人队组的组成情况，机械台班的生产率和工作面大小，最后确定该过程每天计划完成的工程量（流水强度）。

根据上述方法确定，人工开挖土方每天出勤48人，按每工日产量1.28立方米计，人工开挖的流水强度为61立方米/日，计算求得各段的工作持续时间列于表2-11，然后按非节奏流水的分析计算法求出两相邻施工过程的最大流水步距$B = 2$天。因此，人工开挖土石方工程的施工持续时间为$\Sigma B + t_n = 2 + 16 = 18$天。如果计及在人工开挖前的铲运机挖槽工作，则土石方工程总工期为

$$T = 7 + 18 = 25\text{天}$$

这个数值即作为编制控制性施工进度计划的依据。

土石方开挖工程的各段工作持续时间(天)　　表 2-11

施工过程	施工段							
	1	2	3	4	5	6	7	8
	工作持续时间							
人工挖土及运土	$\frac{0.5}{0.5}$	$\frac{0.5}{1.0}$	$\frac{0.5}{1.5}$	$\frac{0.5}{2.0}$	$\frac{0.5}{2.5}$	$\frac{0.5}{3.0}$	$\frac{7}{10.0}$	$\frac{7}{17.0}$
石方开挖及运石方	$\frac{3}{3}$	$\frac{3}{6}$	$\frac{2}{8}$	$\frac{2}{10}$	$\frac{2}{12}$	$\frac{2}{14}$	$\frac{1}{15}$	$\frac{1}{16}$

当分部分项工程所包括的施工过程数较多而且分段又很明确时，按此法计算效果尤为显著。例如厂房基础的钢筋混凝土工程，可以按同理进行计算，求得控制性工期。厂房基础的施工与人工开挖土石方一样，同样划分为八个施工段，每个施工过程在每段上的工程量列于表2-12，在表中并列出各项工程采用的流水强度。根据计算结果（计算过程从略）绘成基础工程施工进度计划（图2-24）。

厂房基础钢筋混凝土工程各段工程量　　表 2-12

施工过程	单位	施工段								每天计划完成的工程量（流水强度）
		1	2	3	4	5	6	7	8	
		工程量								
浇混凝土垫层	米^3	27	27	42	42	30	30	38	38	17
安装基础模板	米^2	163	163	218	218	219	219	360	360	127
绑扎基础钢筋	吨	3	3	4	4	3.5	3.5	5	5	2.2
浇注基础混凝土	米^3	74	74	90	90	102	102	164	164	55
拆除基础模板	米^2	163	161	218	218	219	219	360	360	119

其他分部分项工程也可以按同样的方法进行估算，或者用非节奏流水计算方法进行计算，在此就不一一叙述。

在确定分部分项工程施工持续时间的同时，可以考虑分部分项工程间的搭接关系。后一分部分项工程何时才能开始施工，要取决于前一分部分项工程为后一分部分项工程创造

工作面的条件（包括技术间歇时间）。例如，柱基的钢筋混凝土工程，待一部分基础的土方开挖之后就可以开始。如前所述，在铲运机挖槽完成（7天）后就开始人工挖土，每一段基础的人工挖土为0.5～7天，石方的开挖为1～3天，因此，在土石方开挖了7＋2＋3＝12天（用非节奏专业流水方法计算为13天）后就可开始基础工程。

又如现场预制工程，只要基础的回填土和场地夯实完成一部分后，就可以开始。本例中，为避免钢筋混凝土工程的集中，决定基础回填土全部完成后再进行现场预制工程。结构安装工程在预制柱达到70％设计强度（本例根据当地当时的气温需7天）后才能起吊，屋架在达到100％设计强度（本例需15天）后才能张拉预应力筋，这样就决定了结构安装的开始日期。由于屋架的养护时间长，预制工程和结构安装工程的搭接关系主要由屋架来决定，即在屋架张拉并养护（本例为2天）后才能进行屋架的就位和安装工作，在屋架就位之前进行柱和吊车梁等的安装工作。在结构安装完成$C-D$和$B-C$跨后，进行屋面工程。在结构安装工程完成之后开始砌墙工程。在砌墙工程完成的跨间开始安装门窗及装饰工程（钢支撑油漆在结构安装工程完成$C-D$跨后开始）。在结构安装工程完成一跨后，即开始该跨的设备基础施工。在有的跨间设备基础完成之后，随即进行地面工程。

这样，就编制成控制性的施工进度计划。若工期超过规定，则可以缩短一个或若干个分部分项工程的持续时间，或者加大两个分部分项工程之

序号	分部分项工程名称	工程量 单位	工程量 数量	产量定额	需要的劳动量	需要的机械 机械名称	需要的机械 台班数	工作延续天数	每天工作班数	每班工人数	工作进度 天（1～45）
1	2	3	4	5	6	7	8	9	10	11	12
1	铲运机挖槽	m^3	2156	1.54	14	铲运机	14	7	2	1	
2	人工挖土及运土	m^3	992	1.28	816			17	1	48	
3	石方开挖及运石方	m^3	1748	0.74	2336			15	2	73	
4	浇捣混凝土垫层	m^3	274	1.06	256			16	1	16	
5	安装基础模板	m^2	1920	14.1	144			16	1	9	
6	绑扎基础钢筋	t	31	0.563	56			14	1	4	
7	浇注基础混凝土	m^3	860	1.2	736			16	1	46	
8	拆除基础模板	m^2	1920	1.7	112			16	1	7	

图 2-24 土石方开挖和基础工程施工进度计划

间的搭接时间。

在施工进程中，根据控制性施工进度计划和施工进展情况，以及当时的施工条件再编制各个分部分项工程的施工进度计划，作为具体指导施工的依据。分部分项工程施工进度计划的编制方法与前述一样。分部分项工程施工进度计划应列出该工程所包括的各主要施工过程。现结合本例，对单层工业厂房的几个主要分部分项工程施工进度计划作些介绍。

现场预制工程：包括：支模、绑扎钢筋、浇灌混凝土和拆模等几个施工过程。采用预应力构件时，还包括预应力筋的张拉。本例厂房在现场预制的构件有柱、吊车梁和屋架。

柱子预制分八个施工段。段的划分及流水方向如图2-25（ *a* ）所示。第 8 段是所有的防风柱。

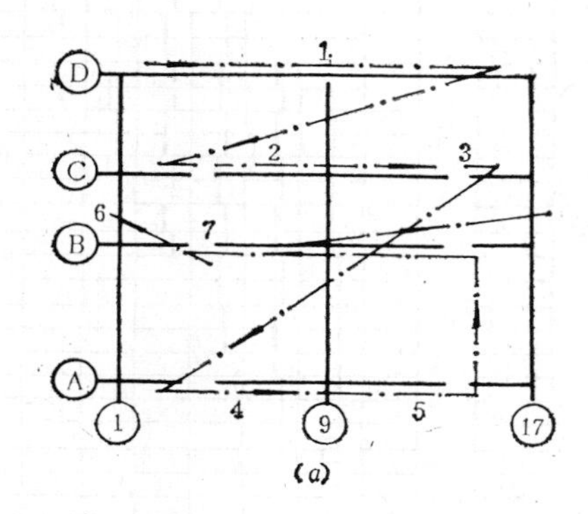

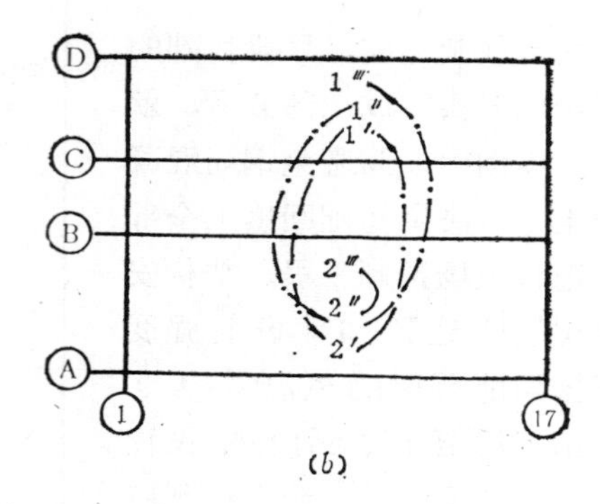

图 2-25　分段图

(*a*)预制柱分段；(*b*)预制屋架分段

屋架预制分五个施工段。段的划分及流水方向示于图 2-25（ *b* ）。第一段是*C*—*D*跨第一批 8 榀，第二段是*A*—*B*跨第一批 8 榀，第三段是*C*—*D*跨第二批 8 榀，第四段是*A*—*B*跨第二批 8 榀，第五段是*C*—*D*跨第三批 2 榀和*A*—*B*跨第三批 2 榀。

吊车梁预制分三个施工段。段的划分如下：第一段是*C*—*D*跨16根，第二段是*C*—*D*跨16根，第三段是*B*—*C*跨12根和*A*—*B*跨壁行吊车梁。

图2-26是现场预制工程的施工进度计划。在编制这个进度计划时，考虑了屋架和吊车梁的流水施工，柱和屋架平行施工。

结构安装工程包括柱、吊车梁、天窗架、大型屋面板、基础梁和其他预制构件的安装、校正，接头灌浆和构件卸车就位等工作。结构安装工程中施工过程的多少和排列的次序，与采用的机械数量、安装方法和结构性质有关。本例包括安装柱、安装吊车梁、屋架翻身就位、构件卸车、起重机铺轨和架设、安装屋盖、安装基础梁和其他构件等施工过程。由于“屋面板灌缝及挡风架支墩”和“*C*轴＋12.38米以上的砌墙”与结构安装工程在时间上紧密搭接，因此并入结构安装工程进度计划中。

图2-27示出结构安装工程的施工进度计划。计划主要是根据起重机开行路线，并从起重机连续施工出发来设计的。

设备基础工程：本厂房的设备基础工程量比较大，且类型很多，施工过程及施工顺序不一，为了组织连续、均衡施工，并为设备安装工程尽早提供工作面，故将设备基础等按所在跨间和类型分成三个区段，各区段分别组织流水施工。

序号	分部分项工程名称	工程量		产量定额	需要的劳动量	需要的机械		工作延续天数	每天工作班数	每天工人数	进度（工作天 1–45）
		单位	数量			机械名称	台班数				
1	2	3	4	5	6	7	8	9	10	11	12
1	安装柱模板	m^2	3133	9.1	350			14	1	25	1 2 3 4 5 6 7 8
2	绑扎柱钢筋	t	72.	0.51	150			15	1	10	1 2 3 4 5 6 7 8
3	浇捣柱混凝土	m^3	350	1.2	308			14	1	22	1 2 3 4 5 6 7 8
4	拆除柱模板	m^2	3133	54	56			14	1	4	1 2 3 4 5 6 7 8
5	安装屋架模板	m^2	36	0.275	143			13	1	11	1 2 3 4 5
6	绑扎屋架钢筋	t	11	0.265	44			11	1	4	1 2 3 4 5
7	浇捣屋架混凝土	m^3	95	0.8	144			12	1	12	1 2 3 4 5
8	拆除屋架模板	m^2	36	3	14			4.5	1	3	1 2 3 4 5
9	安装吊车梁模板	m^2	474	13.5	44			4	1	1	1 2 3
10	绑扎吊车梁钢筋	t	12	0.5	28			7	1	4	1 2 3
11	浇捣吊车梁混凝土	m^3	70	1.2	72			6	1	12	1 2 3
12	拆除吊车梁模板	m^2	474	60	9			3	1	3	
13	预应力屋架张拉	榀	36	0.56	65	千斤顶		5	1	13	

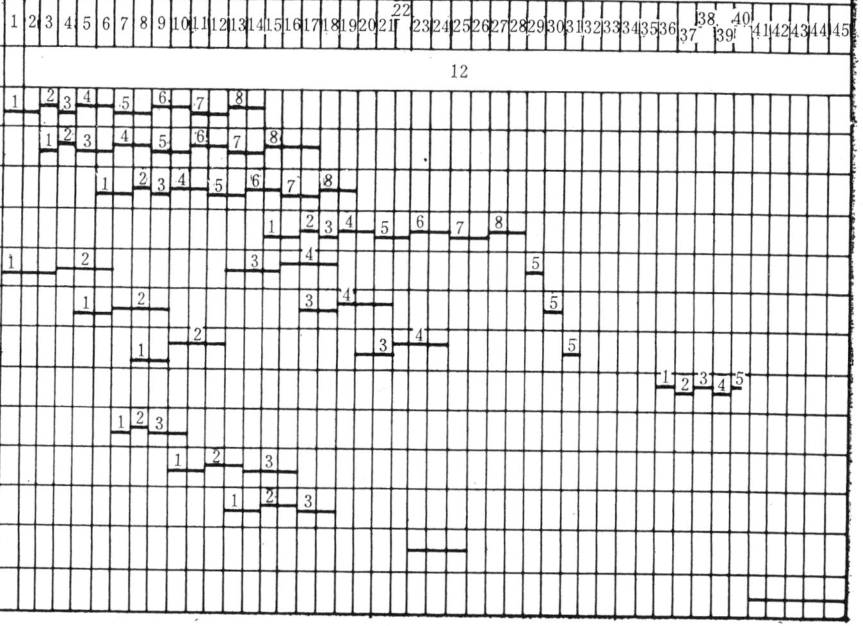

图 2-26 现场预制工程进度计划

序号	分部分项 工程名称	工程量 单位	工程量 数量	定额	需要的劳动量	机械名称 机械名称	机械名称 台班数	工作延续天数	每天工作班数	每班工人数	进度 工作天 (1–35)
1	2	3	4	5	6	7	8	9	10	11	12
1	D轴C轴柱安装	t/根	105/36	28	14	W-1004					
2	$C-D$跨吊车梁安装	t/根	118/32	32	4	W-1004					
3	A轴柱安装	t/根	250/18	6	42	2台 W-1004					
4	$A-B$跨屋架翻身就位	榀	18	6	30	W-1004					
5	$C-D$跨屋架翻身就位	榀	18	1.8	8	W-1004					
6	$C-D$跨屋盖安装	t/间	502/16	20	25	W-1004					
7	B轴柱安装	t/根	253/18	6	42	2台 W-1004					
8	C轴+12.38m以上砌墙	m^3	31.6	0.5	54						
9	$B-C$跨薄腹梁卸车	t/根	90/18	9	12	W-1004					
10	$B-C$跨屋盖安装	t/间	386/16	4	16	W-1004					
11	$A-B$跨吊车梁安装	t/根	215/39	13	12	W-1004					
12	其它构件安装				24	W-1004					
13	塔吊铺轨及机身安装				160						
14	$A-B$跨屋盖安装	t/间	767/16	3	24	塔吊					
15	基础梁安装	t/根	73/38	38	3	W-1004 塔吊					
16	屋面板灌缝及挡风架支墩	m^3/m	417/5260	0.11	396						
17	屋面挡风钢架钢筋混凝土构件安装	t/件	16.7/57		30						
18	屋面挡风钢架构件安装	t/件	42.4/336		24						

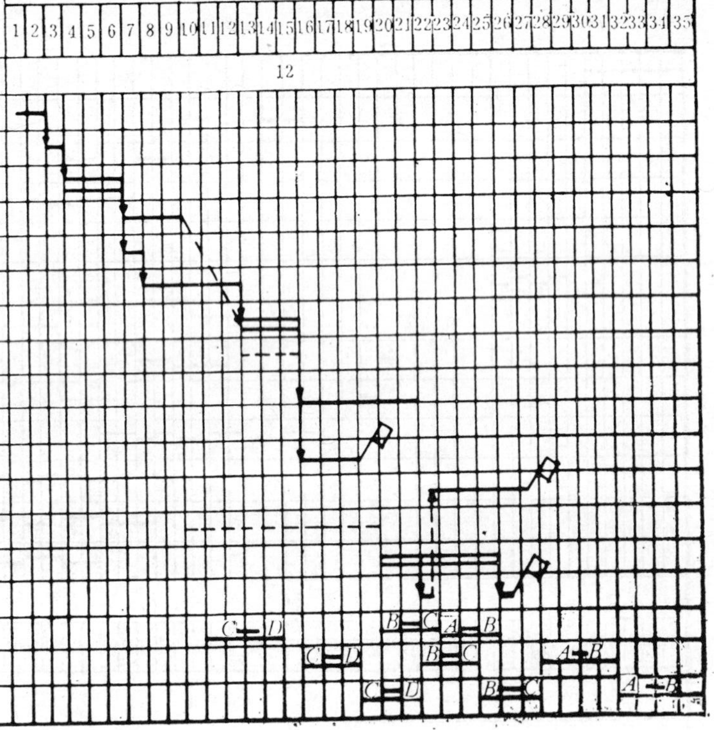

图 2-27 结构安装工程施工进度计划

图2-28所示是第一区段（位于$C-D$跨内）的施工进度计划。这区段分成5个施工段：第一段包括新砂坑和烘炉坑；第二段包括焦炭库①；第三段包括焦炭库②和白泥库；第四段包括料仓旁加料平台的基础和柱子；第五段包括平台的梁和板。

第二区段位于$B-C$跨，其中分成三个施工段。第一段有泥砂机地坑、加料坑和炉前坑等。第二段有90米³的烘炉基础、3吨和5吨冲天炉基础、冲天炉平台等。第三段有鼓风机房、鼓风机基础、混砂机平台和混砂机基础。各施工段分别组织流水。

第三区段包括位于各跨的落砂坑、浇铸坑、造型机平台柱基和新砂库等。

屋面工程：包括水泥砂浆找平层、铺二毡三油绿豆砂、石棉板挡风板的安装。为保证屋面防水层的施工质量，必须待水泥砂浆找平层全部干燥以后才可以铺油毡，一般要考虑7天左右的工艺间歇时间。屋面工程的施工顺序依安装工程而定，由$C-D$跨开始依次流水地完成$B-C$跨和$A-B$跨。

砌墙工程：包括设置脚手架、砌墙、浇捣圈梁和安装门窗等过程。

围护结构若采用装配式大型板材，则属安装工程。如果所选用的安装机械与安装主体结构的机械相同时，围护结构安装工程也可以与主体结构安装工程合编一个施工进度计划。

本例是采用砖墙结构，施工时采用两个工作队分别在山墙和纵墙上平行施工。一个工作队以两面山墙为两个施工段对翻流水。一个工作队先施工A轴纵墙然后施工D轴纵墙。

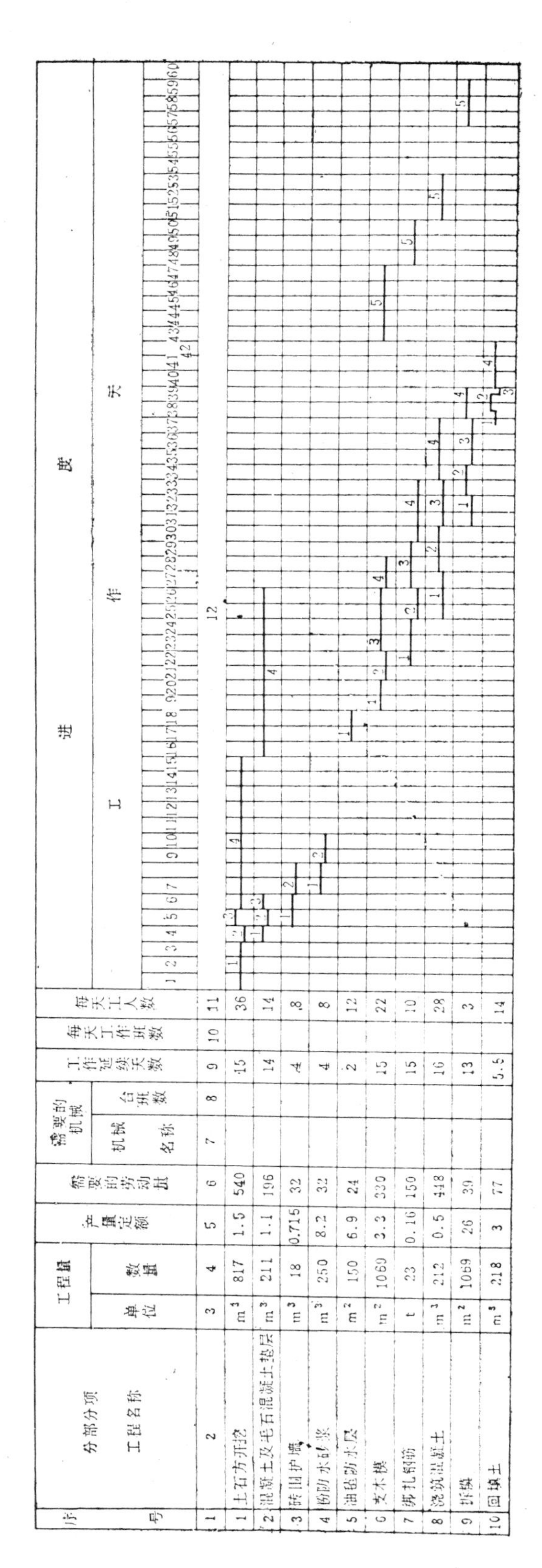

序号	分部分项工程名称	工程量 单位	工程量 数量	产量定额	需要的劳动量	需要的机械 机械名称	需要的机械 台班数	工作延续天数	每天工作班数	每天工人数
1	2	3	4	5	6	7	8	9	10	11
1	土石方开挖	m^3	817	1.5	540			15		36
2	混凝土及毛石混凝土垫层	m^3	211	1.1	196			14		14
3	砖related护墙	m^3	18	0.715	32			4		8
4	防水砂浆	m^3	250	8.2	32			4		8
5	油毡防水层	m^2	150	6.9	24			2		12
6	支木模	m^2	1060	3.3	330			15		22
7	绑扎钢筋	t	23	0.16	150			15		10
8	浇筑混凝土	m^3	212	0.5	448			16		28
9	拆模	m^2	1069	26	39			13		3
10	回填土	m^3	218	3	77			5.5		14

图 2-28　设备基础（第一区段施工进度计划）

装修工程：包括钢支撑油漆、木门钢窗安装和油漆、墙面喷白和安装钢窗玻璃等等。为保证油漆工工作的连续，钢支撑的油漆在木门钢窗安装之前与结构安装工程同时进行。

第七节　街坊建筑小区流水施工

一、工程概况

该街坊建筑小区为某大城市的一个卫星城市的一部分，有临街10幢房屋（包括杂货日用品商店、食品商店、百货公司、饭店等）及周围街坊的36幢房屋（包括住宅、托儿所、幼儿园、小学校、公共食堂等）。结构类型基本分为框架结构、混合结构和砖木结构三类。高度有一层、三层、四层、五层、六层之分。总建筑面积约77504平方米（详细情况参阅表2-13）。建筑总平面图如图2-29所示。

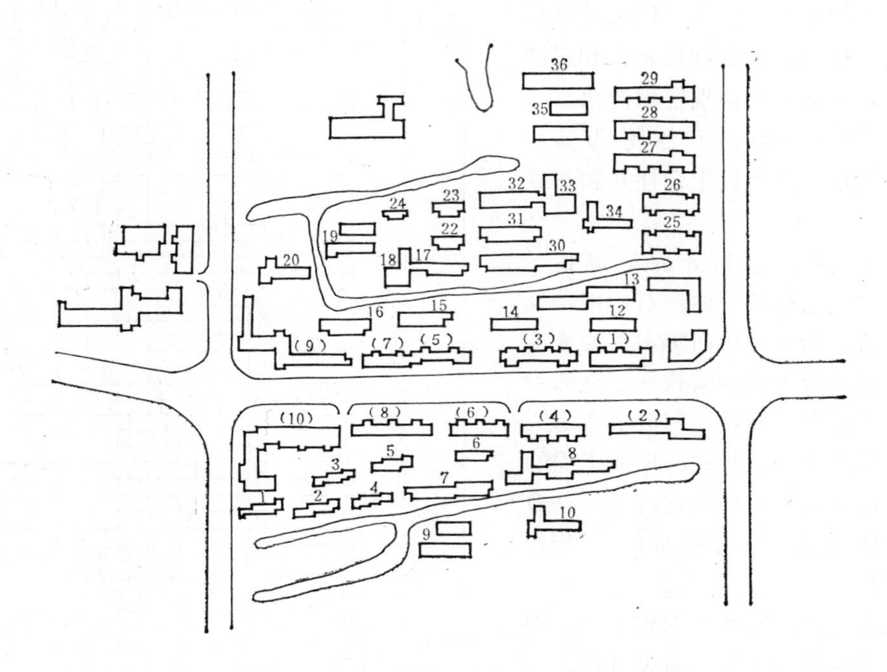

图 2-29　某街坊建筑小区平面布置（草图）

在组织施工时，考虑到工程任务的大小、工期要求以及施工条件而分为两期施工。第一期工程以临街的10幢建筑为主，另外还有道路两旁街坊中的住宅、托儿所、幼儿园、小学和食堂等。这样，在第一期工程结束后，就形成了一个完整的综合建筑群，它可以满足新迁入居民的生活需要。

二、流水施工的组织

为了便于组织流水施工，首先根据工期、结构型式、房屋分布位置等划分流水组，然后分别按流水组织流水施工，最后把各流水组根据流水施工要求搭接起来，组成总的流水施工。

在本例中，临街的（1）～（10）建筑群中的主体建筑，结构较复杂，工程规模大，首先应集中力量保证按期完成，因而划分为第一流水组，在第一期工程中首先开工。此

某街坊小区建筑物名称及工程分期情况 表 2-13

建筑物编号	建筑物名称及用途	结构类型	层数	建筑面积（米²）	工作量（千元）	工程分期
(1)	住宅	混合结构	4、5	2097	160.5	第一期工程
(2)	底层为商店、楼层为住宅	框架结构	4、5、6	4339	333.1	第一期工程
(3)	住宅	混合结构	4	2389	163.1	第一期工程
(4)	住宅	混合结构	5	2845	197.2	第一期工程
(5)	底层为商店、楼层为住宅	框架结构	5	2580	202.3	第一期工程
(6)	住宅	混合结构	4	1993	117.1	第一期工程
(7)	底层为商店、楼层为住宅	框架结构	4	1650	125.1	第一期工程
(8)	住宅	混合结构	4	2610	169.4	第一期工程
(9)	底层为百货公司、楼层为住宅	框架混合	3、4、5、6	6599	504.2	第一期工程
(10)	饮食部及饭店等	框架结构	3、4、5	5002	470.8	第一期工程
1	住宅	混合结构	4	1242	70.5	第一期工程
2	住宅	混合结构	4	1242	74.2	第一期工程
3	住宅	混合结构	4	1242	70.8	第一期工程
4	住宅	混合结构	4	1242	82.4	第一期工程
5	住宅	混合结构	4	1242	72.8	第一期工程
6	住宅	混合结构	3	736	40.2	第二期工程
7	住宅	混合结构	3	1849	111.3	第二期工程
8	住宅	混合结构	3	1849	111.3	第二期工程
9	托儿所	砖木结构	1	616	44.7	第二期工程
10	幼儿园	砖木结构	1	441	31.6	第二期工程
11	食堂	砖木结构	1	488	37.0	第二期工程
12	住宅	混合结构	4	1286	85.3	第一期工程
13	住宅	混合结构	4	2572	107.1	第一期工程
14	住宅	混合结构	4	1286	84.1	第一期工程
15	住宅	混合结构	4	1724	95.8	第一期工程
16	住宅	混合结构	4	1724	95.8	第一期工程
17	住宅	混合结构	3	1114	68.2	第一期工程
18	食堂	砖木结构	1	484	29.2	第一期工程
19	托儿所	砖木结构	1	616	53.8	第一期工程
20	幼儿园	砖木结构	1	441	31.6	第一期工程
21	小学校	混合结构	2	1883	100.1	第一期工程
22	住宅	混合结构	3	574	39.0	第一期工程
23	住宅	混合结构	3	574	39.0	第一期工程
24	住宅	混合结构	3	574	39.0	第一期工程
25	住宅	混合结构	4	1647	107.3	第二期工程
26	住宅	混合结构	4	1647	107.3	第二期工程
27	住宅	混合结构	4	2506	149.7	第二期工程
28	住宅	混合结构	4	2506	149.7	第二期工程
29	住宅	混合结构	4	2506	149.7	第二期工程
30	住宅	混合结构	3	1849	111.3	第二期工程
31	住宅	混合结构	3	1114	66.8	第二期工程
32	住宅	混合结构	3	1114	66.7	第二期工程
33	食堂	砖木结构	1	484	29.2	第二期工程
34	幼儿园	砖木结构	1	441	31.6	第二期工程
35	托儿所	砖木结构	1	616	53.8	第二期工程
36	住宅	混合结构	4	1922	127.8	第二期工程

建筑物编号	序号	分部分项工程名称	工程量		产量定额	劳动量（工日）	机械		工作天数	每天工作班数	进度
			单位	数量			名称	台班数			2 4 6 8 10 12 14 16 18 20 22 24 26 28 30 32 34 36 38 40 42 44 48 52 54 56 58 60 62 64 66 68 70 72 74 76 78 80 82 84 86 88 90 92 94
（1）	1	基础工程	m^3	850		48			6	1	
	2	砌墙工程	m^3	839	1.79	468			14	1	
	3	楼板安装	块	1637	6.1	269			15	1	
	4	装饰工程	m^2	8200		1200			37	1	
	5	屋面工程	m^2	620	16	39			3		
	6	水电设备安装									
（2）	7	基础工程	m^3	813		60			6	1	
	8	砌墙工程	m^3	831	1.79	465			12	1	
	9	楼板安装	块	1657	6.1	271			13	1	
	10	装饰工程	m^2	10594		1419			41	1	
	11	屋面工程	m^2	774	16	49					
	12	水电设备安装									
（3）	13	基础工程	m^3	750		55			6	1	
	14	砌墙工程	m^3	754	1.79	423			12	1	
	15	楼板安装	块	1510	6.1	250			13	1	
	16	装饰工程	m^2	9700		1365			42	1	
	17	屋面工程	m^2	710	16	45					
	18	水电设备安装									
（4）	19	基础工程	m^3	620		46			6	1	
	20	砌墙工程	m^3	632	1.79	354			12	1	
	21	楼板安装	块	1260	6.1	206			12	1	
	22	装饰工程	m^2	8050		1140			33	1	
	23	屋面工程	m^2	587	16	37					
	24	水电设备安装									
（5）	25	基础工程	m^3	394		66			6	1	
	26	砌墙工程	m^3	1322	1.79	743			23	1	
	27	楼板安装	块	2220	6.1	364			21	1	
	28	装饰工程	m^2	13700		1640			42	1	
	29	屋面工程	m^2	850	16	53					
	30	水电设备安装									

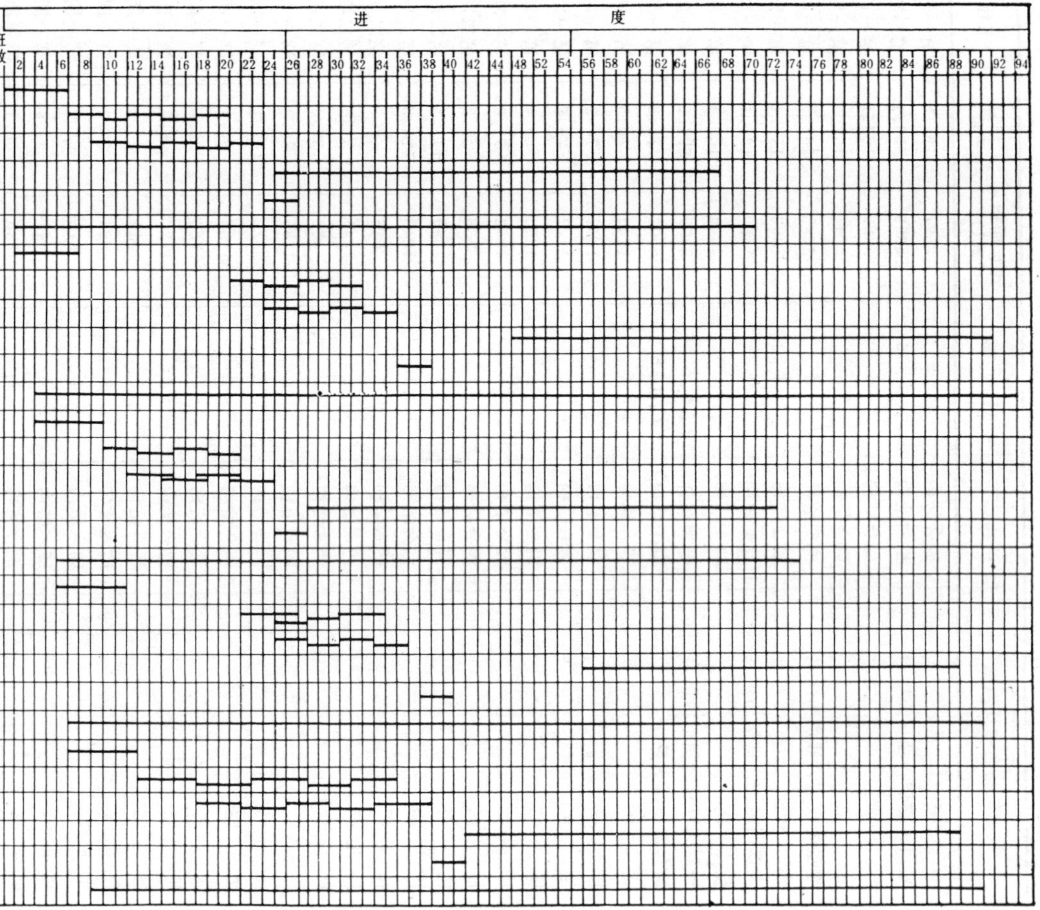

图 2-30 第一流水组中第一流水小组临街五幢房屋施工进度计划

建筑物编号	序号	分部分项工程名称	工程量 单位	工程量 数量	产量定额	需要的劳动量(工日)	需要的机械 机械名称	需要的机械 台班数	工作延续天数	每天工作班数	进度
1	1	基础工程	m^3	75	0.46	164				1	
	2	砌墙工程	m^3	630	1.77	355				1	
	3	楼板安装工程	块	1510	6.1	250			12	1	
	4	屋面工程	m^2	280	3.4	82			2	2	
	5	装饰工程	m^2	7440	13.8	537			22	1	
	6	水电设备安装工程									
2	7	基础工程	m^3	75	0.46	164			12	1	
	8	砌墙工程	m^3	630	1.77	355			12	1	
	9	楼板安装工程	块	1510	6.1	250			12	1	
	10	屋面工程	m^2	280	3.4	82			2	2	
	11	装饰工程	m^2	7440	13.8	537			22	1	
	12	水电设备安装工程									
3	13	基础工程	m^3	75	0.46	164				1	
	14	砌墙工程	m^3	630	1.77	355			12	1	
	15	楼板安装工程	块	1510	6.1	250			12	1	
	16	屋面工程	m^2	280	3.4	82			2	2	
	17	装饰工程	m^2	7440	13.8	537			22	1	
	18	水电设备安装工程									
4	19	基础工程	m^3	75	0.46	164				1	
	20	砌墙工程	m^3	630	1.77	355			12	1	
	21	楼板安装工程	块	1510	6.1	250			12	1	
	22	屋面工程	m^2	280	3.4	82			2	2	
	23	装饰工程	m^2	7440	13.8	537			22	1	
	24	水电设备安装工程									
5	25	基础工程	m^3	75	0.46	164				1	
	26	砌墙工程	m^3	630	1.77	355			12	1	
	27	楼板安装工程	块	1510	6.1	250			12	1	
	28	屋面工程	m^2	280	3.4	82			2	2	
	29	装饰工程	m^2	7440	13.8	537			22	1	
	30	水电设备安装工程									

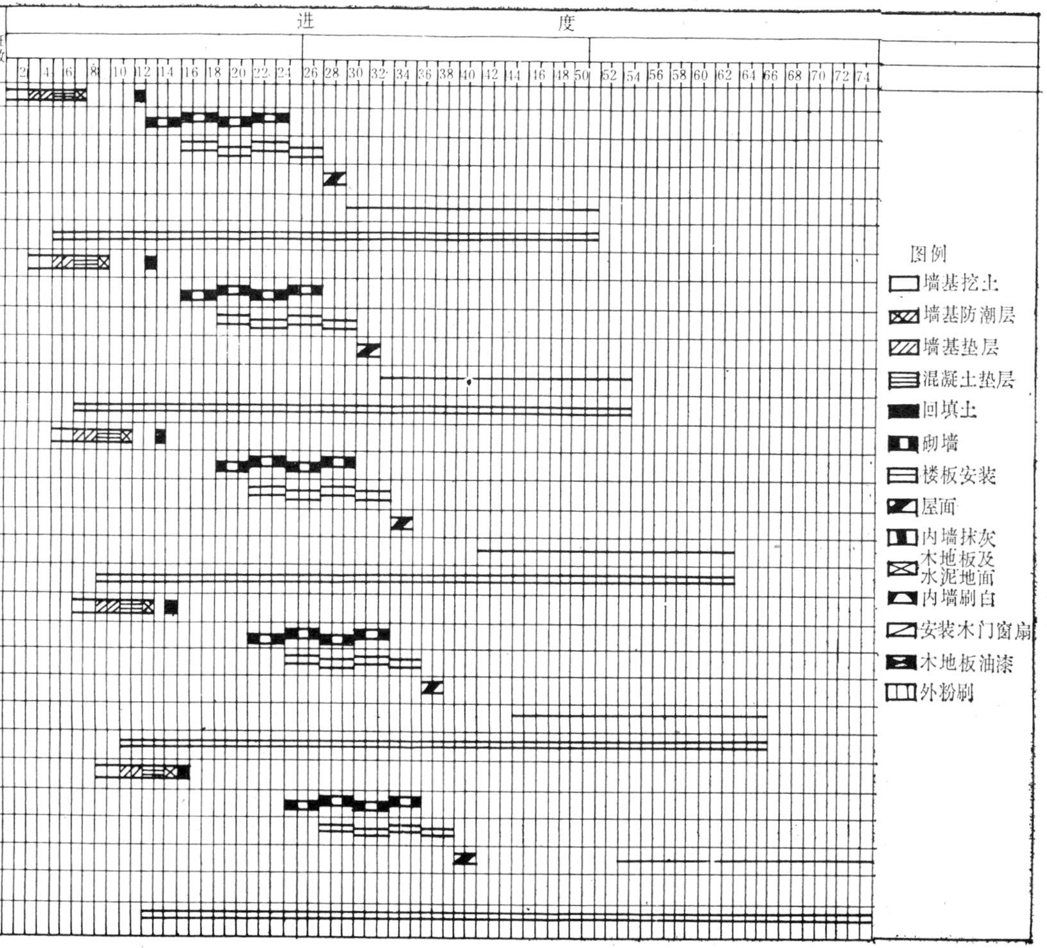

进度（天）：2 4 6 8 10 12 14 16 18 20 22 24 26 28 30 32 34 36 38 40 42 44 46 48 50 52 54 56 58 60 62 64 66 68 70 72 74

图例

- 墙基挖土
- 墙基防潮层
- 墙基垫层
- 混凝土垫层
- 回填土
- 砌墙
- 楼板安装
- 屋面
- 内墙抹灰
- 木地板及水泥地面
- 内墙刷白
- 安装木门窗扇
- 木地板油漆
- 外粉刷

图 2-31 第二流水组1～5幢房屋施工进度计划

项次	工程类别	工程项目名称	结构类型	工程量 单位	工程量 建筑面积	工作量（千元）	建筑层数	进度计划 年 3月	4月	5月	6月	7月	8月	9月	10月	11月	12月	年 1月	2月
1	施工准备工作	区域测量																	
2	施工准备工作	场地平整																	
3	施工准备工作	拆除旧建筑物																	
4	施工准备工作	修建临时建筑																	
5	施工准备工作	修建临时给排水																	
6	施工准备工作	修建临时供电系统																	
7	施工准备工作	修建临时道路																	
8	第一流水组 第一流水小组	（1）建筑	混合	m^2	2097	160.5	4.5												
9	第一流水组 第一流水小组	（8）建筑	混合	m^2	2610	169.4	4												
10	第一流水组 第一流水小组	（3）建筑	混合	m^2	2389	163.1	4												
11	第一流水组 第一流水小组	（6）建筑	混合	m^2	1993	117.1	4												
12	第一流水组 第一流水小组	（4）建筑	混合	m^2	2845	197.2	5												
13	第一流水组 第二流水小组	（2）建筑	框架	m^2	4339	333.1	4,5,6												
14	第一流水组 第二流水小组	（5）建筑	框架	m^2	2580	202.3	5												
15	第一流水组 第二流水小组	（7）建筑	框架	m^2	1650	125.2	4												
16	第一流水组 第二流水小组	（9）建筑	框架	m^2	6599	504.2	3,4,5,6												
17	第一流水组 第二流水小组	（10）建筑	混合	m^2	5002	470.8	3,4,5												
18	第二流水组	1 建筑	混合	m^2	1242	70.5	4												
19	第二流水组	2 建筑	混合	m^2	1242	74.2	4												
20	第二流水组	3 建筑	混合	m^2	1242	70.8	4												
21	第二流水组	4 建筑	混合	m^2	1242	82.4	4												
22	第二流水组	5 建筑	混合	m^2	1242	72.8	4												
23	第三流水组	6 建筑	混合	m^2	735	40.2	3												
24	第三流水组	7 建筑	混合	m^2	1849	111.3	3												
25	第三流水组	8 建筑	混合	m^2	1849	111.3	3												
26	第三流水组	9 建筑	砖木	m^2	616	44.7	1												
27	第三流水组	10 建筑	砖木	m^2	441	31.6	1												
28	第三流水组	11 建筑	砖木	m^2	446	37.8	1												
29	第四流水组	12 建筑	混合	m^2	1286	85.3	4												
30	第四流水组	13 建筑	混合	m^2	2572	107.1	4												
31	第四流水组	14 建筑	混合	m^2	1286	84.1	4												
32	第四流水组	15 建筑	混合	m^2	1724	95.8	4												
33	第四流水组	16 建筑	混合	m^2	1724	95.8	4												
34	第五流水组	17 建筑	混合	m^2	1114	68.2	3												
35	第五流水组	18 建筑	砖木	m^2	484	29.2	1												
36	第五流水组	19 建筑	砖木	m^2	618	53.8	1												
37	第五流水组	20 建筑	砖木	m^2	441	31.6	1												
38	第五流水组	21 建筑	混合	m^2	1883	100.1	2												
39	第五流水组	22 建筑	混合	m^2	574	39.0	3												
40	第五流水组	23 建筑	混合	m^2	574	39.0	3												
41	第五流水组	24 建筑	混合	m^2	574	39.0	3												
42	第六流水组	25 建筑	混合	m^2	1647	107.3	4												
43	第六流水组	26 建筑	混合	m^2	1647	107.3	4												
44	第六流水组	27 建筑	混合	m^2	2506	149.7	4												
45	第六流水组	28 建筑	混合	m^2	2506	149.7	4												
46	第六流水组	29 建筑	混合	m^2	2506	149.7	4												
47	第七流水组	30 建筑	混合	m^2	1849	111.3	3												
48	第七流水组	31 建筑	混合	m^2	1114	66.8	3												
49	第七流水组	32 建筑	混合	m^2	1114	66.8	3												
50	第七流水组	33 建筑	砖木	m^2	484	29.2	1												
51	第七流水组	34 建筑	砖木	m^2	441	31.6	1												
52	第七流水组	35 建筑	砖木	m^2	616	65.8	1												
53	第七流水组	36 建筑	混合	m^2	1922	127.8	4												
54	地下管网	给排水管网																	
55	地下管网	供煤气管网																	
56	地下管网	供电线路等																	
57	其它	道路工程																	
58	其它	绿化工程等																	

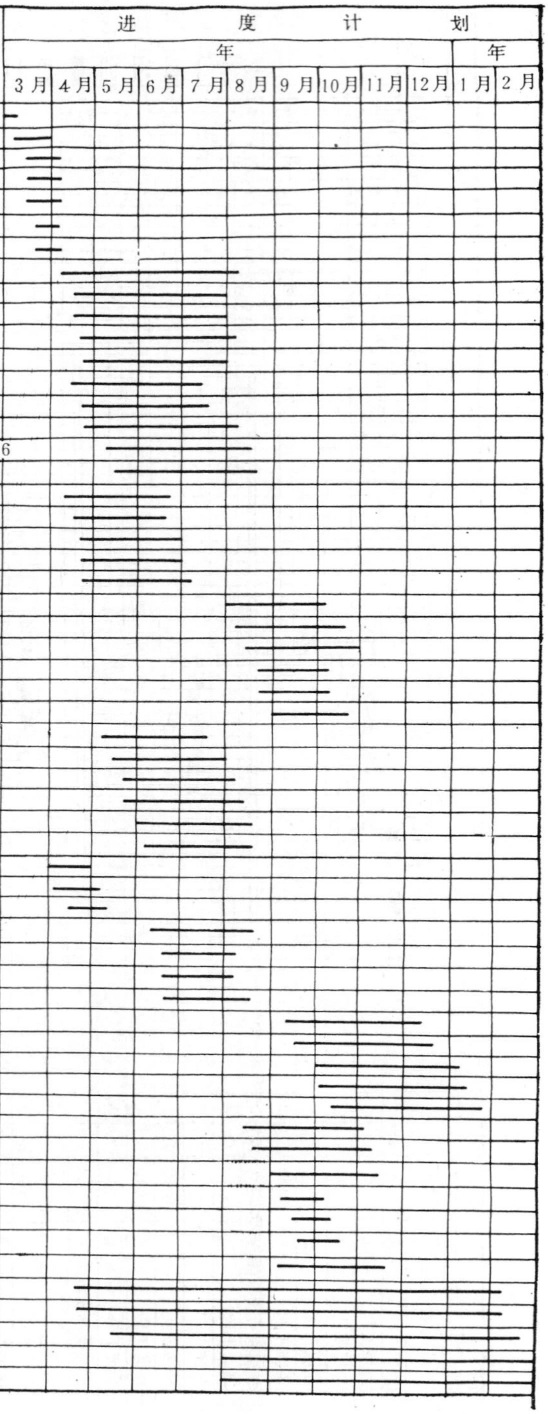

图 2-32 某民用群及周围街坊流水施工总进度计划

外，如第1～5建筑，12～16建筑，25～29建筑等，在结构型式和平面布置等方面完全一样或者相接近，而且位置集中在一起，因而分别划分为第二、四、六流水组，其他流水组则按照同样原则组织施工（分组情况参阅图2-32）。

第一流水组内（1）～（10）建筑，根据结构型式又分为混合结构和框架结构两类，因此，为了便于组织流水施工，又将第一流水组分为两个流水小组。第一流水小组包括（1）、（3）、（4）、（6）、（8）五幢房屋，均为混合结构；第二流水小组包括（2）、（5）、（7）、（9）、（10）五幢房屋，均为现浇钢筋混凝土框架结构。

接着分别按照流水组组织流水施工。

例如，第一流水组中第一流水小组所包括的临街五幢房屋（1）、（3）、（4）、（6）、（8）都是混合结构，砖墙承重，预制钢筋混凝土空心楼板，密肋空心砖平屋顶，但是各幢房屋的大小和层数不同，因此应该按照非节奏流水方法组织施工，流水施工进度计划如图2-30所示。

基础工程由一个工作队负责施工。

主体工程组织三个工作队分别负责（1）、（8）、（3）、（6）和（4）房屋的施工。

装饰工程组织三个工作队分别负责（1）、（8）、（3）、（6）和（4）房屋的施工。

其他流水组（或流水小组）按照同样办法组织流水施工。

又如，第二流水组第1～5幢房屋属于同类同型住宅，因此可按节奏流水组织施工，流水施工进度计划如图2-31所示。

基础工程由一个工作队负责施工。

主体工程组织四个工作队，分别负责各幢房屋1、2、3、4层的施工。

装饰工程组织二个工作队分别负责1、3、5、2和4幢房屋施工，流水方向自上而下。

最后把各流水组根据流水施工要求搭接起来。

本例中，第一流水组工程规模大，工期紧。工程量最大是五幢现浇钢筋混凝土框架结构建筑，其主要工程是现浇钢筋混凝土工程，与其他流水组较难组织流水施工，因此组织单独的流水。其他在第二、四、五流水组之间，由于建筑物结构型式相近，故各主要工种都做到流水施工，根据尽量利用永久性建筑来减少临时建筑物的原则，考虑将第五流水组内一些砖木结构的单层房屋（如托儿所、食堂等）提前施工，以供施工时使用。此外在第二期工程中的第三、六、七流水组之间亦尽量做到流水搭接，而且考虑到与第一期工程如何紧密衔接的问题。

图2-32所示即为该街坊建筑小区的流水施工总进度计划。

第三章 网络计划技术

五十年代以来，为了适应生产发展和关系复杂的科学研究工作开展的需要，国外陆续采用了一些计划管理的新方法。这些方法尽管名目繁多，但内容却大同小异，我国华罗庚教授把它概括称为统筹方法。

统筹方法采用网络图的形式表达各项工作的先后顺序和相互关系，所以又称为网络计划方法或网络计划技术。这种方法逻辑严密，主要矛盾突出，有利于计划的优化调整和电子计算机的应用，因此在工业、农业、国防和关系复杂的科学研究计划管理中，都得到了广泛的应用。

在建筑施工中，应用统筹方法编制建筑安装机构的生产计划和建筑安装工程的施工进度计划。首先是绘制工程施工网络图，其次分析各个施工过程（或工序）在网络图中的地位，找出关键工作和关键线路，接着按照一定的目标不断改善计划安排，选择最优方案，并在计划执行过程中进行有效的控制与监督，保证以最小的消耗取得最大的经济效果。

第一节 双代号网络图的编制

双代号网络图是目前应用较为普遍的一种网络计划形式。它用圆圈和矢箭表达计划内所要完成的各项工作的先后顺序和相互关系。

图3-1表示某楼层电梯井的施工，有七项独立的施工过程。根据施工顺序，用圆圈和矢箭画成的网络图表示：

“该电梯井的施工计划从准备工作开始，一旦准备工作完成，钢筋加工、内模支设和外模加工均可同时开始。绑扎钢筋的施工，要等钢筋加工和电梯井内模支设都完成后才能开始；钢筋绑扎和外模加工都完成后才能进行外模的安装。要等外模安装全部完成后，才能浇捣混凝土。混凝土浇捣的结束，意味着这个电梯井的结构施工完成”。

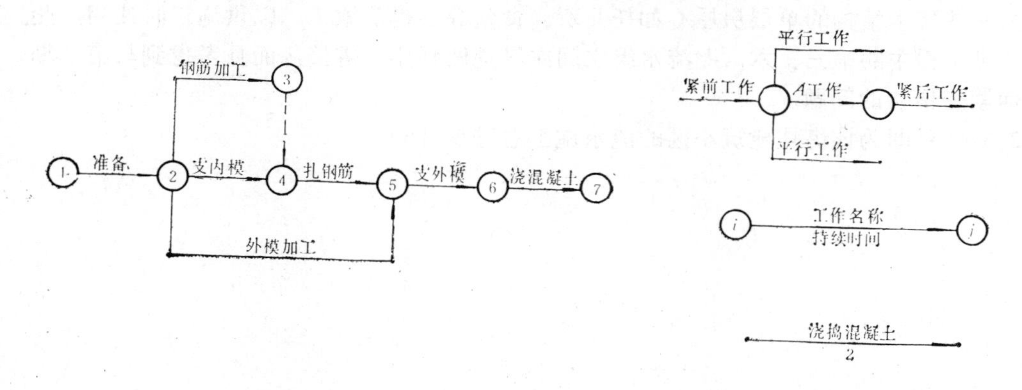

图 3-1 双代号网络图

图 3-2 紧前工作、紧后工作和平行工作

双代号网络图的基本特点，是用矢箭表示所要进行的工作，圆圈表示工作之间的联结；如果指向某结点的工作没有全部完成，它后面的工作就不能开始。

对于工作数目较多的双代号网络图，某项工作和其它工作的相互关系可以分为三类，即紧前工作、紧后工作、平行工作（图3-2）。

图3-1中，钢筋加工、内模支设、外模加工是平行工作，它们的紧前工作是施工准备；外模安装是绑扎钢筋和外模加工的紧后工作。

一、绘图符号

（一）工作（活动、工序、施工过程、施工项目）

1.如前所述，工作用矢箭表示，箭头的方向表示工作的前进方向（从左向右）；

2.矢箭的长短与时间无关；

3.箭尾表示工作的开始，箭头表示工作的完成；

4.工作的名称或内容写在矢箭上面，工作的持续时间写在矢箭的下面：

$$i \xrightarrow[\text{持续时间}]{\text{工作名称}} j$$

例如浇捣混凝土需要两天时间，应表示成：

$$\xrightarrow[2]{\text{浇捣混凝土}}$$

（二）事件（节点、结点）

网络图中的圆圈表示工作之间的联结，因此，在图面上称为结点；另外，在时间上它表示指向某结点的工作全部完成后，该结点后面的工作才能开始，所以结点也称为事件，反映前后工作交接过程的出现。

1.事件用○表示，圆圈中编上正整数号码，称为事件编号。每项工作都可用箭尾和箭头的事件编号（i，j）作为该工作的代号，故称双代号表示法。

2.在同一个网络图中不得有相同的事件编号。

3.事件的编号，一般应满足$i<j$的要求，即箭尾（工作的起点事件）号码要小于箭头（工作的终点事件）号码。

（三）虚工作（逻辑矢箭）

虚工作仅仅表示工作之间的先后顺序，用虚线矢箭表示，它的持续时间为0。图3-1中的虚工作③---→④表示绑扎钢筋和钢筋加工的先后顺序关系。

二、基本规则

一张正确的网络图，不但需要明确地表达出工作的内容，而且要准确地表达出各项工作之间的先后顺序和相互关系。因此，绘制网络图必须遵守一定的规则。

（一）不得有两个以上的矢箭，同时从一个结点发出且同时指向另一结点。此时，必须用虚工作表示它们的关系。

图 3-3　　　　图 3-4

在图3-3中，工作A和B无法区别，如果改成图3-4，则①→②表示工作B，①→③就表示工作A。

（二）在网络图上不得存在闭合回路

如图3-5中，工作C、D、E形成了闭合回路。

工作C在D前，D在E前，E又在C前，这样循环进行的工作，在时间计算上是不可能的。

（三）同一项工作在一个网络图中不能表达二次以上。

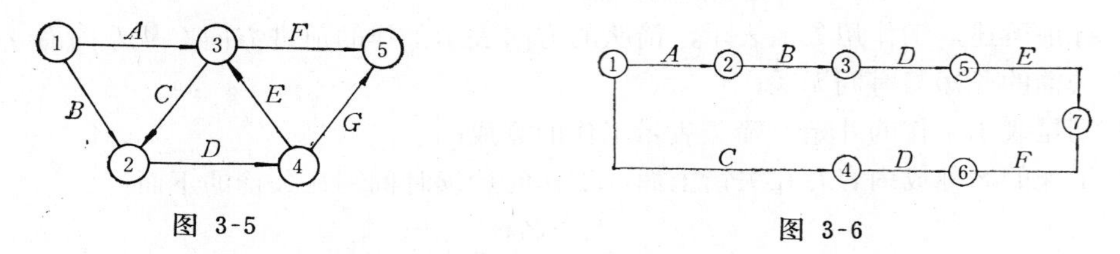

图 3-5　　　　图 3-6

图3-6应引进虚工作，表达成图3-7。

（四）一张网络图只能有一个事件表示整个计划的开始，称开始事件，同时也只能有一个事件表示整个计划的完成，称结束事件。

图3-8中，结点①、②和③都表示计划的开始，⑫、⑬和⑭都表示计划的完成，这是错误的，应引入虚工作，表示成图3-9。其中①为计划的开始事件，⑪为计划的结束事件，其余圆圈统称为中间事件。

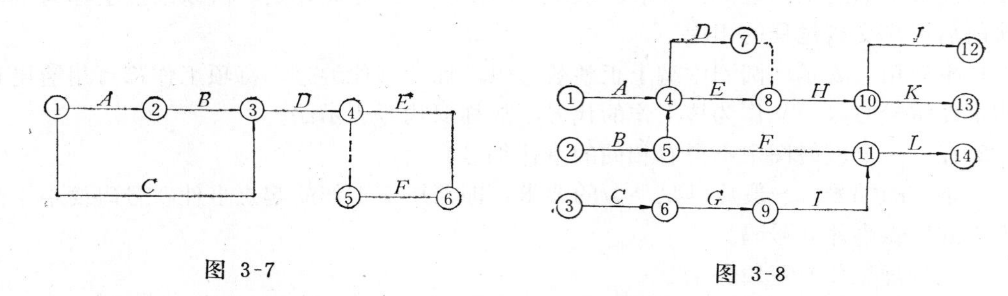

图 3-7　　　　图 3-8

（五）对平行搭接进行的工作，在双代号网络图中，应分段表达。例如图3-1中的钢筋加工和钢筋绑扎，如果不是全部加工好以后再绑扎，而是加工三分之一就开始绑扎，那么应该表达成如图3-10所示。

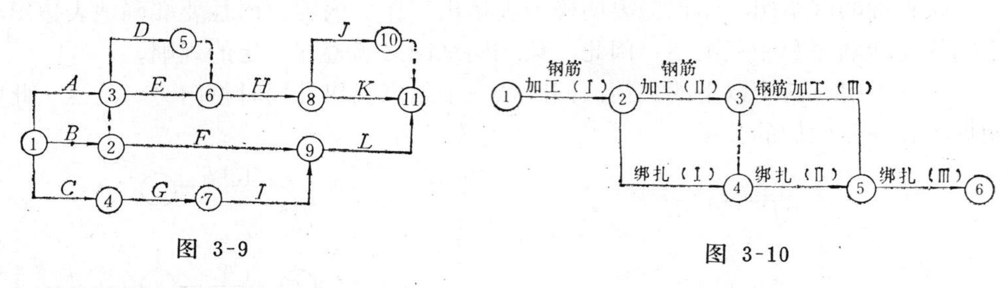

图 3-9　　　　图 3-10

三、绘图方法

双代号网络图的绘制方法，视各人的经验而不同，但从根本上说，都要在既定施工方案的前提下，以统筹安排为原则，并注意以下几点：

①遵守绘图的基本规则；

②遵守工作之间的工艺顺序；

③遵守工作之间的组织顺序。

只有这样，才能成为指导施工活动的生产网络图。

所谓工艺顺序，就是工作与工作之间内在的先后关系。比如某一钢筋混凝土构件的现场预制，必须在绑扎好钢筋和安装好模板以后才能浇捣混凝土。而组织顺序则是指在劳动组织确定的条件下同一工作的开展顺序，是由计划人员在研究施工方案的基础上作出的安排。比如说，有A和B两幢房屋基础工程的土方开挖，如果施工方案确定使用一台抓铲挖土机，那么开挖的顺序究竟先A后B，还是先B后A，应该取决于施工方案所作出的决定。

绘制网络图的方法，一般可以归纳为以下三种：

（一）从工艺网络图到生产网络图的画法

某三跨车间地面混凝土工程如图3-11所示，分为A、B、C三个施工段，由地面回填土、铺设道碴垫层和浇捣细石混凝土三个施工过程组成搭接施工，其施工持续时间如表3-1。

A跨
B跨
C跨
细石混凝土
道碴垫层
素土夯实

图 3-11

表 3-1

施工过程名称	持续时间（天）		
	A 跨	B 跨	C 跨
回 填 土	4	3	4
铺 垫 层	3	2	3
浇混凝土	2	1	2

1.绘制工艺网络图

对于A、B、C各跨的施工工艺顺序，均由回填土⟶铺垫层⟶浇混凝土三个施工过程组成，因此，首先可以画出图3-12所示的工艺网络图。

2.表达出组织逻辑的约束

图3-12中，三个施工过程都是采取平行作业的安排方法，因此，当每一施工过程仅有一个工作队的情况下，必须考虑他们在各跨的施工顺序。假定施工方案规定，三跨间的施工顺序为$A\longrightarrow B\longrightarrow C$，则回填土的工作队必须在做完$A$跨后转到$B$跨，做完$B$跨再转到$C$跨。其它二施工过程依此类推。为了表达这种组织顺序，必须引进虚工作，如图3-13。

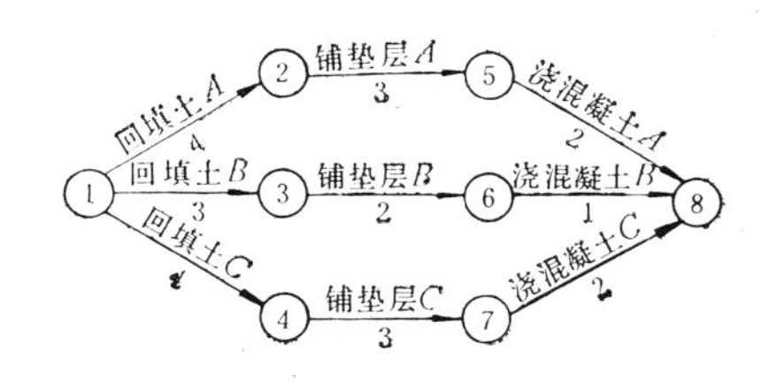

图 3-12

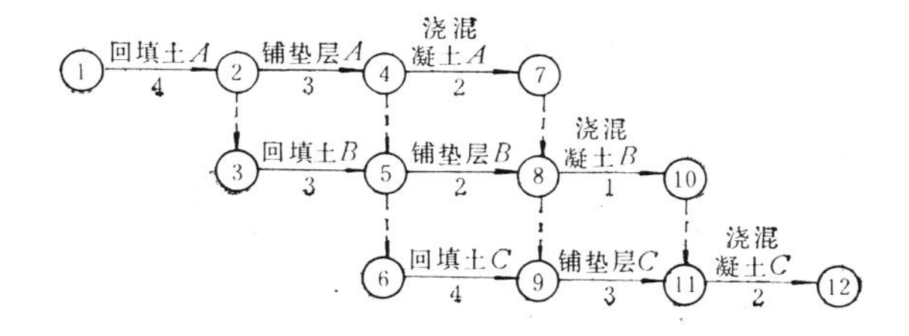

图 3-13

3.逻辑关系综合分析和修正

图3-13包含了全部的工艺逻辑和组织逻辑，由于增加了虚工作，使原先没有逻辑关系的某些工作，也产生了相互的制约关系，如虚工作④…→⑤，其本意是想表达铺垫层工作做完A跨后转到B跨，但通过虚工作⑤…→⑥的引伸，又表示回填土C必须在A跨垫层铺完后才能开始，这显然是不合理的约束，因为无论从工艺逻辑还是组织逻辑来说铺垫层A和回填土C都是没有必要联系的。对此，我们必须进行逻辑关系的修正。同理，浇捣混凝土A和铺垫层C之间的逻辑关系也要进行相应的修正。从而可得图3-14。

图3-14就是一张可用以指导现场施工活动的生产网络图，它在工艺顺序和组织顺序上都正确地表达了施工方案的要求。

（二）从工序流线图到生产网络图的画法

我们仍然用图3-11的例子说明，三个施工过程在各跨的施工顺序是A、B、C，此可因以画出图3-15的工序组织顺序流线图。

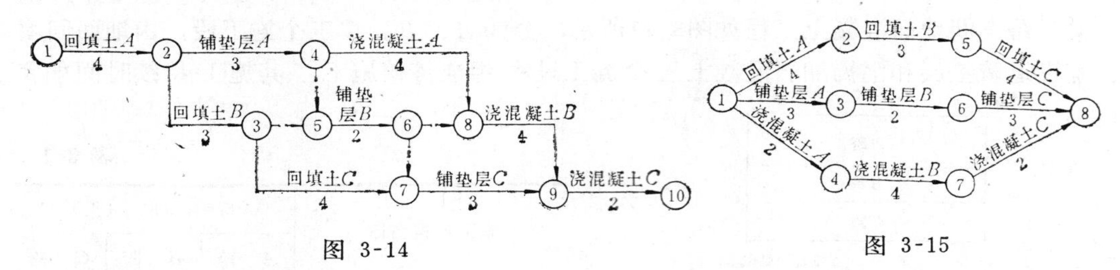

图 3-14　　　　图 3-15

图3-15虽然表达了各施工过程的组织顺序，或者说施工的开展顺序，但没有反映出各施工进程在工艺上的相互依赖和制约关系，所以必须引进虚工作，把这种关系表达出来，如图3-16所示。

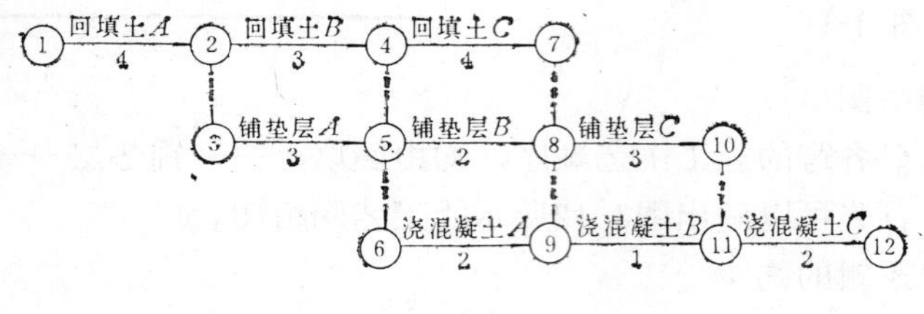

图 3-16

不难看出，在图3-16中，由于加上虚工作的联系，使A跨和B跨混凝土的浇捣，分别受到B跨和C跨回填土的制约，实际上他们在工艺顺序和组织顺序方面都不存在必然的联系，因此，同样必须经过逻辑关系的修正后，才能成为正确的生产网络图。如图3-17所示。

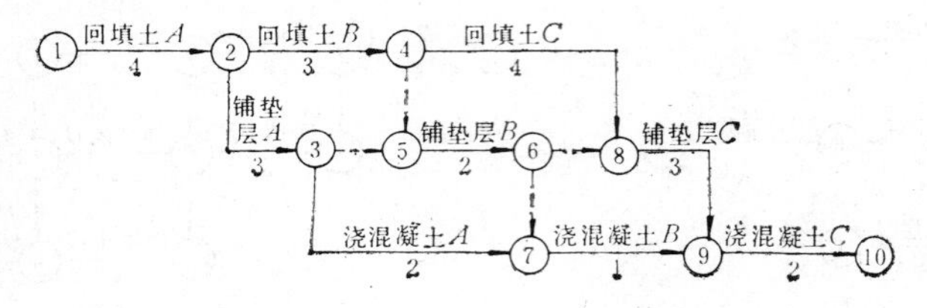

图 3-17

（三）直接分析绘图法

直接分析绘图法，是在充分研究和熟悉施工方案的基础上，同时考虑工作之间的工艺关系和组织顺序，从左到右依次把各项工作表达成双代号网络图。在工艺复杂、施工分段不十分明确的情况下，往往需要采用这种方法，边画、边分析检查、边修改。如上例采用直接分析画法，可得图3-18。

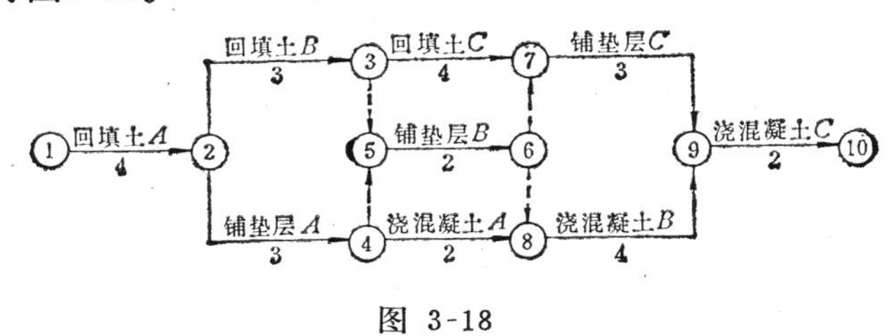

图 3-18

第二节　双代号网络图的计算

网络图的计算目的是确定各项工作的最早可能开始和最早可能结束时间；最迟必须开始和最迟必须结束时间，以及工作的各种时差，从而确定整个计划的完成日期、关键工作和关键线路，为网络计划的执行、调整和优化提供依据。由于双代号网络图中结点时间参数与工作时间参数有着紧密的联系，通常在图上计算时，只需标志出事件的时间参数。

一、图上算法

（一）事件时间的计算

事件时间分为事件最早可能开始和事件最迟必须开始时间两种。

1.事件最早可能开始时间

事件最早可能开始时间，是指以计划开始点的时间为0，沿着各条线路达到每一结点的时刻。它表示该结点紧前工作的全部完成，从这个结点出发的紧后工作最早能够开始的时间。由于进入这个结点的紧前工作如果没有全部结束，从这个结点出发的紧后工作就不能开始，因此，计算时取进入结点的紧前工作结束时间的最大值，作为该结点（事件）的最早可能开始时间。

在下图网络计划中，可以算出各事件最早可能开始时间，用□标示。

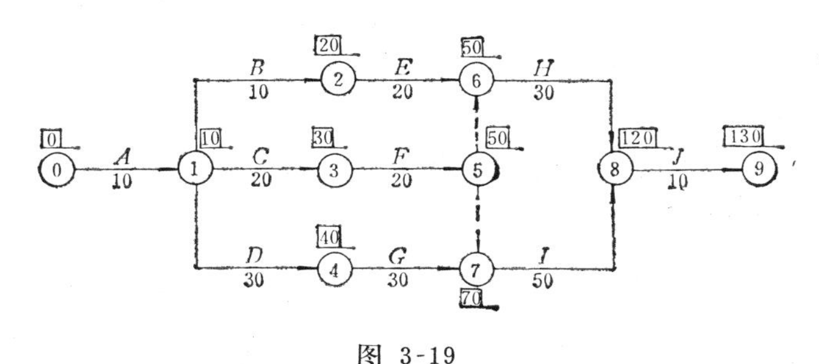

图 3-19

事　　件	事件最早时间
⓪ 0	0
① (0+10)=10	10

②(10+10)=20	20
③(10+20)=30	30
④(10+30)=40	40
⑤(30+20)=50	50
⑥(20+20)=40 (50+0)=50	50
⑦(40+30)=70 (50+0)=50	70
⑧(50+30)=80 (70+50)=120	120
⑨(120+10)=130	130

由此可知，事件最早可能开始时间的计算是从左向右用加法进行的，某项工作起点事件的最早时间加上该工作所需要的持续时间就是该工作终点事件的最早时间。此外，如事件⑥、⑦、⑧那样有二个以上的矢箭进入，取计算结果中的最大值，也就是说在网络图上沿着到达各结点的最长线路求时间和。

2.事件最迟必须开始时间

事件的最迟必须开始时间，就是在计划工期确定的情况下，从网络图的结束点开始，逆向推算出的各事件最迟必须开始的时刻。换句话说，就是以从各结点出发的工作的最迟必须开始时间，作为限定该结点紧前工作最迟必须全部结束的时间。

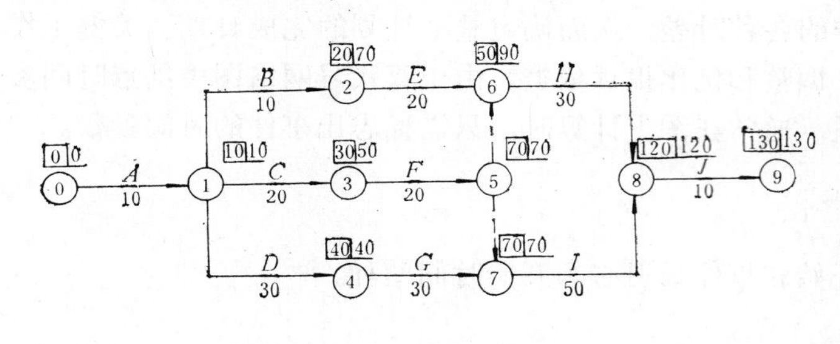

图 3-20

图3-20各事件最迟必须开始时间计算如下：

事　件	事件最迟时间
⑨ 130	130
⑧ (130-10)=120	120
⑦ (120-50)=70	70
⑥ (120-30)=90	90
⑤ (70-0)=70 (90-0)=90	70
④ (70-30)=40	40
③ (70-20)=50	50
② (90-20)=70	70
① (70-10)=60 (50-20)=30 (40-30)=10	10
⓪ (10-10)=0	0

事件最迟必须开始时间的计算和最早可能开始时间的计算相反。从网络图的最后一个结点算起，用箭头（工作终点事件）的最迟时间减去工作所需要的持续时间就是箭尾（工作起点事件）的最迟时间；此外，如事件⑤、①那样引出二个以上矢箭的结点，计算时取其中差数的最小值。

（二）工作时间的计算

工作时间是指各工作的开始和完成时间，分为工作最早可能开始和最早可能结束时间，工作最迟必须开始和最迟必须结束时间四种。

1.工作最早可能开始和最早可能结束时间

设工作（i，j）的持续时间为D_{i-j}，则其最早可能开始时间等于其起点事件i的最早可能开始时间，其最早可能结束时间等于最早可能开始时间加上该工作的持续时间。

图3-20各工作最早时间计算如下：

工作名称	起点事件最早开始时间	工作最早可能开始时间	工作持续时间	工作最早可能结束时间
A	◎ 0 ——→	0 ——→	10 ——→	10
B	① 10	10	10	20
C	① 10	10	20	30
D	① 10	10	30	40
E	② 20	20	20	40
F	③ 30	30	20	50
G	④ 40	40	30	70
H	⑥ 50	50	30	80
I	⑦ 70	70	50	120
J	⑧ 120	120	10	130

2.工作最迟必须开始和最迟必须结束时间

工作的最迟必须开始和结束时间是指在不影响计划总工期的情况下，各工作开始时间和结束时间的最后界限，在网络图上可以根据事件的最迟时间求得。某工作的最迟必须结束时间等于该工作终点事件的最迟开始时间；而某工作的最迟结束时间减去该工作的持续时间即该工作的最迟必须开始时间。

图3-20各工作的最迟时间计算如下：

工作名称	终点事件最迟开始时间	工作最迟必须结束时间	工作持续时间	工作最迟必须开始时间
A	① 10 ——→	10 ——→	10 ——→	0
B	② 70	70	10	60
C	③ 50	50	20	30
D	④ 40	40	30	10
E	⑥ 90	90	20	70
F	⑤ 70	70	20	50
G	⑦ 70	70	30	40
H	⑧ 120	120	30	90
I	⑧ 120	120	50	70
J	⑨ 130	130	10	120

根据上述计算过程，可以归纳出以下时间参数计算公式：

结点最早可能开始时间　$t_j^E = max(t_i^E + D_{i-j}) | i<j$

结点最迟必须开始时间　$t_i^L = min(t_j^L - D_{i-j}) | i<j$

工作最早可能开始时间　$ES_{i-j} = t_i^E$

工作最早可能结束时间　$EF_{i-j} = ES_{i-j} + D_{i-j}$

工作最迟必须开始时间　$LS_{i-j} = LF_{i-j} - D_{i-j}$

工作最迟必须结束时间　$LF_{i-j} = t_j^L$

（三）时差的计算

所谓时差就是指工作的机动时间。按照其不同性质和作用，可以分为总时差、局部时差、干涉时差和独立时差四类。

1.总时差

总时差就是工作在最早开始时间至最迟结束时间之间所具有的机动时间，也可以说是在不影响计划总工期的条件下，各工作所具有的机动时间。

总时差用TF_{i-j}来表示，它的计算公式为：

$$TF_{i-j} = t_j^L - (t_i^E + D_{i-j})$$

图3-20工作E的总时差计算方法如图3-21所示。

总时差具有以下性质：

①总时差为 0 的工作称关键工作；

②如果总时差等于零，其它时差也都等于 0 ；

③总时差不但属于本项工作，而且与前后工作都有关系，它为一条线路（或路段）所共有。

图3-20中工作A、B、E、H、J所组成的线路如图3-22所示，计算各工作的总时差为：

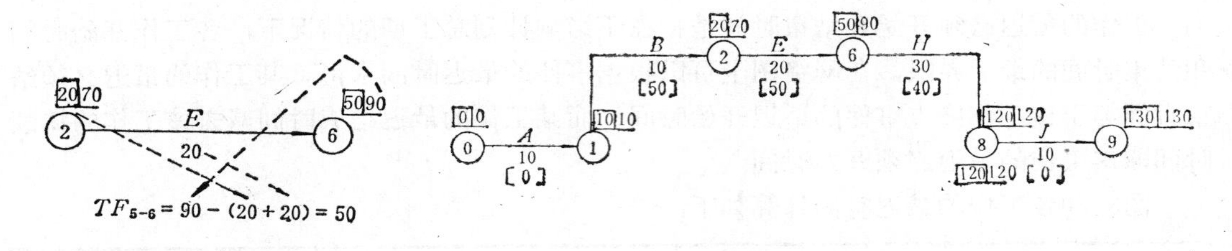

图 3-21　　　　　　　　　　图 3-22

工　作	总　时　差
A	10 －（ 0 ＋10）＝ 0
B	70 －（10＋10）＝50
E	90 －（20＋20）＝50
H	120 －（50＋30）＝40
J	130 －（120＋10）＝ 0

现在假定工作B利用50天总时差，即其持续时间增加50天，则从图3-23求得工作E和H的总时差也为 0 ，该线路由非关键线路转变成为关键线路。

工　作	总　时　差
A	10－(0＋10)＝0
B	70－(10＋60)＝0
E	90－(70＋20)＝0
H	120－(90＋30)＝0
J	130－(120＋10)＝0

2.局部时差

所谓局部时差（又称自由时差），就是在不影响后续工作最早开始的范围内，该工作可能利用的机动时间。

局部时差根据事件时间和工作的持续时间计算，可用下式表达

局部时差　$FF_{i-j}=t_j^E-(t_i^E+D_{i-j})$

图3-20中工作E的局部时差计算方法见图3-24。

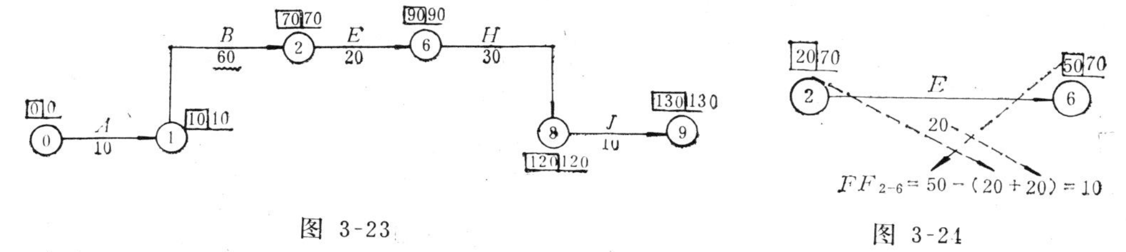

图 3-23　　　　　　　　图 3-24

局部时差的主要特点是：

①局部时差小于或等于总时差；

②以关键线路上的结点为结束点的工作，其局部时差与总时差相等；

③使用局部时差对后续工作没有影响，后续工作仍可按其最早开始时间开始。

图3-20中工作A、B、E、H、J的局部时差分别为：

工　作	局　部　时　差
A	10－(0＋10)＝0
B	20－(10＋10)＝0
E	50－(20＋20)＝10
H	120－(50＋30)＝40
J	130－(120＋10)＝0

由此可看出局部时差的特点。

工　作　B	$TF=50>FF=0$
工　作　E	$TF=50>FF=10$
工　作　H	$TF=40=FF=40$
工　作　J	$TF=0=FF=0$

假设工作E的局部时差10天被利用，即E的持续时间从20天变为30天，如图3-25所示，我们重新计算一下这条线路上各工作的局部时差：

工　作	局　部　时　差
A	10－(0＋10)＝0
B	20－(10＋10)＝0

E　　　　　　　　$50-(20+30)=0$

H　　　　　　　　$120-(50+30)=40$

J　　　　　　　　$130-(120+10)=0$

由此可见，虽然工作E的局部时差变为0，但其后续工作H的局部时差40仍然不变，并且H的最早可能开始时间也仍旧为50。

3.干涉时差

所谓干涉时差（又称相关时差），就是在不影响计划总工期，但影响其后续工作最早可能开始的情况下所具有的机动时间。

干涉时差用符号IF表示，用事件时间表达其计算方法为：

$$\text{干涉时差}\quad IF_{i-j}=t_j^L-t_j^E$$

图3-20中工作E的干涉时差如下图所示：

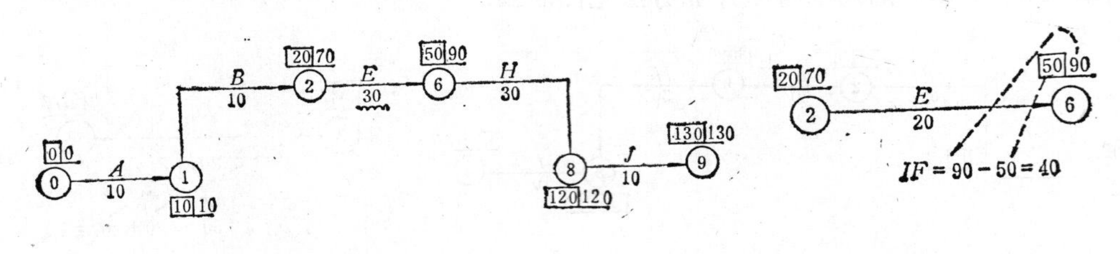

图 3-25　　　　　　　　图 3-26

工作A、B、E、H、J的干涉时差分别为：

工　　作	干涉时差
A	$10-10=0$
B	$70-20=50$
E	$90-50=40$
H	$120-120=0$
J	$130-130=0$

干涉时差也可用工作的总时差与局部时差之差来表示。即

$$IF=TF-FF$$

读者可以根据上面所求出的工作A、B、E、H、J的总时差，分别减去其局部时差，得到相应的干涉时差。

4.从属时差

某工作的从属时差是指该工作从起点事件的最迟时间到终点事件的最早时间之间所具有的机动时间。它反映在紧前工作干涉时差影响下剩余的局部时差。

从属时差用符号DF表示，它的计算公式，如图3-27，可表达为：

$$DF=t_j^E-(t_i^L+D_{i-j})$$

图3-20中工作A、B、E、H、J的从属时差分别为：

工　　作	从属时差
A	$10-(0+10)=0$
B	$20-(10+10)=0$
E	$50-(70+20)=-40$（取0）

H　　　　　　$120-(90+30)=0$

J　　　　　　$130-(120+10)=0$

5.各类时差的关系

各类时差的性质不同，其作用也不一样，总时差一般用于控制总工期；局部时差用于控制工程实施过程的中间进度或称形象进度；干涉时差和从属时差用于作业管理和调度。

各类时差的相互关系如图3-28所示。

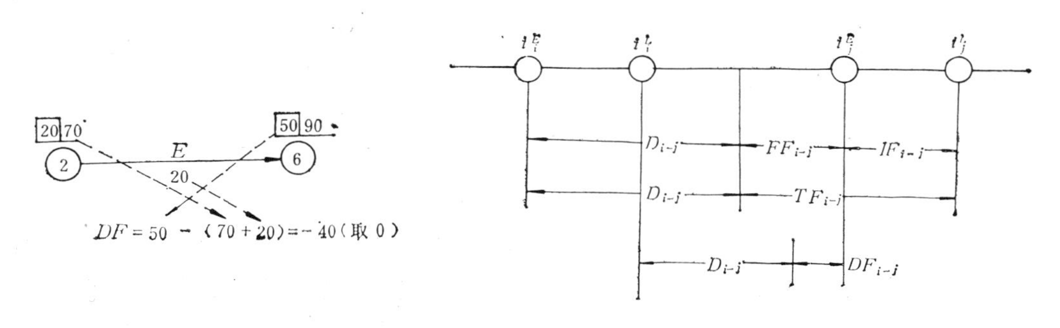

图 3-27　　　　　　图 3-28

（四）关键线路

关键线路就是连结总时差为0的工作所组成的总持续时间最长的线路。

1.关键线路的求法

网络图编成以后，经过计算各工作的总时差，就可知道哪些工作的总时差为0，把这些工作连接起来，就是关键线路。它是进行工程进度管理的重点。

如把图3-20中各工作的总时差用[]标在矢箭下方，并用粗线表达总时差为0的关键工作，由此可得图3-29，其中工作A、D、G、I、J组成了一条关键线路。

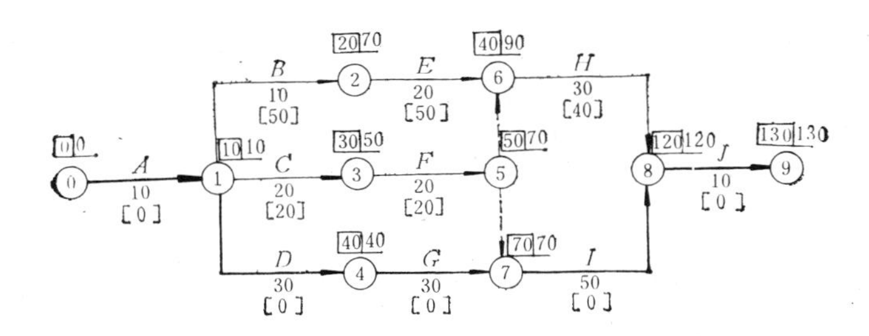

图 3-29

2.关键线路的特点

（1）关键线路上的工作的各类时差（TF、FF、IF、DF）均等于0。

（2）关键线路是从网络计划开始点到结束点之间持续时间最长的线路。

（3）关键线路在网络计划中不一定只有一条，有时存在两条以上。

（4）关键线路以外的工作称非关键工作，如果使用了总时差，就转化为关键工作。

（5）在非关键线路延长的时间超过它的总时差时，关键线路就变成非关键线路。

华罗庚教授指出，在应用统筹法时，向关键线路要时间，向非关键线路要节约。这就是说在工程进度管理中，应把关键工作做为重点来抓，保证各项工作如期完成，同时还要注意挖掘非关键工作的潜力，节省工程费用。

二、矩阵法

（一）各工作关系矩阵表

应用矩阵法计算，首先要根据网络图的事件（圆圈）数 n，作一个 $n \times n$ 阶的矩阵表。在表的上方和左方，分别由小到大，依次标出事件的号码，并以纵列代表工作的开始事件ⓘ，以横行代表工作的结束事件ⓙ，将工作（i，j）的持续时间作为矩阵元素填入（i，j）方格内。在矩阵表的最左侧的那一列和最上方的那一行，则用来填写各个事件最早可能开始时间和最迟必须开始时间的计算结果。矩阵法的表示形式如表3-2 所示，相应的双代号网络图如图3-30。

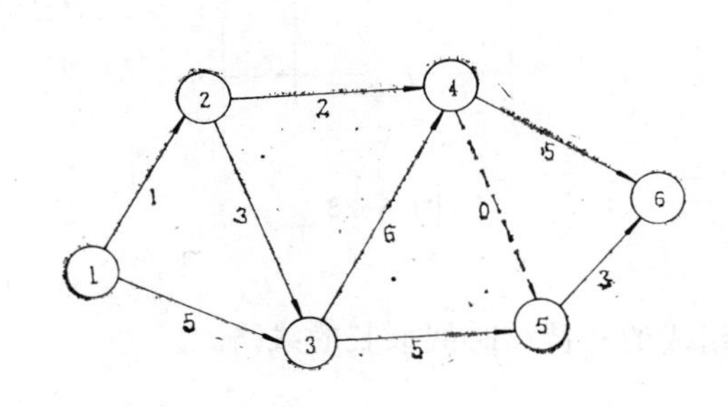

图 3-30

表 3-2

	t^E_i	0	2	5	11	13	16
t^L_j	j / i	①	②	③	④	⑤	⑥
0	①		1	5			
1	②			3	2		
5	③				6	5	
11	④					0	5
11	⑤						3
16	⑥						

（二）矩阵表的计算方法

1.计算事件的最早可能开始时间 t^E

计算的步骤是：自左向右，依次对每列方格内的元素（i，j）由上而下逐个计算，见表3-2。

计算的方法是：将每列每个方格中的（i，j）元素值分别沿水平向左和它最左列的 t^E_i 值相加，然后选其大值填入 t^E_j 栏内。

现按表3-2的矩阵举例计算。

从表3-2中可以看出，自左向右有②、③、④、⑤、⑥各列。因最左边的是第②列，故从②列开始计算。②列（i，j）方格内的元素只有 1，水平向左与其左列的 t^E_i 值相加，则 $1+0=1$（填入 t^E_2 栏内）。

接着看第③列，该列（i，j）方格的元素有5、3两个数字，分别水平向左，与其左列的 t^E_i 值相加，则 $5+0=5$；$3+1=4$；选大值 5 填入 t^E_3 拦内。

再算第④列，该列（i，j）方格的元素有2、6两个数字，分别与其左列的 t^E_i 值相加，则 $2+1=3$；$6+5=11$；选大值11填入 t^E_4。

同理，第⑤列为：$5+5=10$；$0+11=11$；选大值11填入 t^E_5。

第⑥列为：$5+11=16$；$3+11=14$；选大值16填入 t^E_6。

2.计算事件的最迟必须开始时间 t^L

计算的步骤和方法是：从最下行开始，依次往上逐行进行；从每行的（i，j）方格中的元素分别往上看，就遇到矩阵上方的 t^L_j 值，用 t^L_j 值减去该元素值，取其中的最小值，填入相应的t_i^L格内。

现按表3-2的矩阵，进行计算。

由下而上，先从第⑤行开始，本行(i，j)方格的元素只有3，在矩阵表中其上方t_j^L=16，则16－3＝13，填入t_5^L空格内。

其次算第④行。本行（i，j）方格的元素有0，5两个，其上方的t_j^L值分别为13和16，则13－0＝13；16－5＝11；选小值，将11填入t_4^L空格内。

再看第③行。本行(i，j)方格元素有6和5，其上方的t_j^L分别为11和13，则11－6＝5；13－5＝8；选小值5填入t_3^L。

同理，第②行为5－3＝2；11－2＝9；选小值2填入t_2^L。

最后，第①行为2－1＝1；5－5＝0；选小值0填入t_1^L。至此，全部计算完毕。

应用矩阵法进行网络计划时间参数的计算，通常只在矩阵表中列出事件时间的计算结果。工作最早结束，最迟开始以及各种时差，可以根据事件时间和工作持续时间直接推算，在矩阵表中均略去。

三、表算法

为了保持网络图的清晰和计算数据条理化，通常可采用表格进行时间参数的计算，表3-3为常用的一种表上计算格式（网络图见图3-30)，其计算步骤如下：

表 3-3

紧前工作数 m	工作号码 $i\text{-}j$	施工持续时间 D_{i-j}	最早可能开始时间 ES_{i-j}	最早可能结束时间 EF_{i-j}	最迟必须开始时间 LS_{i-j}	最迟必须结束时间 LF_{i-j}	总时差 TF_{i-j}	局部时差 FF_{i-j}
一	二	三	四	五	六	七	八	九
—	1—2	1	0	1	1	2	1	0
—	1—3	5	0	5	0	5	0	0
1	2—3	3	1	4	2	5	1	1
1	2—4	2	1	3	9	11	8	8
2	3—4	6	5	11	5	11	0	0
2	3—5	5	5	10	8	13	3	1
2	4—5	0	11	11	13	13	2	0
2	4—6	5	11	16	11	16	0	0
2	5—6	3	11	14	13	16	2	2

（一）自上而下计算各工作的最早可能开始和最早可能结束时间

例如表3-3中第一行和第二行，工作1-2、1-3的紧前工作数为空白，说明它们都是网络图中由始点事件出发的两项工作，其最早开始时间均为零（见第四栏的一、二格）。将零分别与其左边持续时间（第三栏）相加，得到最早可能结束时间（填在第五栏内）。

再往下计算第三行、第四行的工作2-3、2-4。它们都是由事件2出发的工作，其紧前工作有1项，可从它们所在行的上方查出这项工作为1-2，它的最早完成的时间为1，因此在第四栏的相应格内（三、四格）填上1。然后分别与左边的持续时间(第三栏三、四格内)相加，得工作2-3、2-4的最早可能完成时间（填在第五栏的三、四格内）。接着可计算第五行、第六行的工作3-4和3-5，它们都是由事件3出发的工作，其紧前工作有2项，从上方可查出这两项工作为1-3和2-3，其最早可能完成时间分别为 5 和 4 ，取其中最大值5作为3-4和3-5的最早可能开始时间，填入第四栏的五、六格内。依次类推往下计算。

（二）自下往上计算各工作最迟必须结束和最迟必须开始时间

表3-3中最后两行的工作为5-6和4-6，它们都是以网络终点事件6为结束点的，因此可将事件 6 的最早可能结束时间16，填在第七栏的最后两格内，然后分别与左边第三栏内的持续时间相减，得这两项工作的最迟必须开始时间。填在第六栏的相应格内，即16 − 3 = 13和16 − 5 = 11。

接着计算倒数第三、第四行，工作4-5和3-5都是以事件5为结束点的，可从所在行下方找到它们的后续工作5-6的最迟必须开始时间为13（见第六栏的最后一格），以此作为工作4-5和3-5的最迟必须结束时间，填在第七栏的倒数第三、第四格内。然后分别与其左边的持续时间相减，将差数填在第六栏的倒数第三、第四格内，即为工作4-5和3-5的最迟必须开始时间，分别为13 − 0 = 13和13 − 5 = 8 。

同样，再计算倒数第五、第六行，工作3-4和2-4都是以事件 4 为结束点的，从下方查得它们的后续工作为4-5和4-6，其中工作4-6的最迟开始时间11为最小，以此作为工作3-4和2-4的最迟必须结束时间，以下计算依此类推。

（三）计算工作的总时差和局部时差

从表3-3中不难看出，只要将每一行第六栏的最迟必须开始时间减去同一行第四栏内的最早可能开始时间，就能得到这一行工作的总时差，填在第八栏内。局部时差的计算，可先从该行下方的表格内找到后续工作最早可能开始时间，然后减去该行工作的最早可能结束时间，就是局部时差，填在第九栏内。例如第四行的工作为2-4，在该行下方的表内可查得后续工作4-5和4-6，它们的最早可能开始时间均为11，然后减去2-4工作的最早结束时间 3（见第五栏第四行），得局部时差11 − 3 = 8，填在第九栏第四行内。其余类推。

第三节　工作节点网络图

工作节点网络图是在工序流线图的基础上演绎而成的网络计划形式，具有绘图简便、逻辑关系明确、便于修改等优点。目前在国内外受到普遍重视，并不断发展它的表达功能和扩大其应用范围。

一、工作节点网络图的表达

（一）绘图编号

用一个圆圈或方框表示一项工作（活动），工作的名称或内容以及工作所需要的时间(分、小时、班、天、周或月）都写在圆圈或方框内，而箭杆仅表示工作之间的先后顺序关系。圆圈或方框依次编上号码，作为各工作的代号，因此，这种表达方法称为单代号表达法。常见的绘图符号如图3-31所示。

（二）图例比较

为简化起见，在下面的图例中，我们仅用字母表示工作的名称。工作代号与时间参数均予略去，读者在绘制实际网络计划时，可参照图3-31的内容进行设计。

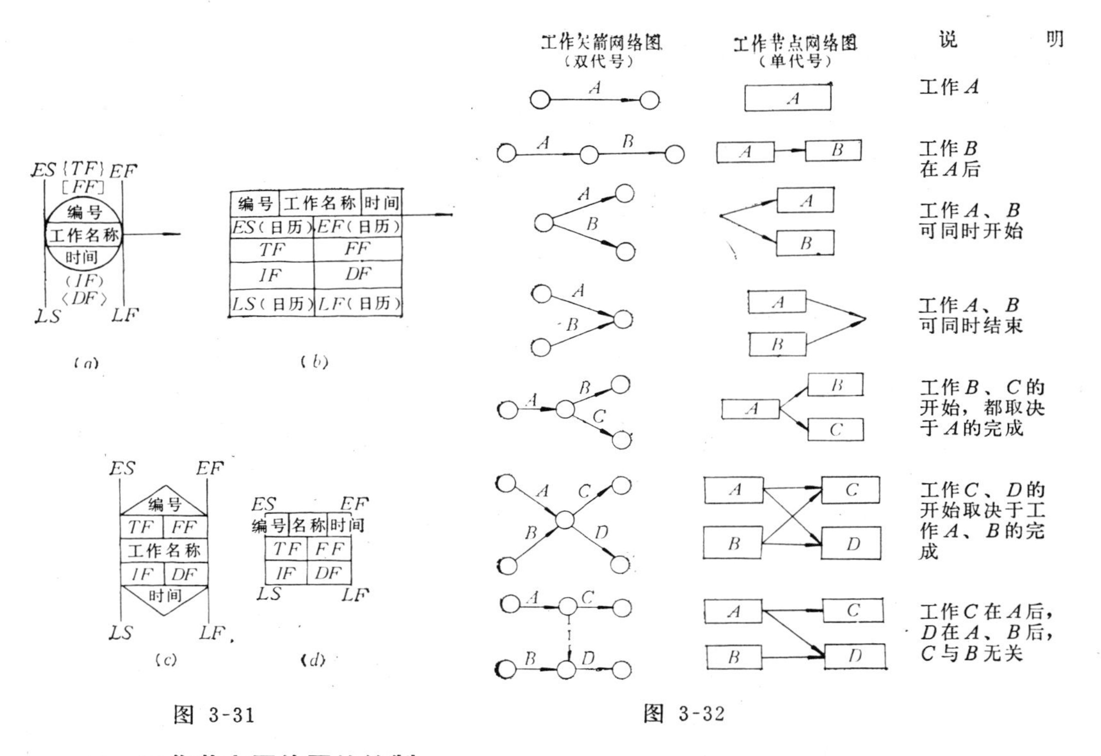

图 3-31　　　　图 3-32

二、工作节点网络图的绘制

（一）原则和方法

由于工作节点网络图和工作矢箭网络图所表达的计划内容是一致的，两者的区别仅在于绘图的符号不同，前者是单代号，后者为双代号。因此，在双代号网络图中所说明的绘图规则，在单代号网络图中原则上都应遵守，比如一张网络图只能有一个开始节点和一个结束节点；工作互相之间应严格遵守工艺顺序和组织顺序的逻辑关系；不允许出现循环回路；节点的编号应满足$i<j$的要求；搭接施工必须分段表达等等。但是，根据工作结点网络图的特点，一般必须而且只须引进一个表示计划开始的虚工作（节点）和表示计划结束的虚工作（节点），网络图中不再出现其它的虚工作，因此，画图时可以在工艺网络图上直接加上组织顺序的约束，就得到生产网络图。读者可以在下面的绘图实例中进行分析比较。

（二）绘图实例

图3-33表示某钢筋混凝土三跨桥梁工程，在河床干涸季节按甲→乙→丙→丁的顺序组织施工，每一桥台（甲、丁）或桥墩（乙、丙）的工艺顺序是挖土→基础→钢筋混凝土桥台(墩)，最后安装上部结构Ⅰ→Ⅱ→Ⅲ。已知各施工过程的持续时间列于表3-4。

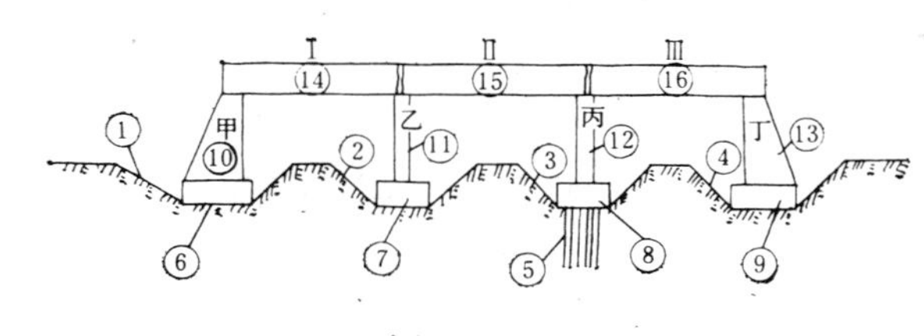

图 3-33

由此，我们可以绘制出工作节点工艺网络图，如图3-34。

表 3-4

序	工作名称	时间	序	工作名称	时间
①	挖土甲	4	⑨	基础丁	10
②	挖土乙	2	⑩	桥台甲	16
③	挖土丙	2	⑪	桥墩乙	8
④	挖土丁	5	⑫	桥墩丙	8
⑤	打桩丙	12	⑬	桥台丁	20
⑥	基础甲	8	⑭	上部结构Ⅰ	12
⑦	基础乙	4	⑮	上部结构Ⅱ	12
⑧	基础丙	4	⑯	上部结构Ⅲ	12

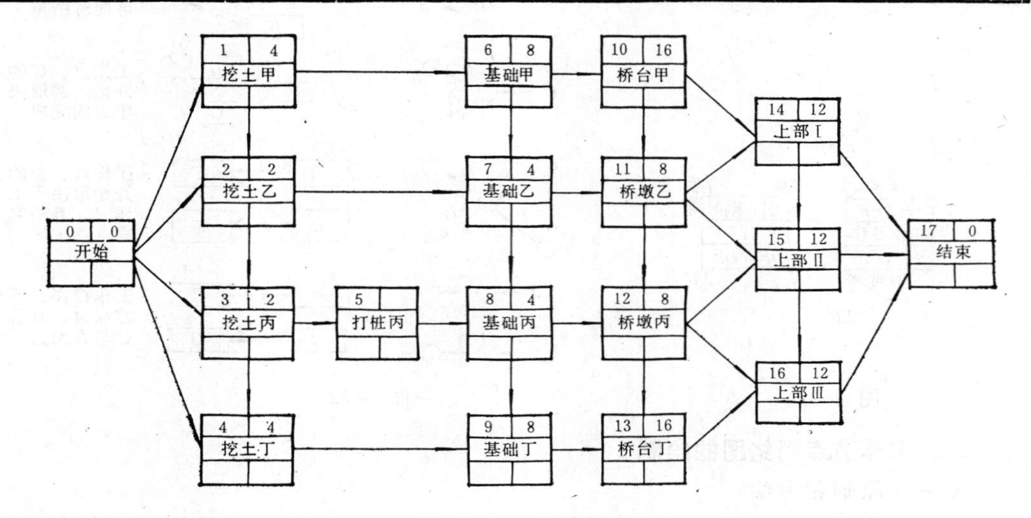

图 3-34

如果挖土、基础、桥台（墩）和上部结构安装各组织一个施工队施工时，我们可直接在图3-34中分别加上甲→乙→丙→丁的先后顺序，得图3-35所示的生产网络图。

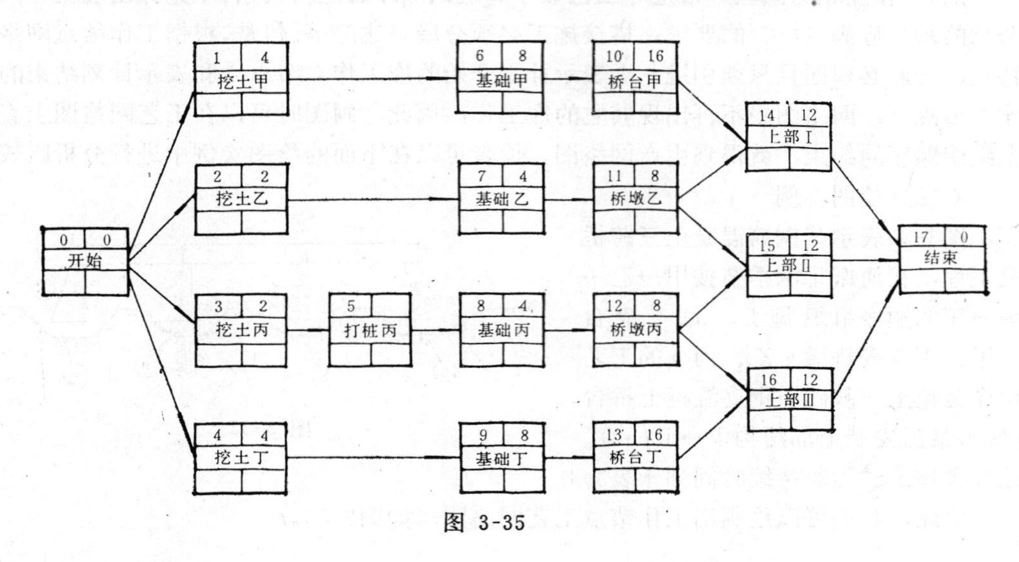

图 3-35

图3-36给出了该桥梁工程的双代号网络计划。读者可以把它与单代号网络计划结合起来分析比较，进一步研究和理解它们在表达上的不同特点，以便在实际工作中加以灵活应用。

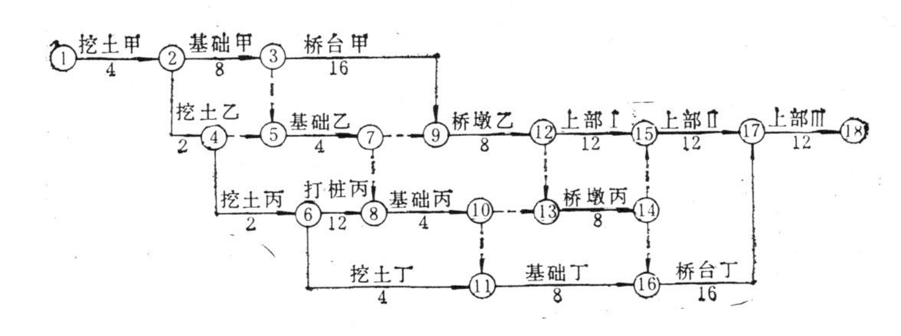

图 3-36

三、工作节点网络图的计算

（一）图上算法

工作节点网络图的计算内容和时间参数的意义与双代号网络图完全相同。同样也以图上计算方法较为简便。为了便于比较，我们首先把图3-19改为用单代号（工作节点）表达的网络计划，如图3-37所示，下面介绍各时间参数的计算方法。

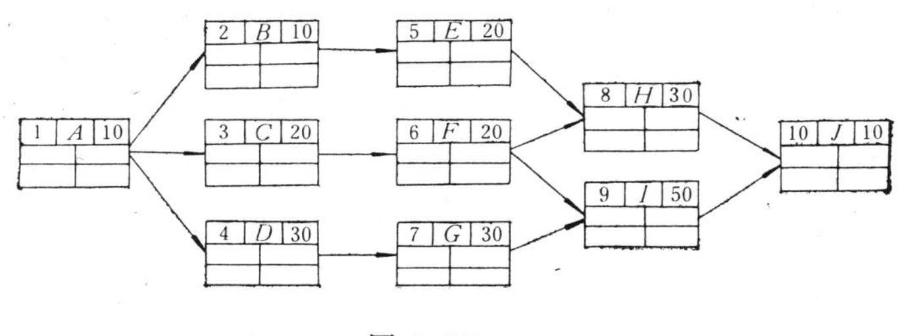

图 3-37

1.计算各工作的最早可能开始和结束时间

首先假定整个网络计划的开始时间为0，然从左向右递推计算。任意一项工作的最早可能开始时间ES_j，取决于该工作前面所有工作的完成；最早可能结束时间EF_j等于它的最早可能开始时间加上持续时间D_j。因此可用公式表示为：

$$ES_1 = 0;$$

$$EF_1 = ES_1 + D_1;$$

$$ES_j = \max_{\forall i}(EF_i \mid i < j);$$

$$EF_j = ES_j + D_j;$$

图3-37各工作的最早可能开始和结束时间计算如下：

工作名称	前面工作的最早可能结束时间	工作的最早可能开始时间	工作的最早可能结束时间
A	／	0	0 + 10 = 10
B	A 10	10	10 + 10 = 20

C	A	10	10	$10+20=30$
D	A	10	10	$10+30=40$
E	B	20	20	$20+20=40$
F	C	30	30	$30+20=50$
G	D	40	40	$40+30=70$
H	$<^{E40}_{F50}$		50	$50+30=80$
I	$<^{F50}_{G70}$		70	$70+50=120$
J	$<^{H80}_{I120}$		120	$120+10=130$

在图上直接计算的结果如图3-38所示。

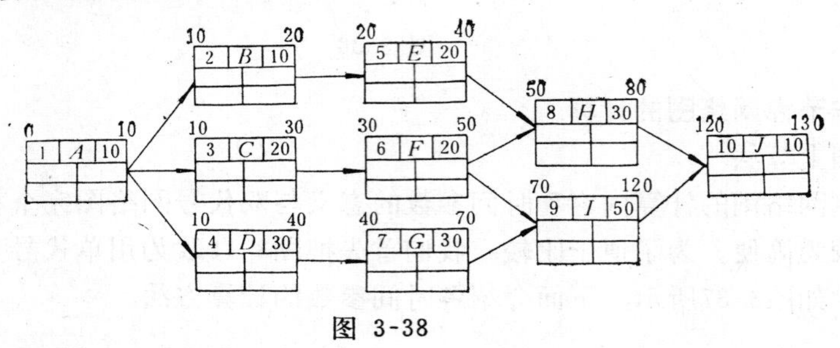

图 3-38

2.计算前后两工作的时间间隔

某项工作i的最早可能结束时间与其后续工作j的最早可能开始时间的差，称为工作$i-j$之间的时间间隔，用LAG_{i-j}表示，则

$$LAG_{i-j}=ES_j-EF_i$$

如图3-37中工作F和工作I之 间 的时间间隔为

$$LAG_{6-9}=70-50=20$$

其物理意义如图3-39所示。

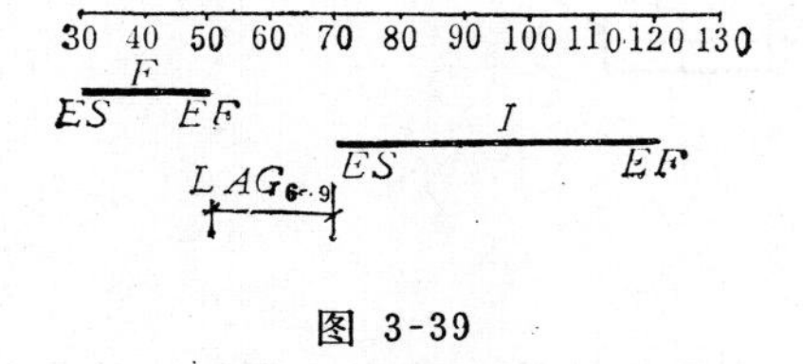

图 3-39

网络图中每根箭杆都可 算出一个LAG_{i-j}表 示前后两工作的时间间隔，其计算结果见图3-40，标在箭杆上方。

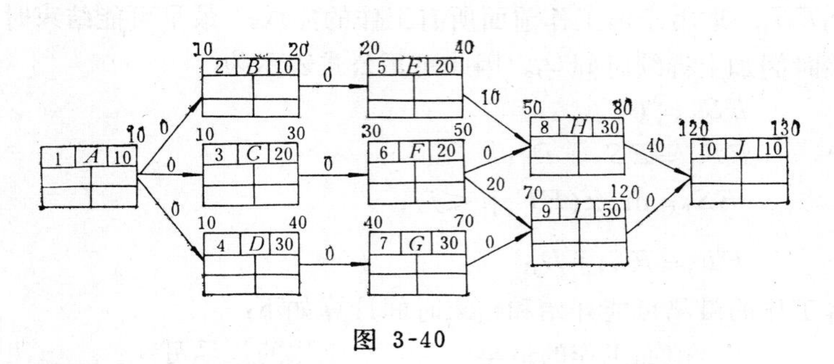

图 3-40

3.计算各工作的局部时差

根据局部时差的定义，在不影响后续工作最早可能开始的条件下，工作所具有的机动时间；因此，任意一项工作的局部时差应取该工作与后续诸工作时间间隔的最小值，即：

$$FF_i = \min_{\forall j}(LAG_{i-j} \mid i<j)$$

由此可算得各工作的局部时差:

工作名称	与后续工作的时间间隔		局部时差
A	B	0	0
	C	0	
	D	0	
B	E	0	0
C	F	0	0
D	G	0	0
E	H	10	10
F	H	0	0
	I	20	
G	I	0	0
H	J	40	40
I	J	0	0
J	/	/	0

4.计算各工作的总时差

由于总时差是表达在不影响计划总工期,或不影响后续工作最迟必须开始的条件下,工作所具有的机动时间,因此,任意一项工作 i 的总时差可以用该项工作与后续工作j的时间间隔LAG_{i-j}与后续工作的总时差TF_j之和来表示,当后续工作有多项时应取其中最小值。即

$$TF_i = \min_{\forall j}(LAG_{i-j} + TF_j) \mid i<j$$

上式总时差可用图3-41表示,其中工作j和k都是i的后续工作。

在网络图上总时差计算如下:

工作名称(代号i)	$LAG_{i-j}+TF_j$	总时差TF_i
J	—	0
H	40 + 0	40
I	0 + 0	0
E	10 + 40	50
F	0 + 40 20 + 0	20
G	0 + 0	0
B	0 + 50	50
C	0 + 20	20
D	0 + 0	0
A	0 + 50 0 + 20 0 + 0	0

5.计算干涉时差

$$IF_i = TF_i - FF_i$$

6.计算从属时差

$$DF_i = FF_i - \max IF_k \text{（} k < i,\ k \text{为} i \text{的紧前工作）}$$

例如图3-42中工作H的从属时差

$$DF_8 = FF_8 - \max(IF_5,\ IF_6)$$

$$= 40 - \max(40,\ 20) = 0$$

7.计算各工作的最迟必须开始和结束时间

$$LS_i = ES_i + TF_i$$

$$LF_i = EF_i + TF_i$$

图3-42表示网络计划的全部计算结果，其中总时差等于0的为关键工作，关键工作之间用粗线矢箭联系，表示关键线路。

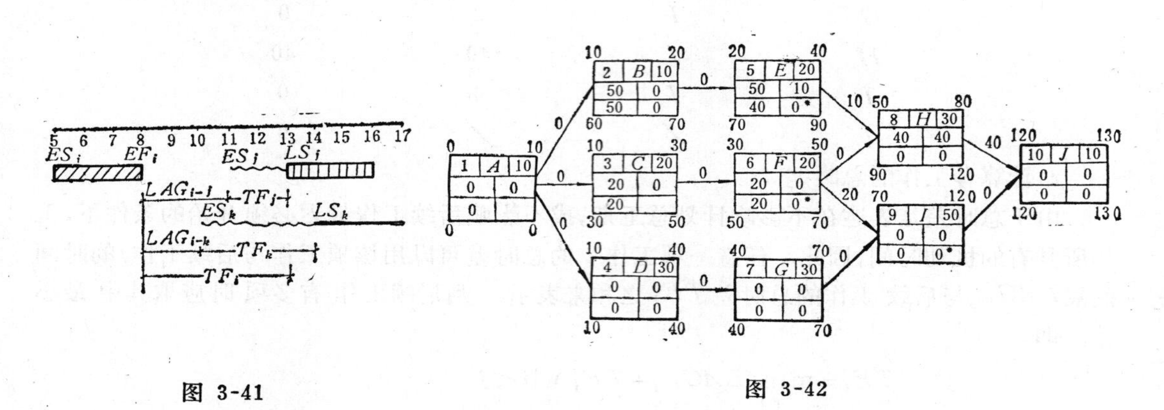

图 3-41　　　　　　　　　　　　图 3-42

（二）表上计算法

先将工作代号及名称，后续工作持续时间等填入表格（如表3-5所示），然后按以下步骤计算。

1.计算ES和EF

先将开始事件的ES_0和EF_0填0，然后从上而下逐行计算。根据所计算行的工作代号及名称在该行上方j栏内，找出相应工作的所有紧前工作i的最早结束时间EF的最大值并填入所计算行的ES方格内，接着将该ES与其左边的D值相加之和填入右边的EF方格内。

如表3-5中，当第二行为所计算的行时，该行的工作名称为A，在这一行上方（即第一行）的j栏内，可查到工作A，其前面工作$i = 0$为网络的开始点，最早结束$EF_0 = 0$填入第二行的ES_1中，同时将它与左边（D_1）相加即$0 + 1$填入右边EF_1方格内。

又如当第六行为所计算的行时，该行的工作名称为E，从上方j栏内可查得E的前面工作有二个，一个是第三行的B，最早结束为$EF_2 = 5$，另一个是第四行的C，$EF_3 = 4$，取其中最大值填入$ES_5 = 5$，并将ES_5与左边$D_5 = 5$相加填入$EF_5 = 10$。依此类推。

2.计算LAG_{i-j}

从上而下逐行计算，根据j栏所指明的每项工作名称的后续工作，在该行的下方查出各后续工作的ES，然后与本行EF相减，将差数填入LAG栏内。

单代号网络图计算表（图3-30的计算） 表 3-5

计 算 顺 序				↓	↓	↓	↓	↑	↓	↓	↓	↓
工作代号 i	工作名称	后续工作 j	D_t	ES	EF	LAG	FF	TF	IF	DF	LS	LF
0	开 始	A B	0	0	0	0 0	0	0	0	0	0	0
1	A	C D	1	0	1	0 0	0	1	1	0	1	2
2	B	E F	5	0	5	0 0	0	0	0	0	0	5
3	C	E F	3	1	4	1 1	1	1	0	0	2	5
4	D	G H	2	1	3	8 8	8	8	0	7	9	11
5	E	H	5	5	10	1	1	3	2	1	8	13
6	F	G H	6	5	11	0 0	0	0	0	0	5	11
7	G	结 束	5	11	16	0	0	0	0	0	11	16
8	H	结 束	3	11	14	2	2	2	0	0	13	16
9	结 束	/	0	16	16	0	0	0	0	0	16	16

如第一行，j栏指明后续工作为A和B，先在第一行下方查得A工作（第二行）的最早开始$ES_1=0$，与第一行的$EF_0=0$相减，填入第一行的LAG_{0-1}方格内。然后再查B的最早开始$ES_2=0$（第三行）同样与EF_0相减后填入LAG_{0-2}方格内（见表3-5）。依此类推。

3.计算FF

从上到下，取其左边LAG栏方格内的最小值填入。

4.计算TF

首先填写最后一行$TF_9=0$，然后由下往上逐行计算。

将每行的FF值与其后续工作的总时差TF_j（从该行下方查得j的总时差TF_j）相加，取其最小值填入本行的TF方格内。

如当计算倒数第四行工作F的总时差时，由j栏知道它有两项后续工作G和H，从下方可查到$TF_7=0$，$TF_8=2$取$TF_6=\min\{(LAG_{6-7}+TF_7),(LAG_{6-8}+TF_8)\}=\min\{(0+0),(0+2)\}=0$，其余类推。

5.计算IF

从上到下，将该栏左边的$TF-FF$之差填入该栏的相应方格内。

6.计算DF

从上到下，逐行分两步进行。

第一步：在所计算行的上方，从 j 栏内查出该行的工作名称，从而可以知道计算行的前面工作 i 和相应的干涉时差IF_i，如果查得该工作名称出现两次以上，就取其中干涉时差IF的最大值。

第二步：将本行的局部时差FF减去第一步所得到的干涉时差最大值，差数填入本行的DF方格内。。

如，当计算第五行时，工作名称为D，第一步在第五行上方，从 j 栏内查得D在第二行出现，$IF_1=1$。第二步将第五行的FF_4减去1，即$8-1=7$填入DF_4方格内。

7.计算LS和LF

从上到下将ES与TF相加填入LS方格，将D与LS相加填入LF方格。

第四节　搭接施工网络图

一、搭接网络计划的基本概念

在普通网络计划技术（CPM和PERT）中，组成网络计划的各项工作之间的连接关系是任何一项工作都必须在它的紧前工作全部结束后才能开始。但是，在实际工作中，并不都是如此。在建筑工程施工中，为了缩短工期，许多工作采用平行搭接的方式进行。例如预制钢筋混凝土柱子，在第一施工段支模结束后，可进行钢筋绑扎；支模的劳动力转移到第二施工段，第一施工段钢筋绑扎结束后，就可浇捣混凝土；钢筋工程移到第二施工段，依次这样平行搭接施工。各施工段之间的工作搭接关系，如果用普通网络来描述，必须使用虚箭杆才能严格表示它们的逻辑关系。如图3-43所示。

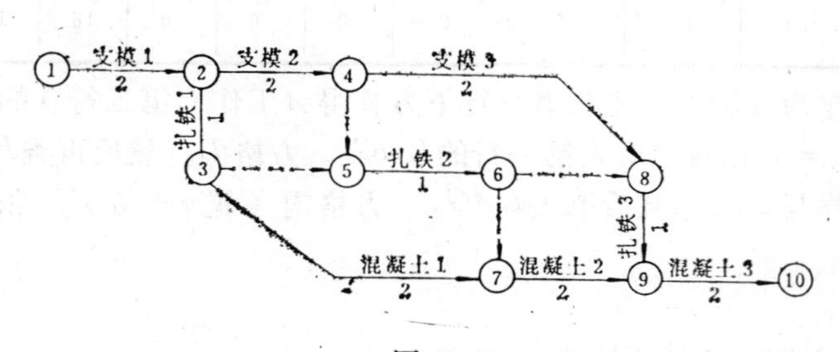

图 3-43

最少的虚箭杆数（z_{min}）与施工段数(m)和施工过程数(n)有关，当$m\geqslant 2$，$n\geqslant 2$时，它们的关系式是：

$$z_{min}=2(mn+2)-3(m+n)$$

当施工段和施工过程较多时，虚箭杆也相应多了。一张$m=10$、$n=10$的网络图，最少虚箭杆数就达144支，虚箭杆多了，不仅增加绘图和计算的工作量，还会使画面复杂，不易被人们理解和掌握。这就需要寻求一种简便清晰的新的网络技术来补充传统网络技术的不足。近十多年来，国外出现了一些能够反映各种搭接关系的网络计划技术。这种网络技术既能体现网络计划技术的优点，又能克服横道图的缺点，是一种最能反映建筑施工组织特点的网络计划技术。而且当各工作都采用从结束到开始的搭接关系时，它就成为一般的工作节点网络图。以上面的预制钢筋混凝土柱子为例，其横道图和单代号搭接网络图如图3-44和3-45所示。

图3-44表示，该预制工程分为三个施工段施工，木模开始2天后可以进行第一段的钢筋绑扎，但它要比木模晚一天结束；当钢筋绑扎一天后就可以开始浇捣第一施工段的混凝土，浇捣混凝土要比绑扎晚2天结束。由于绑扎钢筋的时间只需3天，比木模的施工时间

短，因此，扎钢筋这一工序可以根据实际情况，做连续的安排，如（*a*）图所示，也可以作间断的安排如（*b*）所示。

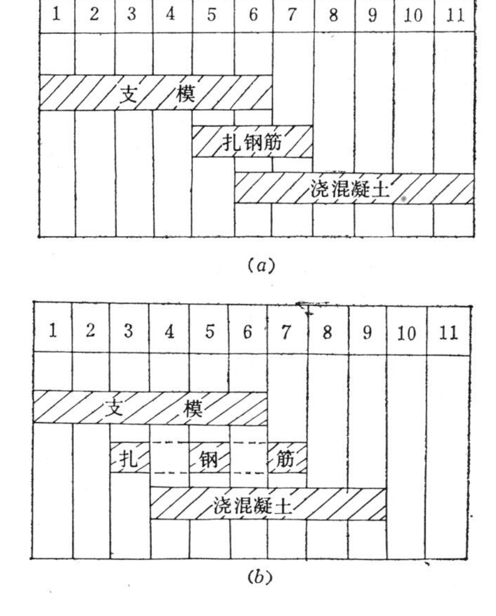

图 3-44 预制工程横线图

（*a*）工作连续；（*b*）工作间断

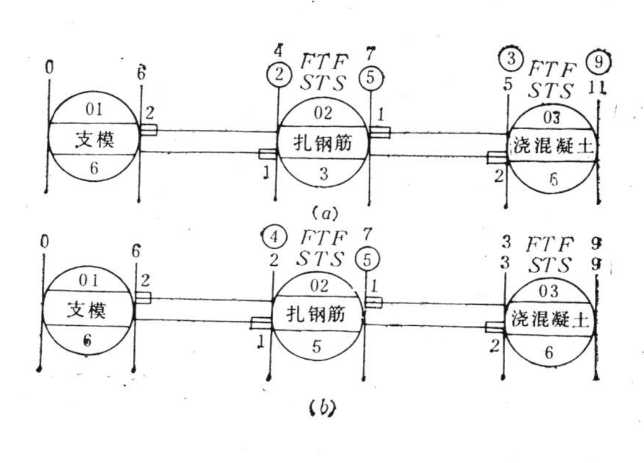

图 3-45 预制工程搭接网络图

（*a*）工作连续；（*b*）工作间断

二、工作的基本搭接关系

单代号搭接网络计划技术有五种基本的工作搭接关系：

（一）结束到开始的关系（FTS） 两项工作之间的关系通过前项工作结束到后项工作开始之间的时距（LT）来表达。当时距为零时，表示两项工作之间没有间歇。这就是普通网络图中的逻辑关系。

（二）开始到开始的关系（STS） 前后两项工作关系用其相继开始的时距LT_i来表达。就是说，前项工作i开始后，要经过LT_i时间后，后面工作j才能进行。

（三）结束到结束的关系（FTF） 两项工作之间的关系用前后工作相继结束的时距LT_j来表示。就是说，前项工作i结束后，经过LT_i时间，后项工作j才能结束。

（四）开始到结束的关系（STF） 两项工作之间的关系用前项工作开始到后项工作的结束之间的时距LT_i和LT_j来表达。就是说，后项工作j的最后一部分，它的延续时间LT_j，要在前项工作i开始进行到LT_i时间后，才能接着进行。

（五）混合搭接关系 当两项工作之间同时存在上述四种基本关系中的两种关系时，这种具有双重约束的关系，叫做“混合搭接关系”。除了常见的STS和FTF外，还有STS和STF以及FTF和FTS两种混合搭接关系。

五种基本搭接关系的表达方法如表3-6。

三、单代号搭接网络的计算

搭接网络的计算内容主要包括：（1）最早开始及结束时间（ES和EF）；（2）计算“间隔时间”（LAG_{i-j}）；（3）计算局部时差(FF)；（4）计算总时差（TF）；（5）计算最迟开始及结束时间；（6）确定关键线路。

基本搭接关系的表达方法

表 3-6

搭接关系	横道图	时距参数	单代号搭接网络图	举例
FTS	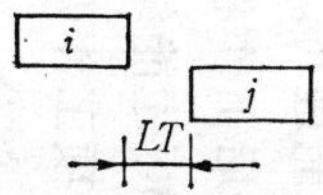	LT	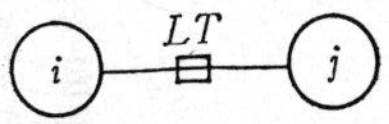	混凝土梁捣完后七天　砌墙 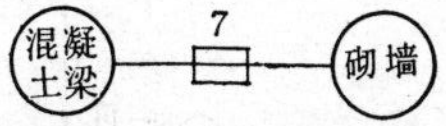
STS	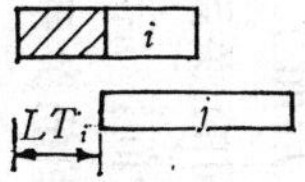	LT_i	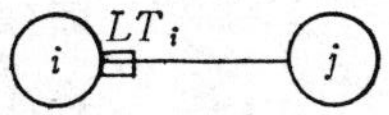	地坪混凝土浇捣开始三天后，抹面 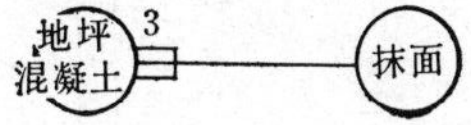
FTF	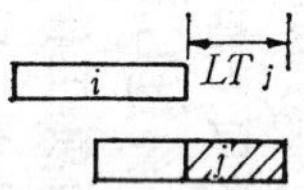	LT_j	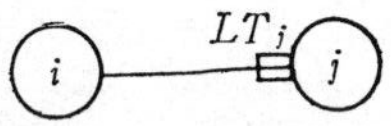	女儿墙砌完后七天，屋面防水层完 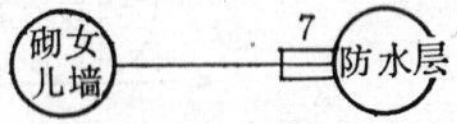
STF	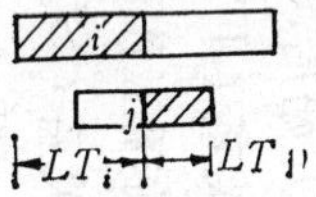	LT_i　LT_j	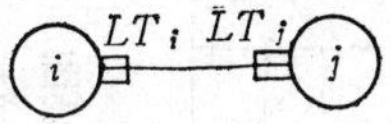	扎钢筋开始二天后，铺电线管再进行三天 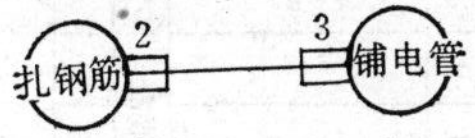
混合(以STS，FTF为例)	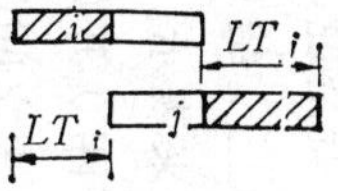	LT_i　LT_j	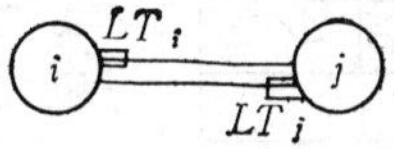	基础挖土三天后，开始浇混凝土垫层，挖土结束后二天，混凝土垫层结束 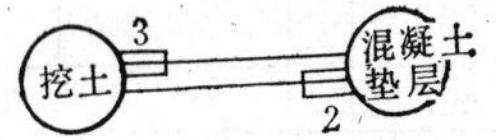

以下分别阐述上述时间参数计算及关键线路的确定方法。

（一）最早开始和结束时间的计算

计算最早开始及结束时间有连续型和间断型两种算法。连续型算法用于连续进行的工作，如连续进行的基础挖土；间断型算法用于因工作间相互制约而不能连续进行的工作，如基础混凝土垫层。图3-46表示挖土连续进行 8 天。混凝土垫层如果推迟到后面（如虚线所示）也能连续进行，但由于土质的原因（避免坍方）或分段施工的要求（为使木模、扎筋等工作提早进行），不能推到后面，因此造成了间断。虽然它只需要 3 天时间，但持续时间前后共占了 7 天。所以它的最早开始时间到最早结束时间之间的时间并不等于它的实需时间，而等于它的持续时间。这与连续型算法显然是不同的。

一项工作j的最早开始时间ES_j和最早结束时间EF_j取决于其紧前工作 i（一项或多项）的最早开始和结束时间以及它们之间的搭接关系和时距。它们的计算公式按不同的搭接关系分别列于表3-7。

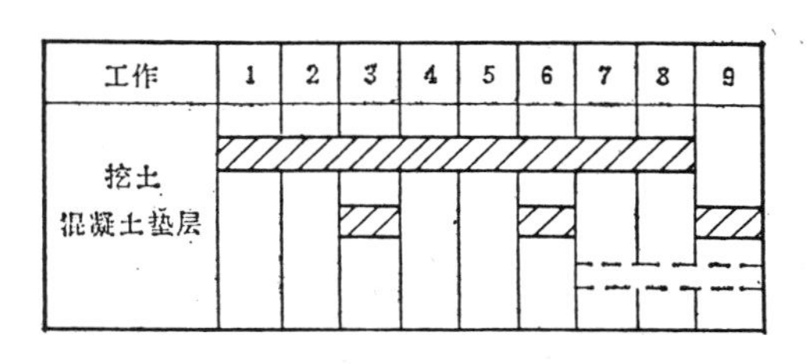

图 3-46

表中D_{j-j}工作的持续时间。

计算ES和EF是从左到右进行的。以图3-47为例，先计算开始点，ES_0和EF_0都等于零。然后再计算工作A，A与开始点直接联系，所以：

$$ES_5 = 0$$
$$EF_5 = ES_5 + D_5 = 0 + 5 = 5。$$

搭接网络时间计算公式 **表 3-7**

参数	连续型算法	间断型算法
ES_j	按所有搭接关系，分别计算后取其最大值 $ES_j = \max\limits_{\forall i,\, i<j}\left[\begin{array}{l\|l} EF_i + LT & FTS \\ ES_i + LT_i & STS \\ EF_i + LT_j - D_j & FTF \\ ES_i + (LT_i + LT_j) - D_j & STF \end{array}\right]$	按FTS、STS的关系，分别计算取大值 $ES_j = \max\limits_{\forall i,\, i<j}\left[\begin{array}{l\|l} EF_i + LT & FTS \\ & \\ ES_i + LT_i & STS \end{array}\right]$
EF_j	$EF_j = ES_j + D_j$	按所有搭接关系，分别计算后取大值 $EF_j = \max\limits_{\forall i,\, j>i}\left[\begin{array}{l\|l} ES_j + D_j & FTS\quad STS \\ EF_i + LT_j & FTF \\ ES_i + LT_i + LT_j & STF \end{array}\right]$

工作B仅与工作A有STS关系，所以：

$$ES_{10} = ES_5 + LT = 0 + 3 = 3$$
$$EF_{10} = ES_{10} + D_{10} = 3 + 20 = 23$$

同法，计算得$ES_{15} = 0$，$EF_{15} = 15$，$ES_{20} = 8$，$EF_{20} = 14$。

再看工作E，其紧前工作是B、C、D三项。它们与E的关系分别是FTF、STS和FTS

关系，这样就要按所有这三种搭接关系，分别计算后取其大值：

$$ES_{25}=\max_{\forall i}^{i>j}\left\{\begin{array}{l|l}EF_{10}+LT-D_{25}=23+17-20=20 & FTF\\ ES_{15}+LT=\quad 0\quad+\quad 3\quad=\quad 3 & STS\\ EF_{20}+LT=\quad 14\quad+\quad 5\quad=\quad 19 & FTS\end{array}\right\}=20$$

$$EF_{25}=ES_{25}+D_{25}=20+20=40$$

以上工作都是连续的。

图3-47中由于工作之间的相互制约，工作H不能连续施工，所以要按照间断型算法计算。则计算ES_{40}时，只考虑FTS和STS两种关系，取其大值：

$$ES_{40}=\max_{\forall i}^{i>j}\left\{\begin{array}{l|l}ES_{25}+LT=20+10=30 & STS\\ ES_{30}+LT=40+1=41 & STS\\ EF_{35}+LT=17+0=17 & FTS\end{array}\right\}=41$$

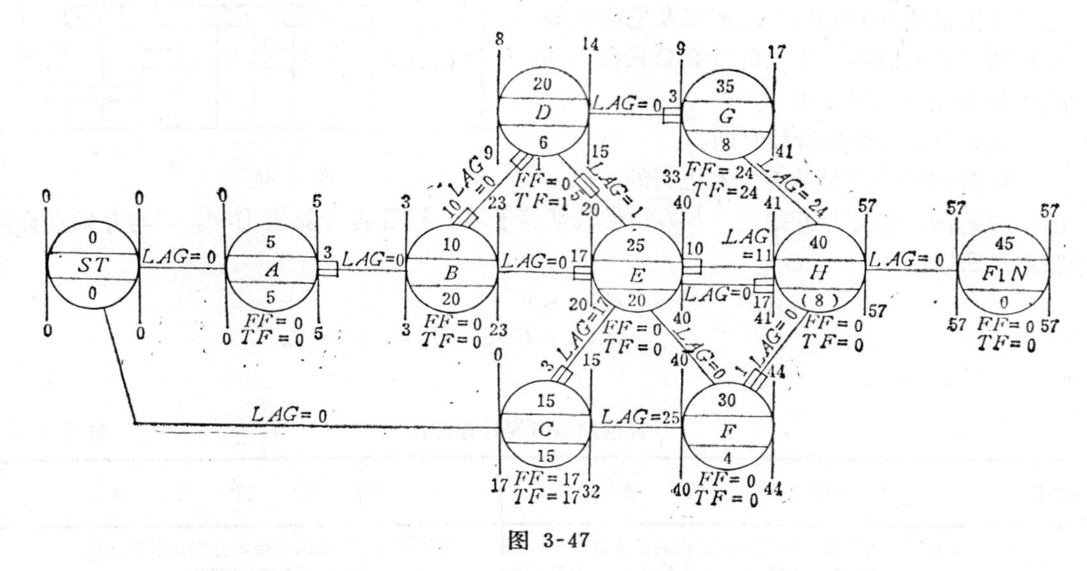

图 3-47

而EF_{40}不能简单地照$ES_{40}+D_{40}$计算，因为D_{40}只代表H工作的实需天数，不是这项工作的持续时间，所以应该按所有搭接关系计算而取大值：

$$EF_{40}=\max_{\forall i}^{i>j}\left[\begin{array}{l|l}ES_{40}+D_{40}=41+8=49 & STS,\ FTS\\ EF_{25}+LT=40+17=57 & FTF\end{array}\right]=57$$

（二）计算间隔时间LAG_{i-j}

LAG_{i-j}表示前面工作与后面工作的必要时距LT以外的时间间隔。

LAC_{i-j}计算公式如表3-8所示。

在本例中：

$$LAG_{5-10}=ES_{10}-ES_{5}-LT=3-0-3\qquad=0\ |STS$$

$$LAG_{10-20}=EF_{20}-FS_{10}-(LT_{10}-LT_{20})=14-3-(10+1)=0\ |STF$$

$$ALG_{10-25}=EF_{20}-EF_{10}-LT=40-23-17\qquad=0\ |FTF$$

$$LAG_{15-30}=ES_{30}-EF_{15}-LT=40-15-0\qquad=25\ |FTS$$

工作A与B、B与D、B与E之间的LAG都等于零，表示没有时间间隔；而C与F之间的$LAG_{15-30}=25$，即表示工作C按最早结束时间结束，到工作F最早开始时间，还有25天富裕时间。

两工作时间间隔计算公式　　表 3-8

关　　系	算　　式	图　　例
FTS	$LAG_{i-j}=ES_j-EF_i-LT$	EF_i i LAG LT ES_j j
STS	$LAG_{i-j}=ES_j-ES_i-LT$	ES_i i ES_j LT j LAG
FTF	$LAG_{i-j}=EF_j-EF_i-LT$	EF_i LT_j i LAG EF_j j
STF	$LAG_{i-j}=EF_j-ES_i-(LT_i+LT_j)$	ES_i i LAG LT_j LT_i j EF_j

（三）计算局部时差

局部时差是指在保持必要时距，且不影响所有紧后工作的最早开始和最早结束时间的条件下，该项工作最早时间允许变动的幅度。它等于该项工作i与各项紧后工作j之间各个间隔时间LAG_{i-j}中的最小值，即

$$FF_i=\min_{\forall j}[LAG_{i-j}] \mid i<j$$

例如图3-47中E工作的局部时差：

$$FF_{25}=\min_{\forall j}\begin{bmatrix} LAG_{25-40}=41-20-10=11 & STS \\ LAG_{25-40}=57-40-17=0 & FTF \\ LAG_{25-30}=40-40-0=0 & FTS \end{bmatrix}=0$$

（四）计算总时差

一项工作总的机动时间就是这项工作的总时差。它等于各项紧后工作的总时差与相应的间隔时间LAG_{i-j}之和中的最小值，即

$$TF_i=\min_{\forall j}(TF_j+LAG_{i-j})$$

所以计算总时差的顺序是从右到左。图3-47中，结束点的总时差为0，所以

H的总时差　　$TF_{40}=0$

G的总时差　　$TF_{35}=TF_{40}+LAG_{35-40}=0+24=24$

$$D\text{的总时差}\ TE_{20}=\min\begin{Bmatrix} TF_{35}+LAG_{20-35}=24+0=24 \\ TF_{25}+LAG_{20-25}=0+1=1 \end{Bmatrix}=1$$

（五）干涉时差

$$IF_i = TF_i - FF_i$$

（六）从属时差

$$DF_j = FF_j - \max(IF_i) \mid i<j$$

（七）计算最迟开始时间和结束时间（LS和LF）

一项工作的最早开始和结束时间以及总时差计算出来后，就可据以计算这项工作的最迟开始时间（LS）和结束时间（LF）：

$$LS_i = ES_i + TF_i,$$

$$TF_i = EF_i + TF_i。$$

本例中的工作C：

$$LS_{15} = ES_{15} + TF_{15} = 15 + 17 = 32$$

$$LF_{15} = EF_{15} + TF_{15} = 0 + 17 = 17$$

（八）判别关键线路

从网络图起始点到结束点的各条线路中，总时差为零的工作都是关键工作。由关键工作组成的线路，称为关键线路。例图中的关键线路为：

开始→A→B→E→F→H→结束

四、单代号搭接网络的逻辑规则

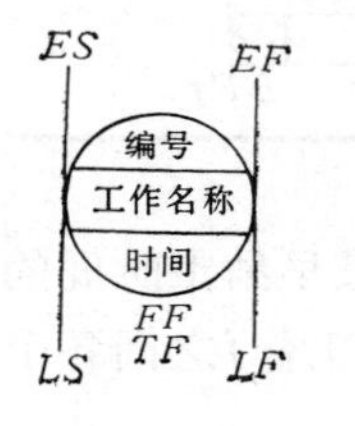

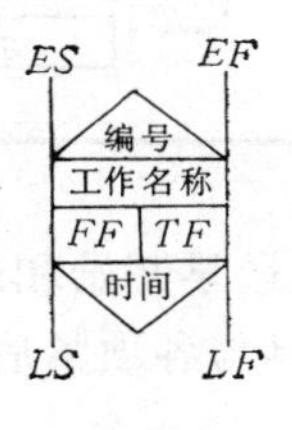

编号	工作名称	
ES	EF	
LS	LF	
FF	时间	TF

图 3-48

单代号搭接网络属工作节点网络图，它的绘图要点和逻辑规则可概括为：

（一）一个节点代表一项工作，箭杆表示工作先后顺序和相互搭接关系。节点可以用不同的形式，但基本内容必须包括工作编号、工作名称、持续时间以及六个时间参数，如图3-48。

（二）一般情况下要设开始点和结束点。开始点的作用是使最先可同时开始的若干工作有一个共同的起点；结束点的作用是使可最后同时结束的若干工作有一个共同的终点。这样，对电子计算机程序设计的通用性有很大的好处。

（三）根据工作顺序依次建立搭接关系。

（四）不能出现闭合回路。

（五）每项工作的开始都必须和开始点建立直接或间接的联系。

（六）每项工作的结束都必须和结束点建立直接或间接的联系。

在传统网络图中，工作之间是依次序的衔接关系，在绘图规则中又规定不允许出现没有前导工作的尾部事件和没有后续工作的尽头事件，所以任何工作都与整个工程的开始点和结束点有直接或间接的联系。搭接网络则不然，如图3-47中的D工作，它与B工作只有开始到结束的关系，所以D的开始与开始点ST既无直接也无间接的联系。假如D的持续时间不是6天，而是60天，那么它的最早开始时间$ES = 14 - 60 = -46$天，就是说，这一工作必须在整个工程开始前开始。同样，图中F与H只有开始到开始的关系，所以F的结束与结束点FIN也没有直接与间接的联系。假如F的持续时间不是4天，而是40天，那么它的最早结束时间$EF = 40 + 40 = 80$天，超过了整个工期。所以有必要对网络的逻辑关系进行分析，使每项工作都与ST和FIN建立联系，以保证每项工作都在本计划时期进行。如果确实有某些工作可以在ST前开始（如预制构件）或在FIN后结束（如附属工程），也可不必建立联系。

图3-47中的各项工作逐项进行分析，如表3-9所示。

逻辑关系分析表 表3-9

工作	与ST点的联系			与FIN点的联系		
	直接联系	间接联系	没有联系	直接联系	间接联系	没有联系
A	在ST后开始					没有联系
B		比A晚3天开始			在E结束前17天结束	
C	在ST后开始					没有联系
D			没有联系		在G结束前3天结束	
E		C开始后开始			在H结束前17天结束	
F		C结束后开始				没有联系
G			没有联系		在H开始前结束	
H		E开始后10天开始 F开始后1天开始		在FIN前结束		

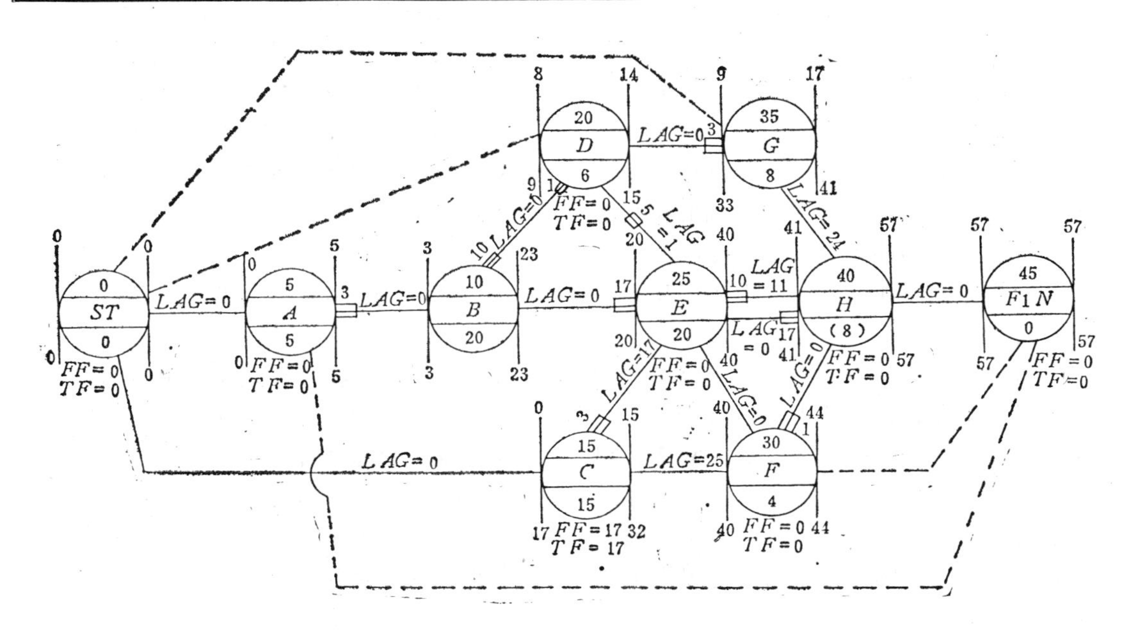

图 3-49

在上面逻辑分析的基础上，就可以对网络图进行修正：

（1）D、G两项工作与ST没有联系，它们的开始是否取决于计划的开始？如果是，就应分别与ST点建立FTS关系，如图中虚线所示；如果它们的开始并不取决于计划的开始，则不必建立联系。

（2）A、C、F三项工作与FIN没有联系。它们是否要求在本计划期完成？如果是，就应分别与FIN建立FTS关系，如图中虚线所示（C在F开始前结束，F与FIN点建立关系后，C就不必直接与FIN建立关系）；如果并不要求它们在本计划内完成，则不必建立联系。

修正结果如图3-49。当然，为了使图面清晰，在熟练掌握搭接网络技术的情况下，这些与开始点或结束点的连系箭杆也可省去，在计算中最早开始时间为负值时取0，并以所有结点结束时间的最大值为计划工期，进行最迟时间参数和时差的计算。

第五节　事件结点网络图

事件结点网络图，是一种单代号的网络计划形式，其典型代表为美国1956年研制的PERT（计划评审技术）方法，当时应用于编制北极星导弹的研制计划，协调了三千多家企业，使计划按预定时间提前二年完成；以后又被应用于耗资四百多亿美元，动员人力四十多万的阿波罗航天计划的管理和控制，取得良好效果，使这种方法在世界上受到高度的赞许。

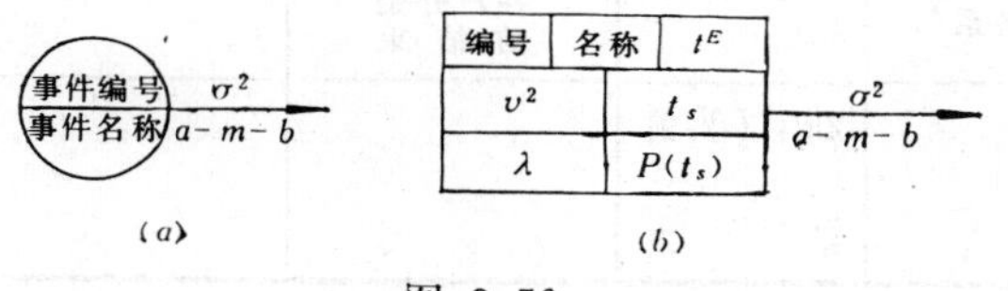

图 3-50

t^E—事件的最早可能开始(发生)时间；v^2—事件最早时间的方差；t_s—事件的预定实现时间；λ—正态分布参数；$P(t_s)$—事件按预定时间实现的概率

一、表达方法与特点

它以圆圈或方框表示事件，用箭矢表示事件与事件之间的先后顺序和相互关系，如图3-50所示。

每一个事件都有一个具体的名称，反映计划执行中各个阶段性的目标，通常也称这些事件为“里程碑”。例如，在建筑工程中，“施工开始”，“基础施工完”，“结构封顶”“装修结束”等，都可认为是里程碑事件。因此，这种网络计划形式主要有以下三个特点：

1.它是以事件为对象进行编制的单代号网络计划。

2.事件与事件之间在先后顺序和相互制约方面，存在着内在联系，也就是说逻辑关系是肯定型的。

3.由于事件与事件之间，包罗着许多具体的工作，包括已经预见到的和尚未预见到的；或者某项具体的新工作，由于过去工作没有经验，无法确定准确的工作持续时间；特别是在科学研究，技术开发等的网络计划中，不能预见的因素和条件更是经常的，因此，从一个事件的实现到另一个事件的实现，即从计划的一个阶段到达另一个阶段目标的实现，究竟要做多少工作，要花多少时间，无法用一个确切的时间值来表达，而必须由参加完成计划的工程师，技术人员等根据类似性质的经验，进行估计。通常采用三点估计法，即：

a——最乐观的时间估计；

m——最可能的时间估计；

b——最悲观的时间估计（不包括天灾、祸害等不可抗力的影响）。

由于事件之间的持续时间是估计的数值，必定会有偏差，需要应用概率理论来处理，因此，事件结点网络图从时间概念上说是一种非肯定型的网络计划。

二、网络实例比较

这里以一个房屋内部工程修建计划为例，分别画出工作矢箭网络图，工作结点网络图和事件结点网络图，读者可以进行比较分析，以便掌握他们的不同特点。各工作持续时间列入表3-10。

工 作 一 览 表　　表 3-10

工　作　名　称	持续时间（天）
（*A*）签订合同	1
（*B*）内部拆除	3
（*C*）更换管道	3
（*D*）更换电缆	5
（*E*）修复墙面平顶	4
（*F*）铺设地板	1
（*G*）清　　理	1

三、事件结点网络的编制

（一）编制事件一览表

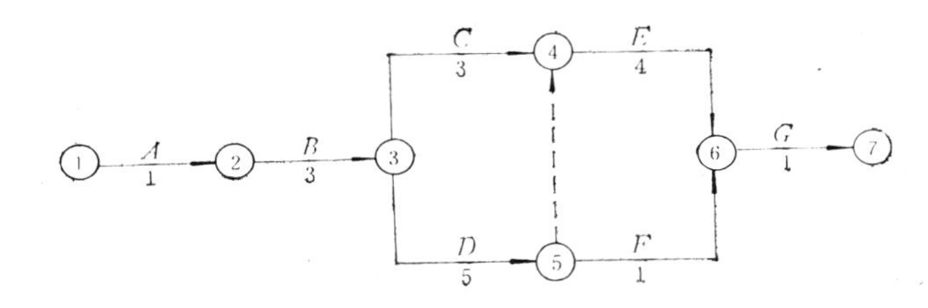

图 3-51 工作矢箭网络图

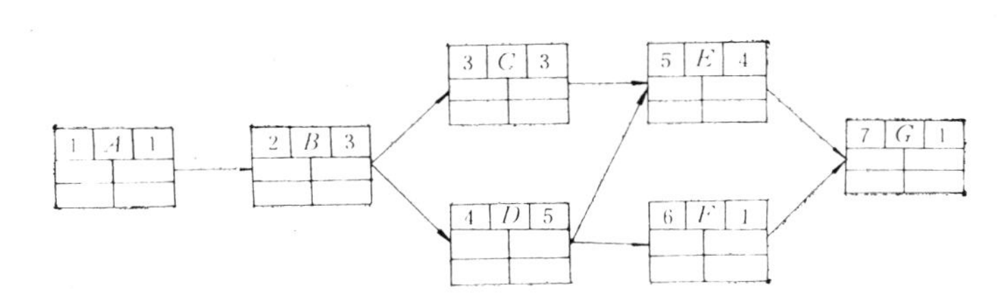

图 3-52　工作结点网络图

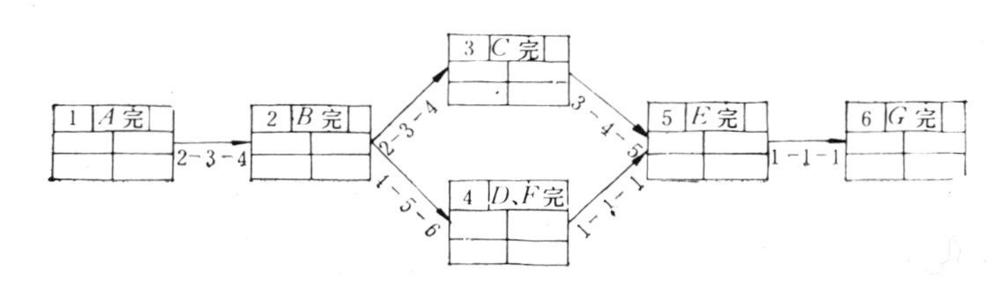

图 3-53　事件结点网络图

根据计划进度控制的需要，列出计划总目标和各中间阶段子目标作为事件，并确定它们的先后顺序和相互关系，如表3-11中的1到3列，表示一个高炉检修的事件关系。

（二）估计事件之间的持续时间并计算其平均值和方差

事 件 一 览 表　　　　表 3-11

事件名称	事件代号	后面事件	时间估计			预定时间	时间分布	
			a	m	b		$\overline{D}$	σ^2
高炉停火　（A）	1	B	15	20	30	0	21	6.25
		C	30	35	40		35	2.77
高炉拆除完毕（B）	2	C	25	30	37	30	30	4.00
		D	42	50	60		50	9.00
（C）	3	D	20	30	40	70	30	11.11
		E	28	40	43		38	6.25
（D）	4	E	12	15	18	90	15	1.00
		F	16	20	25		20	2.77
（E）	5	F	5	10	24	100	12	10.0
（F）	6	—	—	—	—	110		

从一个事件i（前面事件）到另一个与它有关联的事件j（后面事件）之间的持续时间的分布是随机的，而三点估计则是这一随机分布中有代表性的三个数值，最乐观估计时间a和最悲观估计时间b是这一分布的两个边界，如果这种估计进行相当多的次数（不小于30次），按照概率论的中心极限定理，可以认为它是服从于正态分布，实际实现的持续时间落在两边界值之间，如图3-54所示。

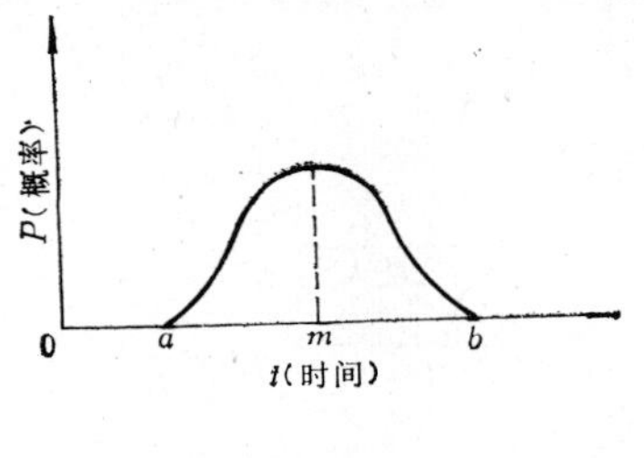

图 3-54

本例各事件之间持续时间的三点估计如表3-11。根据我国著名数学家华罗庚教授的论述，在这种分布中可假定最可能的估计时间m分别以两倍于最乐观估计时间a和最悲观估计时间b的可能性出现，因此，持续时间出现在a和m之间的加权平均值为：

$$\frac{a+2m}{3}$$

同理，持续时间出现在m和b之间的加权平均值为

$$\frac{2m+b}{3}$$

由于实现的持续时间服从正态分布，因此，$\frac{a+2m}{3}$和$\frac{2m+b}{3}$各有$\frac{1}{2}$的可能性，由此可知，三点估计持续时间的期望值（加权平均值）可用下式表示：

$$\overline{D}=\frac{1}{2}\left[\frac{a+2m}{3}+\frac{2m+b}{3}\right]$$

$$=\frac{a+4m+b}{6}$$

根据此式可算出表3-11中的时间分布期望值$\overline{D}$。

由于持续时间期望值是按三点估计来计算的，因此它要受到估计偏差的影响，估计偏差愈大，持续时间的分布愈离散，肯定性愈小；反之，估计偏差愈小，持续时间的分布愈集中，肯定性愈大。如图3-55所示。

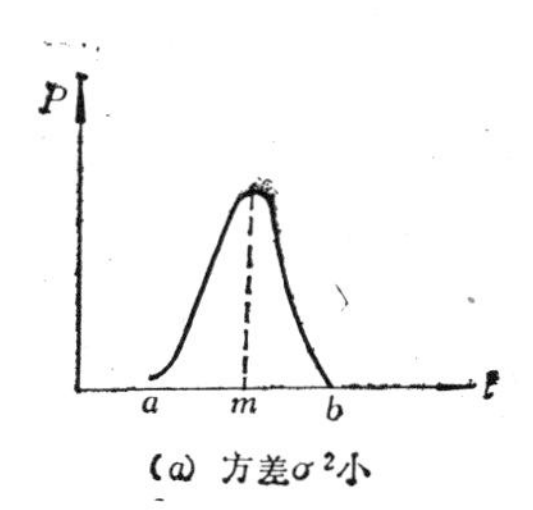

(a) 方差σ^2小

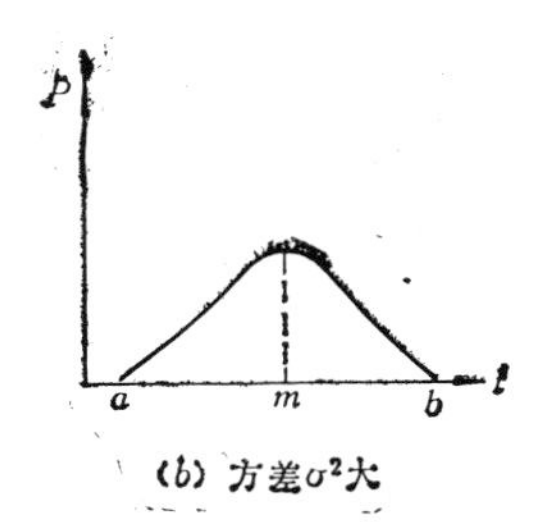

(b) 方差σ^2大

图 3-55

方差是衡量估计偏差的特征数，可用下式表示

$$\sigma^2=\left(\frac{b-a}{6}\right)^2$$

由此可算出表3-11中分布时间的方差。

（三）事件的预定实现时间t_i^s

事件预定实现时间是根据计划的各个子目标确定的时间，是指令性的计划时间。当没有指令性的子目标时间时，一般采用事件的最迟必须开始时间t_i^L作为预定实现时间。

（四）绘制事件节点网络图

根据表3-11资料，可以画出如图3-56所示的事件节点网络图。

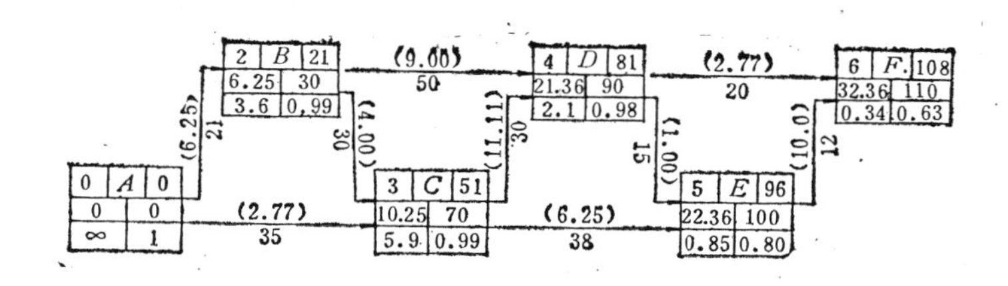

图 3-56 （图例见图3-50(*b*)）

四、事件节点网络图的计算

（一）计算事件的最早可能开始时间及方差

$$\begin{cases} t_1^E=0 \\ v_1^2=0 \end{cases}$$

$$\begin{cases} t_j^E=\max\limits_{(i,j)\in P}[(t_i^E+\overline{D}_{i-j})\,|1\leqslant i<j\leqslant n] \\ v_j^2=v_i^2+\sigma_{i-j}^2 \end{cases}$$（沿着到达节点的最长线路取方差大的值）

概　率　表　　　　　　表 3-12

λ	0.00	0.01	0.02	0.03	0.04	0.05	0.06	0.07	0.08	0.09
0.0	0.5000	0.5040	0.5080	0.5120	0.5160	0.5199	0.5239	0.5279	0.5319	0.5359
0.1	0.5398	0.5438	0.5478	0.5517	0.5557	0.5596	0.5636	0.5675	0.5714	0.5753
0.2	0.5793	0.5832	0.5871	0.5910	0.5948	0.5987	0.6026	0.6064	0.6103	0.6141
0.3	0.6179	0.6217	0.6255	0.6293	0.6331	0.6368	0.6406	0.6443	0.6480	0.6517
0.4	0.6554	0.6591	0.6628	0.6664	0.6700	0.6736	0.6772	0.6808	0.6844	0.6879
0.5	0.6915	0.6950	0.6985	0.7019	0.7054	0.7088	0.7123	0.7157	0.7190	0.7224
0.6	0.7257	0.7291	0.7324	0.7357	0.7389	0.7422	0.7454	0.7485	0.7517	0.7549
0.7	0.7580	0.7611	0.7642	0.7673	0.7703	0.7734	0.7764	0.7793	0.7823	0.7852
0.8	0.7881	0.7910	0.7939	0.7967	0.7995	0.8023	0.8051	0.8078	0.8106	0.8133
0.9	0.8159	0.8186	0.8186	0.8238	0.8264	0.8289	0.8315	0.8340	0.8365	0.8389
1.0	0.8413	0.8438	0.8461	0.8485	0.8508	0.8531	0.8554	0.8577	0.8599	0.8621
1.1	0.8643	0.8665	0.8686	0.8708	0.8729	0.8749	0.8776	0.8790	0.8810	0.8830
1.2	0.8849	0.8869	0.8888	0.8906	0.8925	0.8943	0.8962	0.8980	0.8997	0.9015
1.3	0.9032	0.9049	0.9066	0.9082	0.9099	0.9115	0.9131	0.9147	0.9162	0.9177
1.4	0.9192	0.9207	0.9222	0.9236	0.9251	0.9265	0.9279	0.9292	0.9306	0.9319
1.5	0.9332	0.9345	0.9357	0.9370	0.9382	0.9394	0.9406	0.9418	0.9429	0.9441
1.6	0.9452	0.9463	0.9474	0.9484	0.9495	0.9505	0.9515	0.9525	0.9535	0.9545
1.7	0.9554	0.9564	0.9573	0.9582	0.9591	0.9599	0.9608	0.9616	0.9625	0.9633
1.8	0.9641	0.9649	0.9656	0.9664	0.9671	0.9678	0.9686	0.9633	0.9699	0.9706
1.9	0.9713	0.9719	0.9726	0.9732	0.9738	0.9744	0.9750	0.9756	0.9761	0.9767
2.0	0.9772	0.9778	0.9783	0.9788	0.9793	0.9798	0.9803	0.9808	0.9812	0.9817
2.1	0.9821	0.9826	0.9830	0.9834	0.9838	0.9842	0.9846	0.9850	0.9854	0.9857
2.2	0.9861	0.9864	0.9868	0.9871	0.9875	0.9878	0.9881	0.9884	0.9887	0.9890
2.3	0.9893	0.9896	0.9898	0.9901	0.9904	0.9906	0.9909	0.9911	0.9913	0.9916
2.4	0.9918	0.9920	0.9922	0.9925	0.9927	0.9929	0.9931	0.9932	0.9934	0.9936
2.5	0.9938	0.9940	0.9941	0.9943	0.9945	0.9946	0.9948	0.9949	0.9951	0.9952
2.6	0.9955	0.9956	0.9957	0.9959	0.9960	0.9961	0.9962	0.9963	0.9963	0.9964
2.7	0.9965	0.9966	0.9967	0.9968	0.9969	0.9970	0.9971	0.9972	0.9973	0.9974
2.8	0.9974	0.9975	0.9976	0.9977	0.9977	0.9978	0.9979	0.9979	0.9980	0.9981
2.9	0.9981	0.9982	0.9982	0.9983	0.9984	0.9984	0.9985	0.9985	0.9986	0.9986
3.0	0.9987	0.9987	0.9987	0.9988	0.9988	0.9989	0.9989	0.9989	0.9990	0.9990
3.1	0.9990	0.9991	0.9991	0.9991	0.9992	0.9992	0.9992	0.9992	0.9993	0.9993
3.2	0.9993	0.9993	0.9994	0.9994	0.9994	0.9994	0.9994	0.9995	0.9995	0.9995
3.3	0.9995	0.9995	0.9995	0.9996	0.9996	0.9996	0.9996	0.9996	0.9996	0.9997
3.4	0.9997	0.9997	0.9997	0.9997	0.9997	0.9997	0.9997	0.9997	0.9997	0.9998

图3-56的计算如下；

事件名称	最早开始时间	方差值
A	0	0
B	$0+21=21$ ⟶	$0+6.25=6.25$
	$21+30=51$ ⟶	$6.25+4.0=10.25$
C	$0+35=35$	
D	$21+50=71$	
	$51+30=81$ ⟶	$10.25+11.11=21.36$
E	$81+15=96$ ⟶	$21.36+1.0=22.36$
	$51+38=89$	
F	$81+20=101$	
	$96+12=108$ ⟶	$22.36+10.0=32.36$

（二）计算事件预定时间的实现概率

各事件预定时间t_i^s（或t_i^L）的实现概率，可以根据下式先计算出λ_j，然后查正态分布表（见表3-12）求得。

$$\lambda_j=\frac{t_S-t_j^E}{\sqrt{v_j^2}}$$

式中 $\sqrt{v^2}$ ——事件最早可能开始时间t_j^E的标准差。

图3-56中各事件的λ值的计算与实现概率$P(t_i^s)$如下：

事件名称	λ_j	$P(t_i^s)$
A	$\frac{0-0}{\sqrt{0}}=\infty$	1
B	$\frac{30-21}{\sqrt{6.25}}=3.6$	0.99
C	$\frac{70-51}{\sqrt{10.25}}=5.9$	0.99
D	$\frac{90-81}{\sqrt{21.36}}=2.1$	0.98
E	$\frac{100-96}{\sqrt{22.38}}=0.85$	0.80
F	$\frac{110-108}{\sqrt{32.36}}=0.34$	0.63

第六节 网络计划的优化

所谓优化，就是通过利用时差，不断改善网络计划的最初方案，在满足既定的条件下，按某一衡量指标来寻求最优方案。

例如：当人力、材料、设备和资金等资源有限的条件下，寻求工期最短；在工期规定的条件下，寻求投入的人力、材料、设备和资金等资源的数量最小；在最短期限完成计划的条件下，寻求成本最低等。

衡量一项计划方案的优劣，应该综合评价它的技术经济指标，包括工期、成本、资源消耗等。但是目前还没有一个能全面反映这些指标的综合数学模型用以作为评价最优计划方案的依据。为此，只好根据不同的既定条件，按照某一希望实现的指标，来衡量是否属于最优的计划方案。

随着优化目标的不同，有着各种各样的优化理论和方法，但它们都是以最初计划方案为基础，通过不断调整网络计划的时间参数而实现的。本节介绍网络计划的工期-成本优化方法。有关网络计划的资源优化问题，将在第四章叙述。

一、基本概念

如前所述，网络计划关键线路的持续时间就是工程的计划工期。当初始网络计划的工期大于规定工期时，就必须采取必要的措施，加快工程进度，缩短工期，随之将引起施工成本的变化。

大家知道，工程成本包括直接费用及间接费用两个部分。它们与工期之间的关系，如图3-57所示。相对于正常工期而言，缩短工期（即加快工程进度）会引起直接费用增加和间接费用减少。反之，相对于加快的最短工期而言，延长工期（即放慢工程进度）会引起直接费用减少和间接费用增加。

我们研究工期-成本优化问题的目的不外乎：①求出与工程成本最低相对应的最优工期（即图中B'点）；②求出在规定工期的条件下工程的最低成本。当采用网络形式表示工程计划时，工期的长短取决于关键线路的持续时间。在一个网络计划中，关键线路往往由许多持续时间和费用各不相同的工作所构成。因此，为了达到上述目的，我们应该研究分析为实现工程计划而进行的各项工作(施工过程)的持续时间和直接费用之间的关系。

根据各项工作的性质不同，其持续时间与费用之间的关系，通常有两种情况：

1.有些工作的直接费用随着工作持续时间的改变而改变如图3-58的曲线所示。为了简化计算，可近似地取直线。介于正常持续时间与最短持续时间之间的任意持续时间的费用可用数学方法推算而得的，叫做连续型。

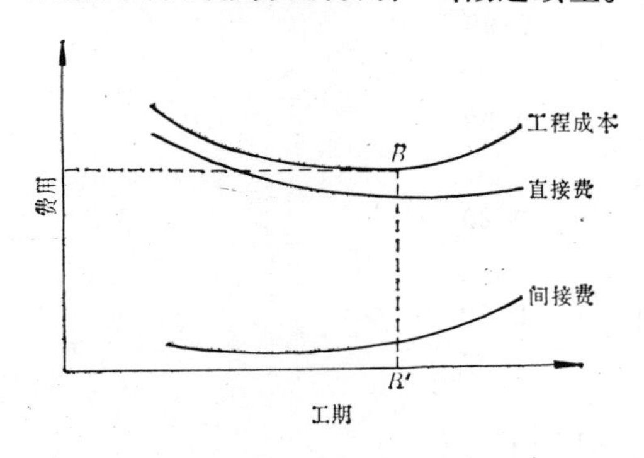

图 3-57　工期费用曲线

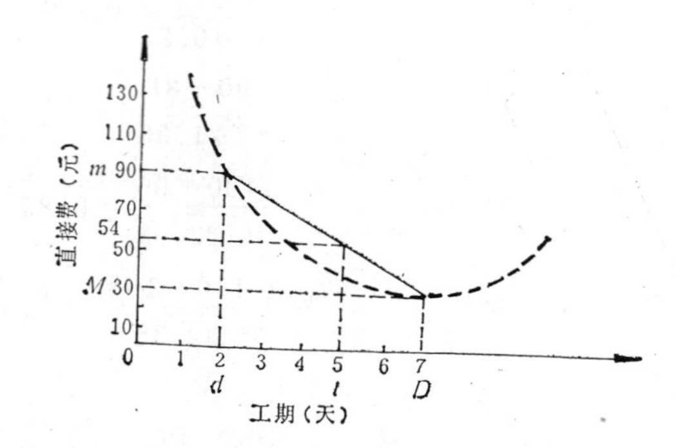

图 3-58　直接费用与工期的连续型关系曲线

例如图3-58中，当根据工程量和有关定额、工作面大小，合理劳动组织等条件确定的正常持续时间为$D=7$天时，相应费用为$M=30$元。倘若增加机械台数、劳动人数及工作班数等措施后可能采用的最短持续时间为$d=2$天，相应费用为$m=90$元，则单位时间费用变化率c为：

$$c = \frac{90-30}{7-2} = 12 \quad （元/天）$$

一般说对于连续型时间-费用关系的任意工作$i-j$有

$$c_{i-j} = \frac{m_{i-j} - M_{i-j}}{D_{i-j} - d_{i-j}}$$

当工作$i-j$采用介于正常持续时间D_{i-j}和加快持续时间d_{i-j}之间的任意持续时间t_{i-j}时，相应的直接费用为：

$$S(t)_{i-j} = -c_{i-j} \times t_{i-j} + K_{i-j}$$

式中 $K_{i-j} = \dfrac{m_{i-j} \times D_{i-j} - M_{i-j} \times d_{i-j}}{D_{i-j} - d_{i-j}}$

如图3-58中，当 $t = 5$ 时，相应的费用为：

$$S(5) = -12 \times 5 + \frac{90 \times 7 - 30 \times 2}{7-2}$$

$$= 54 \quad （元）$$

2.有些工作持续时间与直接费用之间的关系是根据不同施工方案分别估计的，介于正常和最短持续时间之间的任意持续时间不能用线性关系直接推算。这种持续时间与费用的关系，大多属于机械施工方案，称作离散型。如图3-59所示。图中A、B、C三点分别为三种施工方案的时间与费用对应关系，即工作持续时间分别为9天、7天及6天时的直接费用为1250元、1400元和1600元。当规定延续时间为8天时；其费用应由工程人员按8天重新估算，不能进行数学推算。

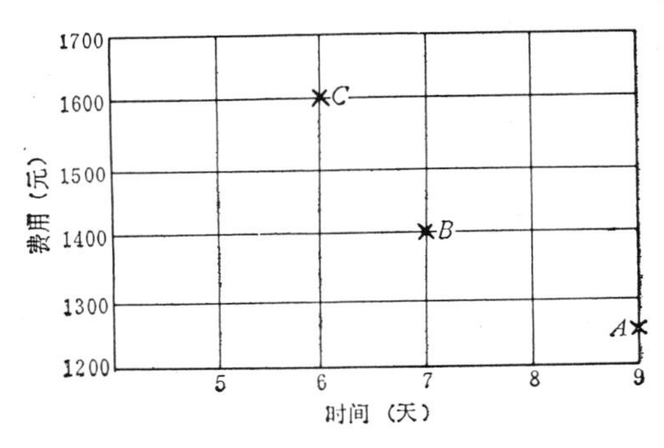

图 3-59 离散型的持续时间与费用的关系

二、优化方法

工期-成本优化的基本思想，首先在于不断地从这些工作的持续时间和费用的关系中，找出能使计划工期缩短而又能使得直接费用增加额最少的工作，缩短其持续时间，然后考虑间接费用随着工期缩短而减小的影响，把不同工期的直接费用和间接费用分别迭加，即可求出工程成本最低时相应的最优工期和工期指定时相应的最低工程成本。

这种优化方法，通常也称为“最低费用加快法”。优化的过程，始终是在网络计划的关键线路上选择费用率最低的工作，缩短其持续时间，从而达到缩短工期的目的。

1.当关键线路只有一条时，那么就将这条线路上费用率（c_{i-j}）最小的工作的持续时间缩短Δt，此时，应满足$\Delta t \leqslant t_{i-j} - d_{i-j}$且保持被缩短的工作$i-j$仍为关键工作（$t_{i-j}$为优化过程中工作$i-j$的当前持续时间，$d_{i-j} < t_{i-j} \leqslant D_{i-j}$）

图3-60中，工作4-5的费用率为最小，应首先缩短它的持续时间。

2.如果关键线路有两条以上时，那么每条线路都需要缩短相同的时间Δt，才能使计划工期也相应缩短Δt。为此必须找出能缩短各条线路持续时间的、费用率总和（Σc_{i-j}）为最小的工作组合，我们把这种工作组合称为“最小切割”。

如图3-61中两条关键线路有以下九种工作组合（见表3-13）都可以达到缩短工期的目的，但其中第 7 工作组合的费率总和为最小。

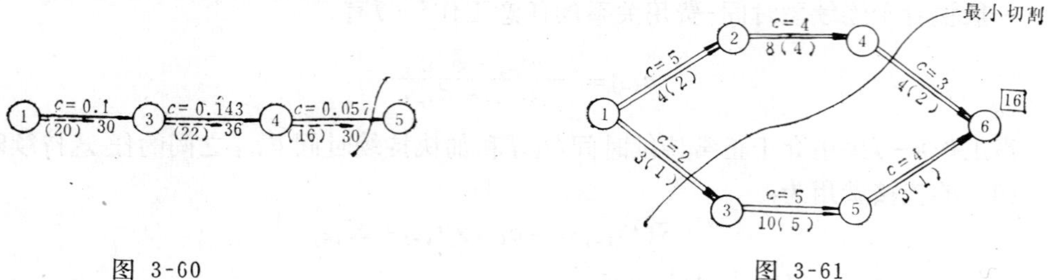

图 3-60　　图 3-61

图中Δt取工作1-3和4-6可能缩短持续时间的最小值，且保证缩短后工作1-3与4-6仍为关键工作，即

$$\Delta t \leqslant \min[t_{i-j} - d_{i-j}] \mid (i,j) \text{ 属于最小切割}$$
$$\leqslant \min[(4-2),(3-1)]$$
$$\leqslant 2$$

3.通过多次循环，逐步缩短工期，直至计划工期满足规定的要求，计算出相应的直接费总和及其各工作的时间参数。

假设任意一循环为第K次循环，它的以前一循环（第$K-1$次）为基础的计算过程如框图3-62所示。

工作组合与费率　　表 3-13

序号	工作组合 i-j	费率总合
1	1-2 1-3	5+3=8
2	1-2 3-5	5+5=10
3	1-2 5-6	5+4=9
4	2-4 1-3	4+2=6
5	2-4 3-5	4+5=9
6	2-4 5-6	4+4=8
7	4-6 1-3	3+2=5
8	4-6 3-5	3+5=8
9	4-6 5-6	3+4=7

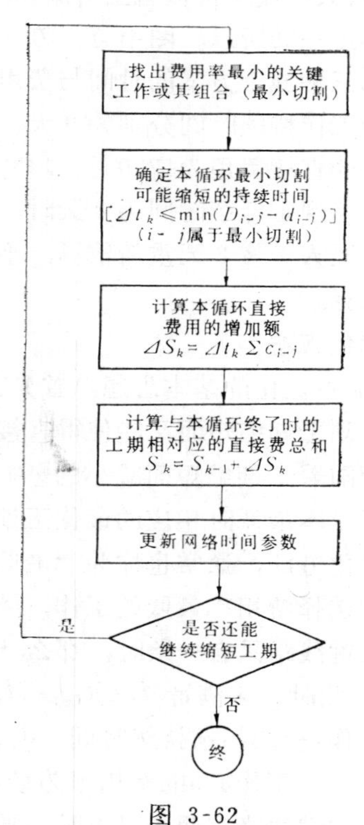

图 3-62

计算示例

表3-14为某网络计划中各工作时间与费用的初始数据，从中可以看出各工作的正常持

续时间D，加快的持续时间d，以及它们相应的直接费用为M和m，经计算得到的费用率c也列于表中。

时间与费用　　表 3-14

i	j	D	d	M	m	c
0	1	5	3	80	100	10
0	2	9	7	160	176	8
1	2	5	4	90	96	6
1	3	4	2	50	68	9
2	4	7	4	100	121	7
3	4	5	2	120	156	12
				600	717	

第零循环：计算各工作以正常持续时间施工时的计划工期T_0与直接费用总和S_0如图3-63所示

$$T_0 = 17（周）$$
$$S_0 = \Sigma M_{i-j} = 600（千元）$$

第1循环：以零循环终的网络图为依据，从中找出费率最小的关键工作为1-2，可知：

$$c_{1-2} = 6（千元/周）$$
$$\Delta t_1 = 5 - 4 = 1（周）$$
$$\Delta S_1 = \Delta t_1 \times c_{1-2} = 1 \times 6 = 6（千元）$$
$$S_1 = S_0 + \Delta S_1 = 600 + 6$$
$$= 606（千元）$$

将图3-63更新为图3-64，工期缩短至16周。

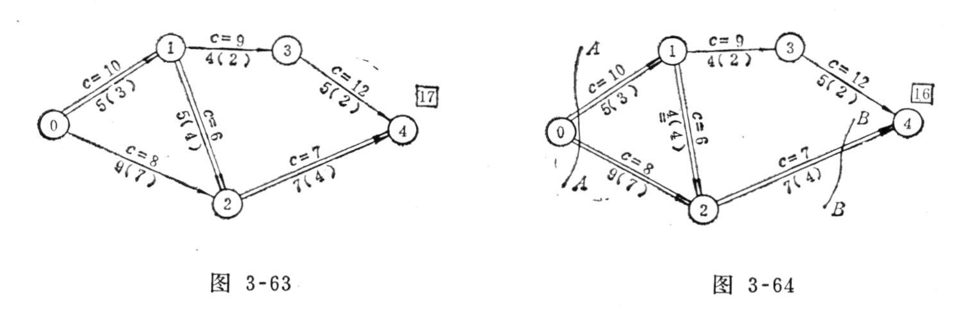

图 3-63　　图 3-64

第2循环：以第1循环终的网络图3-64为依据，从中可知关键线路有两条，能缩短工期的方案有二种（切割）：

切割AA：工作0-1和0-2　　$\Sigma c = 10 + 8 = 18$（千元/周）

切割BB：工作2-4　　$c_{2-4} = 7$（千元/周）

显然应该缩短工作2-4的持续时间。从表3-14可知，$D_{2-4} - d_{2-4} = 3$周。但工作2-4只能缩短2周，否则关键线路就转化为⓪⟶①⟶③⟶④上。因此取

$$\Delta t_2 = 2$$

$$\Delta S_2 = \Delta t_2 \times c_{2-4} = 2 \times 7 = 14\text{（千元）}$$

$$S_2 = S_1 + \Delta S_2 = 606 + 14$$

$$= 620\text{（千元）}$$

调整时间参数，将图3-64更新为图3-65，工期为14周。

第三循环：以第二循环终的网络图3-65为依据，从中可以看出关键线路已有三条，能缩短工期的方案也有三种（切割），即：

切割AA：工作0-1和0-2，$\Sigma c = 10 + 8 = 18$（千元/周）

切割BB：工作1-3和2-4，$\Sigma c = 9 + 7 = 16$ （千元/周）

切割CC：工作2-4和3-4，$\Sigma c = 7 + 12 = 19$（千元/周）

因此，应该选择BB方案缩短工期。从表3-14看出，其中工作2-4尚可缩短一周，而工作1-3可缩短2周，所以取

$$\Delta t_3 = \min[(D_{1-3} - d_{1-3}), (D_{2-4} - d_{2-4})]$$

$$= \min[(4-2), (5-4)] = 1\text{（周）}$$

则

$$\Delta S_3 = \Delta t_3 \times \Sigma c = 1 \times 16\text{（千元）}$$

$$S_3 = S_2 + \Delta S_3 = 620 + 16$$

$$= 636\text{（千元）}$$

经过网络图的更新得图3-66。

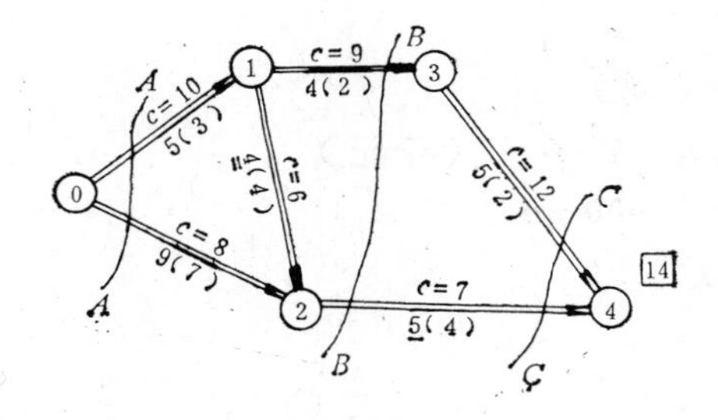

图 3-65

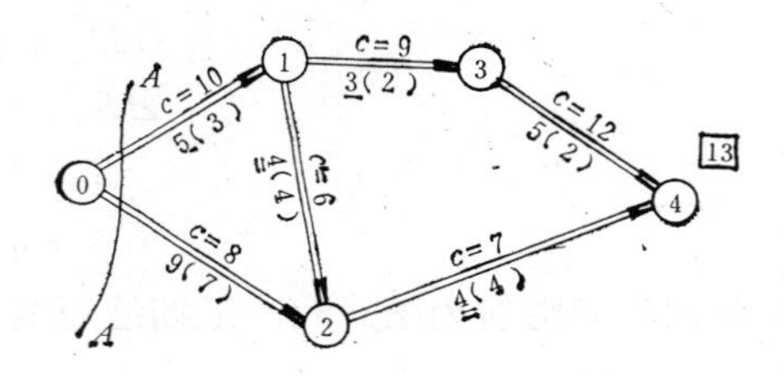

图 3-66

第四循环：以图3-66为依据可知，现在虽有三条关键线路，但能缩短工期的方案只有一种（切割），即工作0-1和0-2组成的切割 AA，其费用率总和为 $\Sigma c = 18$（千元/周）。由于工作 1-2 和 2-4 已缩短到极限，故不能再和其他线路上的工作组合成最小切割。因此，本循环取

$$\Delta t_4 = \min[(D_{0-1} - d_{0-1}), (D_{0-2} - d_{0-2})]$$

$$= \min[(5-3), (9-7)] = 2\text{（周）}$$

$$\Delta S_4 = \Delta t_4 \times \Sigma c = 2 \times 18$$

$$= 36\text{（千元）}$$

$$S_4 = S_3 + \Delta S_4 = 636 + 36$$

$$= 672\text{（千元）}$$

调整图3-66网络计划的时间参数，得图3-67，此时已不能再继续缩短工期，到此解毕。

最后我们可以计算一下，不经过工期-成本优化，各工作均采用加快持续时间d_{i-j}时，网络计划的总工期T_s和相应的直接费总和S_s，见图3-68。

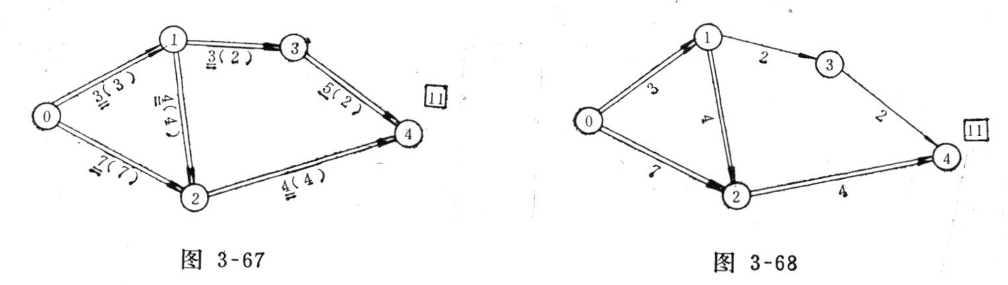

图 3-67　　　　图 3-68

图中有二条关键线路，计划总工期亦为

$$T_s = 11\text{（周）}$$

$$S_s = \Sigma m_{i-j} = 717\text{（千元）}$$

由此可知，经过优化后，

工期缩短　$\Delta T = 17 - 11 = 6$周

费用增加　$\Delta S = 672 - 600 = 72$（千元）

与不经过优化而盲目加快进度的图3-68相比，节省费用总额717－672＝45千元，约占总费用的7.5％。

将上述计算结果汇总于表3-15中，并假定每周平均管理费（间接费）为10千元，则可绘制出该网络计划的工期-成本曲线如图3-69所示。

表 3-15

工　　期	直　接　费	间　接　费（管　理　费）	成　　本
17	600	70	670
16	606	60	666
15		50	
14	620	40	660*
13	636	30	666
12		20	
11	672	10	682

由此可知，最优工期为14周，总成本计660千元。单位工程施工进度计划最优工期的求解，宜借助电子计算机实现。在手工计算时，为了使计算过程简化，通常可以采取“破圈法”（或称“临界定理”）剔除某些在实际计算过程不起作用的非关键工作。

所谓“破圈法”，就是指从网络图的某个结点ⓘ到结点ⓛ（$i < l$）有两条线路L_a和L_b形成一个圈；当L_b是一条独立的线路(即线路中间任一结点都没有分枝线路）并且满足：

$$\sum_{(i,j)\in L_a} d_{i-j} \geq \sum_{(i,j)\in L_b} D_{i-j}$$

时，那么可以将L_b线路上的所有工作剔除，不参加优化过程的运算，只是这部分工作的直接费总和应记入初期方案的总费用中。

例如图3-70中箭杆上的数字表示工作的费用率c_{i-j}，箭杆下的数字，分子表示正常持续时间D_{i-j}，分母表示加快后的最短持续时间d_{i-j}。

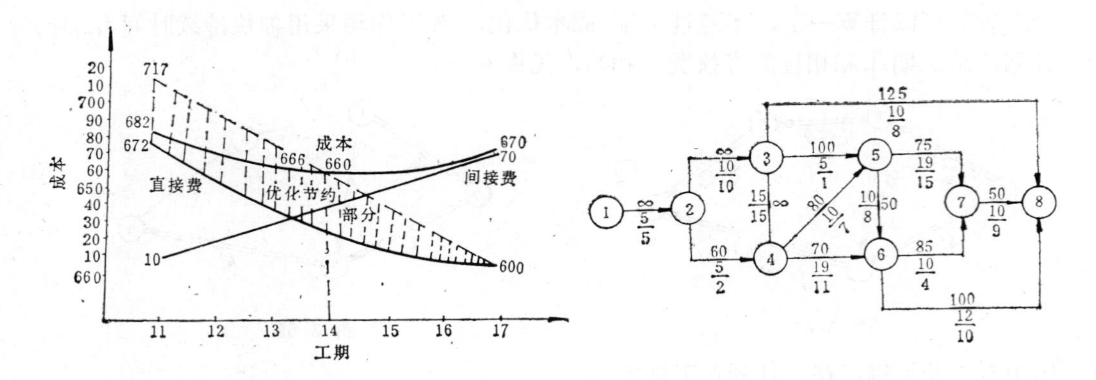

图 3-69　　　　图 3-70

从图3-70可见：

圈1：②到④

$$L_a=\{(2,3),\ (3,4)\};\ \sum_{(i,\ j)\in L_b} d_{i-j}=10+15=25$$

$$L_b=\{(2,4)\};\ \sum_{(i,\ j)\in L_b} D_{i-j}=5$$

由于$\sum\limits_{(i,\ j)\in L_a} d_{i-j}=25>\sum\limits_{(i,\ j)\in L_b} D_{i-j}=5$

所以工作2-4可以剔除。

圈 2：③到⑤

$$L_a=\{(3,4),\ (4,5)\};\ \sum_{(i,\ j)\in L_a} d_{i-j}=15+7=22$$

$$L_b=\{(3,5)\};\ \sum_{(i,\ j)\in L_b} D_{i-j}=5$$

因为22＞5，故工作3-5可剔除。

圈3：③到⑧（剔除工作3-5之后）

$$L_a=\{(3,4),\ (4,5),\ (5,7),\ (7,8)\};\ \sum_{(i,\ j)\in L_a} d_{i-j}=15+7+15+9=46$$

$$L_b=\{(3,8)\};\sum_{(i,\ j)\in L_b} D_{i-j}=10$$

因为46＞10，故工作3-8可剔除。

圈4：⑥到⑧

$$L_a=\{(6,7),\ (7,8)\};\ \sum_{(i,\ j)\in L_a} d_{i-j}=4+9=13$$

$$L_b=\{(6,8);\ \sum_{(i,\ j)\in L_b} D_{i-j}=12$$

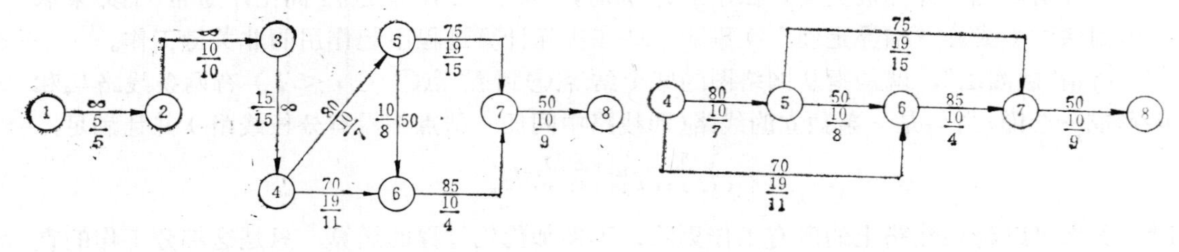

图 3-71　　　　图 3-72

由于13＞12，故工作6-8可剔除。

经上述破圈，剔除优化过程中不能转化为关键线路的非关键工作，可得图3-71。

若进一步分析图3-71，可以看出工作1-2、2-3、3-4的正常持续时间和加快的最短时间相等，即$d_{i-j}=D_{i-j}$。因此，这些工作的持续时间不能缩短，如果再将这些工作剔除，经整理后可得网络图3-72。对于优化过程的计算，图3-72和图3-70是等效的，但计算工作可以大大简化。

第七节 电子计算机的应用

网络计划的时间参数计算、计划方案的优化过程、实施期间的进度管理等，需要进行大量的重复计算。在网络图比较复杂的情况下，用手工计算不但费时，而且容易算错，因此，必须借助电子计算机。由于网络计划具有工作逻辑表达严谨的优点，电子计算机又具有速度快，计算准确，记忆能力强，能储存大量信息等功能，两者的结合是实现计划管理科学化，现代化的重要手段。

几年来，我国许多高等院校，科研和生产部门，在电子计算机应用于管理的实践中，已经开发和研制了各种机型的网络计划程序，特别是近年来微机技术的应用和发展，具有中文系统的终端显示装置和输出装置，为网络计划技术在建筑施工中的应用，创造了非常方便有利的条件。

一、网络计划电算的主要功能

1.网络计划逻辑检查和结点编号的变换处理。

无论采用哪一种表达形式的网络计划，都必需遵守一定的逻辑规则。使用电子计算机，可以按照预先设计的逻辑检查功能，发现网络计划中是否出现循环回路的错误，并准确地报告错误发生的位置，提供用户修改的信息。

此外，不论双代号网络图或单代号网络图，根据其数学模型，计算机的运算要求，结点编号应满足$i<j$的条件，但在实际应用中，希望结点的编号可以任意选择，以便结点的编号与工作的自身编码相一致，或者在网络图中保留一定的空号，以便今后补充新的工作等等。因此，计算机也可以按照预先设计的程序，执行对任意编号的网络图进行有规则的变换处理，并记忆变换过程中新旧号码的对应关系，在输出计算结果时，根据用户的要求选择新号或旧号。

2.工作时间参数的计算和计划总工期的确定

如前所述，工作的时间参数包括最早可能开始时间、最早可能结束时间、最迟必须开始时间和最迟必须结束时间，以及总时差、局部时差等。通过计算可以确定计划的总工期和关键线路。如果总工期预先已经给出指令值，计算过程可以对关键工作进行适当调整，以满足规定工期的要求。

对于非肯定型的事件结点网络图(PERT)，计算过程一般还可以根据实现概率，确定各结点的合理指令时间。

3.日历时间的确定和横线图进度计划的输出

在实际施工中，一般习惯于使用日历时间表达各工作的进度计划。而网络图上计算的时间参数是以开工时间为零相对确定的，使用电子计算机，可以按照开工日期，把各工作的时间参数，转换成日历天数，其中自动扣除了星期天和例假的休息时间。在日历转换的基础上，再把网络计划中各工作的进度安排，用横线图的形式打印输出，保持了横线图直观、易懂的特点。目前有的计算机配置了绘图仪器装置，开发了专门软件，可以直接绘出网络图，为网络计划的推广应用创造了非常便利的条件。

4.计算结果排列顺序的变更

根据计算结果的使用目的，如能改变报告书的排列顺序，往往是非常便利的。使用计算机，一般可按照以下几种顺序要求排列：

（1）按结点编号的顺序排列；

（2）按工作总时差的大小排列；

（3）按工作的最早可能开始时间排列；

（4）按工作的最迟必须开始时间排列；

（5）按专业或工种的分类排列；

（6）按不同管理平面、层次分级排列。

5.对多开始点多结束点网络计划的处理

根据网络图的绘图规则，一般要求一张网络图只能有一个开始点和一个结束点；在单代号搭接网络计划中，我们同样要求，与开始点或结束点没有直接或间接联系的工作，都要补上一定的联系之后，才能使用规定的计算公式。但是使用电子计算机运算时，对那些多开始点和多结束点的网络计划，也可在程序中预先设计出自动处理的功能。

6.网络计划的优化和执行过程中的修改与调整网络计划资源优化、工期-成本优化、以及在实施过程中进行进度的跟踪与控制等，都可以充分发挥电子计算机的作用。

在计算和优化过程中还可以打印出每天资源需要量动态曲线和进行有关技术经济指标的计算，为计划人员提供比较、分析的依据。

二、网络计划电算示例

下面介绍应用标记法设计工期-成本优化（缩短工期费用增加最少）程序的原理。

（一）标记法原理

从前面所讨论的工期-成本优化方法中知道，缩短计划工期的每一循环，应该选择费用变化率最小的某项关键工作或几项关键工作的组合即最小切割来实现。当网络图较复杂的时候，这将是一件十分麻烦的事情。而标记法则是求解最小切割的一种精确方法。

这一方法的基本思想是：把整个网络图看成是由截面不同的导管（即工作箭杆）联结而成的密封通路，从网络始点到终点的每一条线路就是这个密封通路的支路。假设有一股∞水流自网络的始端问终端流动，那么这股水流将在各条支路间进行分配，当每一支路的流量达到允许的最大值时，∞流量就将受到限制，显然这个限制的位置就是导管截面组合最小的地方，这就是最大流量最小切割定理，如果把各工作（箭杆）的费用率e_{i-j}当作每根导管的最大允许流量，那么就可以利用这个定理求解计划网络的最小切割问题。每一循环最小切割的确定是通过流量的标记过程和增广过程的反复交替来实现的。

1.标记过程

我们设想∞流量进入密封通路后，在各支路间的分配是按逐条线路逐步增大的方式进行的，即当某一条线路的流量逐步增大到这条线路的最大允许值以后，再按同样方式分配另一条线路的流量。由于网络中的线路是互相贯通的，因此，线路必须随流量的运动趋势来标定，我们采用流量进入节点的信息来标定线路。

（1）标记符号

$[i, \pm, \varepsilon(j), | L, S]$

其中

i 部——记录节点 j 流量的来源；

$\pm$ 部——记录流量的方向，顺箭杆流入节点j者为正，逆箭杆流入 j 者为负；

$\varepsilon(j)$部——流入节点 j 的流量值；

L部——流量已记入节点 j 的标记；

S部——表示以节点 j 为中心，对它前后各节点流量进行标记的过程已经结束，称为"扫描"或"细查"。

在图上标记时，L,S部可以省略；应用电子计算机计算时，L,S部可作为机器的判别信息。

（2）标记依据

1）流量

f_{i-j}——箭杆（i，j）中已有的实际流量，在标记开始前，全部f_{i-j}取零为初值。然后根据增广过程（下述）的流量逐步增大，一一在f_{i-j}中累计；

c_{i-j}——工作（i，j）的费用率，假设为该箭杆的最大允许流量（或容量）。

2）时差

$e(i,j,1)$——相对于各工作正常持续时间D_{i-j}的时差。在正常工期条件下相当于工作的局部时差。

$$e(i,j,1)=t_j^E-t_i^E-D_{i-j}$$

式中t_j^E、t_i^E分别为工作（i，j）的终点事件和起点事件的节点最早时间。

$e(i,j,2)$——相对于各工作最短持续时间d_{i-j}的时差。

$$e(i,j,2)=t_j^E-t_i^E-d_{i-j}$$

引进这两个时差的作用，主要是反映工作持续时间的变动情况，从而判别该工作是否允许缩短持续时间或延长持续时间。这两种时差可以反映以下四种情况：

①$e(i,j,1)>0$并且$e(i,j,2)>0$时，(i,j)为非关键工作，如图3-73（a）所示。

②$e(i,j,1)=0$并且$e(i,j,2)>0$时，工作（i，j）为允许缩短持续时间的关键工作，如图3-73（b）。

③$e(i,j,1)<0$并且$e(i,j,2)>0$时，说明工作（i，j）已经缩短了持续时间，但尚未缩至极限，此时既允许继续缩短时间，也允许延长持续时间（在正常持续时间范围内）如图3-73（c）。

④$e(i,j,1)<0$并且$e(i,j,2)=0$时，表示工作（i，j）已经缩短到最短持续时间d_{i-j}，此时只能考虑在正常持续时间范围内延长持续时间的情况，如图 3-73（d）。

（3）标记规则

从网络的始点事件开始向着终点事件，依次以各节点为中心，对其所有后续工作的结束事件和前面工作的开始事件进行流量标记。

1）网络的始点事件①无条

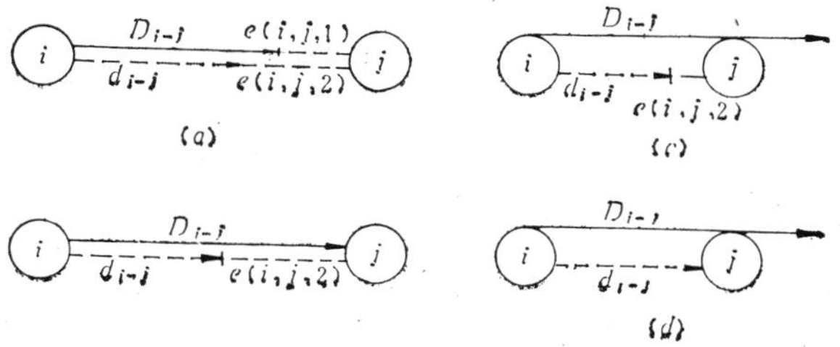

图 3-73

件地标记

$$L(1)=[\Delta,\Delta,\infty|L,\Delta]$$

表示该处有无穷流量，也不问其来源与方向。符号Δ为空白。

2）其余节点标记的条件分两种情况处理：

第一种情况　节点 i 有流量，节点 j 没有流量

a.当$e(i,j,1)=0$并且$c_{i-j}-f_{i-j}>0$时，在节点 j 上标记

$$L(j)=[i,+,\varepsilon(j)\mid 1,\Delta]$$

其中　$\varepsilon(j)=\min[E(i),\ c_{i-j}-f_{i-j}]$

b.当$e(i,j,2)=0$时，说明箭杆（i,j）已不能缩短持续时间，它的容量（即费用率）$c_{i-j}=\infty$，因此节点 i 的流量可全部到达节点 j。应在 j 上标记

$$L(j)=[i,\ +,\ \varepsilon(i)\mid L,\ \Delta]。$$

第二种情况　节点 i 没有流量，节点 j 有流量

a.当$e(i,j,1)=0$并且$f_{i-j}>0$时，允许节点 j 的流量逆箭杆（i,j）流向节点i，因此，在 i 节点上可标记

$$L(i)=[j,-,\varepsilon(i)\mid L,\Delta]$$

其中　$\varepsilon(i)=\min[\varepsilon(j),\ f_{i-j}]$。

b.当$e(i,j,2)=0$并且$c_{i-j}<f_{i-j}$时，同样允许节点 j 的流量逆箭杆（i,j）流向节点 i，标记：

$$L(i)=[j,-,\varepsilon(i)\mid L,\Delta]$$

其中　$\varepsilon(i)=\min[\varepsilon(j),f_{i-j}-c_{i-j}]$。

当一个节点作为标记中心向其后续和前面各工作扫描之后，则在该节点标记符号的S部上记录信息S，表示以该节点为中心的标记已经结束。

2.增广过程

如果标记过程能进行到网络的终点事件n，如图3-74(c)中在结点⑤标记了符号[3，+，4]。说明这一标记过程已经找出一条从网络始点到终点的线路，在这条线路上允许有一股最大流量为$\varepsilon(n)$的水流通过。因此，这时可根据标记过程 i 部的信息，从网络的终点 n 逆着标记的方向，变更这条线路上各工作的实际流量f_{i-j}这就是流量的增广过程。增广的条件是：

（1）如果$L(j)=[i,+,\varepsilon(j)\mid L,S]$则

$$f_{i-j}\longleftarrow f_{i-j}+\varepsilon(n)$$

（2）如果$L(i)=[j,-,\varepsilon(i)\mid L,S]$则

$$f_{i-j}\longleftarrow f_{i-j}-\varepsilon(n)$$

图3-74(d)表示对图3-74(c)标记结果的增广过程。

经过增广以后，再回到网络的始点进行新的标记过程。如果由电子计算机计算，各节点的符号必须恢复到初期空白状态[Δ、Δ、Δ | Δ、Δ]。图3-75表示继图3-74(d)增广后新的标记过程进行到以节点②为中心的扫描结束，标记过程已经不能再进行下去，这是因为流量已在各条线路上增广到了允许的最大值，所以最小切割可以确定。

图3-75(b)中网络上的全部节点被划分成有标记符号的节点集合I_0和无标记符号的节点集合J_0，即

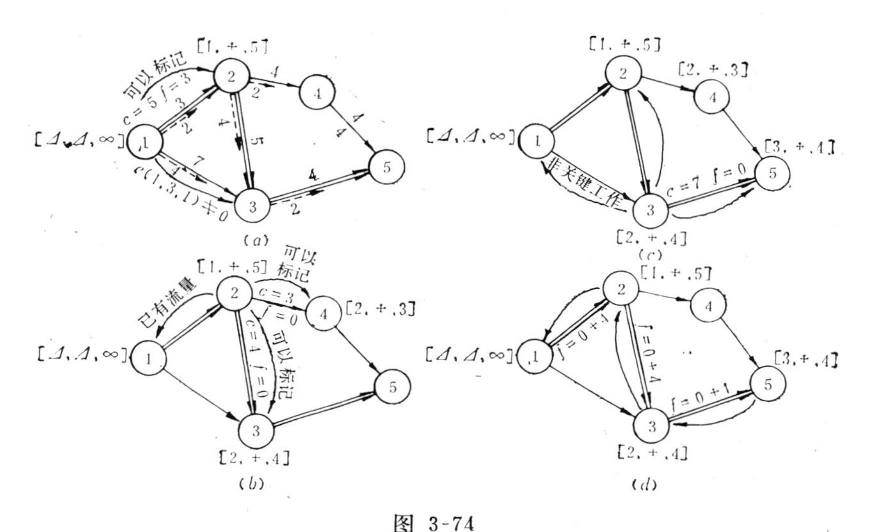

图 3-74

（a）以节点1为中心；（b）以节点2为中心；（c）以节点3为中心；（d）流量增广过程

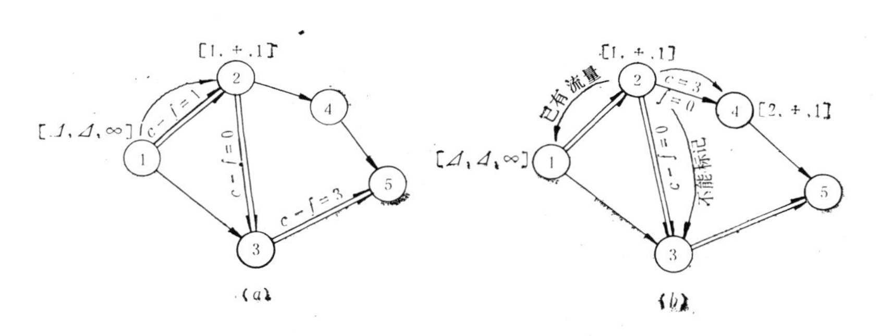

图 3-75

（a）以节点1为中心；（b）以节点2为中心

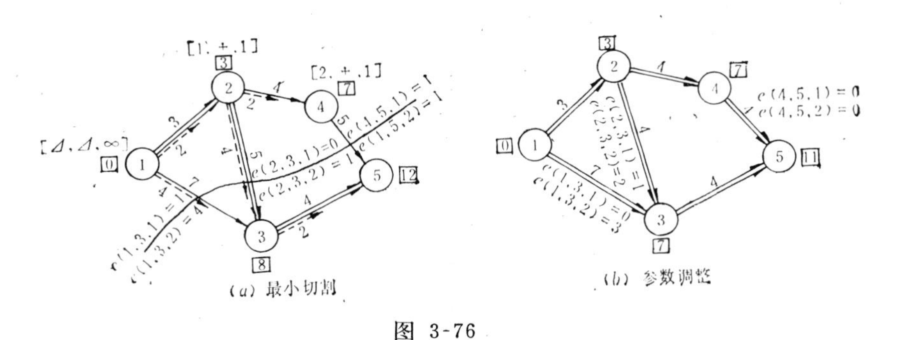

图 3-76

$$I_0=\{①、②、④\}$$
$$J_0=\{③、⑤\}$$

不难看出，跨在I_0集合和J_0集合之间的关键工作就是最小切割的工作组合，如图3-75(b)中的工作2-3。我们把跨在I_0和J_0间的非关键工作称为处在最小切割位置上的非关键工作，如图3-75(b)中的工作1-3和4-5。每一循环最小切割确定以后，就可缩短（或延伸）最小切割中工作组合的持续时间，调整网络计划的各种时间参数，从而缩短计划工期，得到新的进度安排。

3.工期可能缩短时间Δt的计算

每一循环可能缩短工期的时间Δt，应综合考虑以下的三个因素并通过计算确定。

（1）处于最小切割位置上非关键工作组合的时差$e(i,j,1)$的最小值Δt_1

我们用符号A_1表示处于最小切割位置上的非关键工作组合，那么

$$A_1=\{(i,j)|e(i,j,1)>0，i\in I_0，j\in J_0\}$$
$$\Delta t_1=\min_{A_1}\{e(i,j,1)\}$$

当$A_1=\varphi$（空集合）时，$\Delta t_1=\infty$

Δt_1反映最小切割缩短持续时间的客观可能性，反映了非关键工作对最小切割缩短持续时间的制约关系。显然最小切割所允许缩短的持续时间不能超过Δt_1的限制，否则将使非关键工作转化为关键工作。

（2）最小切割中缩短持续时间的各工作时差$e(i,j,2)$最小值Δt_2

每一循环终各工作的时差$e(i,j,2)$是反映这些工作可能缩短持续时间的参数。在最小切割中这一参数的最小值Δt_2，是决定这一最小切割本身允许缩短持续时间的最大可能性。若用符号A_2表示最小切割中考虑缩短持续时间的工作组合，则

$$A_2=\{(i,j)|e(i,j,1)\leqslant 0，e(i,j,2)>0，i\in I_0，j\in J_0\}$$
$$\Delta t_2=\min_{A_2}\{e(i,j,2)\}$$

（3）最小切割中可延伸持续时间的工作时差$e(i,j,1)$的最小绝对值Δt_3

某一循环中，最小切割所包含可延伸持续时间的工作，一定是这一循环之前曾经缩短过持续时间，即$D^*_{i-j}<D_{i-j}$（D^*_{i-j}为工作$i-j$缩短后的持续时间），因此，反映这些工作的时差$e(i,j,1)<0$。我们用符号A_3表示这些工作组合则

$$A_3=\{(i,j)|e(i,j,1)<0\quad i\in J_0\ j\in I_0\}$$
$$\Delta t_3=\min\{-e(i,j,1)\}$$

若$A_3=\varphi$（空集合），那么$\Delta t_3=\infty$。

由于最小切割中延伸持续时间的工作组合，是为了抵销某些关键线路上重复缩短持续时间的情况，因此Δt_3反映了最小切割内部缩短持续时间和延伸持续时间的平衡问题。

综合上述情况，某一循环工期可能缩短的时间应为：

$$\Delta t=\min\{\Delta t_1,\Delta t_2,\Delta t_3\}$$

4.计算费用增额

每一循环工期缩短Δt所引起的工程直接费用增额ΔS由下式确定：

$$\Delta S=\Delta t\times(\sum_{(i,j)\in A_2}c_{i-j}-\sum_{(i,j)\in A_3}c_{i-j})$$

5.网络计划时间参数的调整

（1）工作持续时间的调整

设调整后的工作持续时间为D^*_{i-j}，则：

$$D^*_{i-j}=D_{i-j}-\Delta t;\quad (i,j)\in A_2$$
$$D^*_{i-j}=D_{i-j}+\Delta t;\quad (i,j)\in A_3$$

其余工作持续时间不变。

（2）事件持续时间的调整

设调整后事件新的开始时刻为t_i^{E*}，则

①凡是属于I_0集合的节点，由于处在最小切割的前面，因此，最小切割持续时间的缩短，对这些结点的开始时刻没有影响。即：

$$t_i^{E*}=t_i^E;\quad i\in I_0$$

②凡是属于J_0集合的节点，由于处在最小切割的后面，因此，最小切割持续时间的缩短，将使这些节点的开始时刻提前Δt，即

$$t_i^{E*}=t_i^E-\Delta t;\quad i\in J_0$$

（3）工作时差的调整

设某一循环工期缩短后，各工作新的时差为$e^*(i,j,k)$其中$k=1.2$，则

$$e^*(i,j,1)=\begin{cases}e(i,j,k)-\Delta t; & (i,j)\in A_1\text{或}A_2\\ e(i,j,k)+\Delta t; & (i,j)\in A_3\end{cases}$$

式中　$e(i,j,k)$为工作(i,j)调整前的时差。

根据上述步骤，下面我们可以进行图3-75第一循环时间参数的调整。

1）计算Δt

初期计划的节点时刻及各工作的两种相对时差如图3-76(*a*)所示。

$$A_1=\{(1,3),\ (4,5)\}$$

$$\Delta t_1=\min_{A_1}\{e(1,3,1),\ e(4,5,1)\}=\min\{1,1\}=1$$

$$A_2=\{(2,3)\}$$

$$\Delta t_2=\min_{A_2}\{e(2,3,2)\}=1$$

$$A_3=\varphi,\quad \Delta t_3=\infty$$

所以
$$\Delta t=\min\{1,1,\infty\}=1$$

2）计算ΔS

$$\Delta S=\Delta t\Big(\sum_{(i,j)\in A_2}c_{i-j}-\sum_{(i,j)\in A_3}c_{i-j}\Big)=1\times(4-0)=4$$

3）计划时间参数调整

①工作持续时间调整

$$D_{2-3}^*=5-1=4$$

其余工作持续时间不变，见图3-76(*b*)。

②结点时间调整

$$t_3^{E*}=8-1=7;\qquad t_5^{E*}=12-1=11$$

其余结点时刻不变，见图3-76(*b*)。

③工作时差调整

$$e^*(1,3,1)=1-1=0;\qquad e^*(1,3,2)=4-1=3;$$

$$e^*(4,5,1)=1-1=0;\qquad e^*(4,5,2)=1-1=0;$$

$$e^*(2,3,1)=0-1=-1;\qquad e^*(2,3,2)=1-1=0。$$

其余各工作时差不变，见图3-76(*a*)(*b*)。后续各循环的计算，读者可按同样方法进行，在此不再赘述。

（二）计算框图

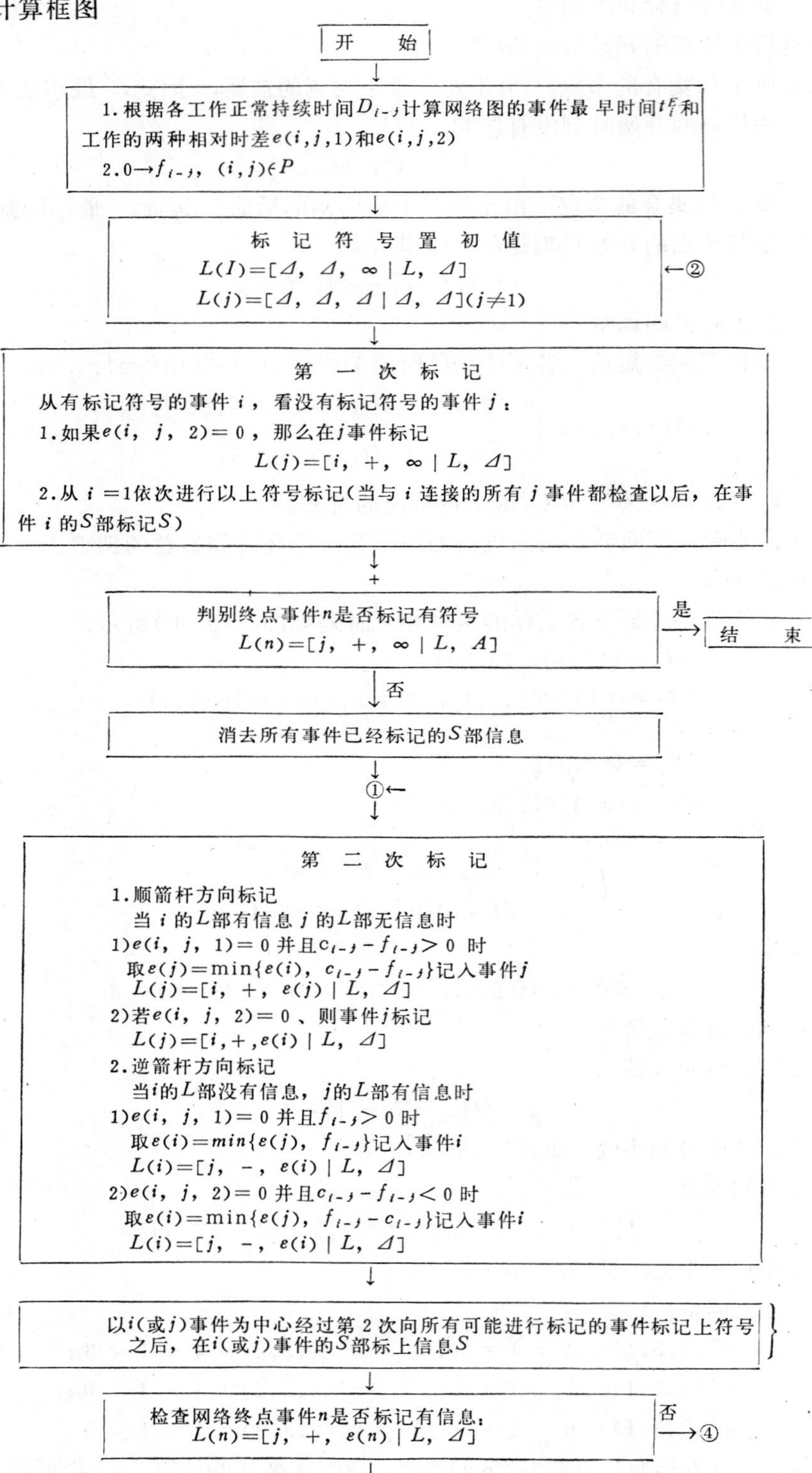
开　始
1. 根据各工作正常持续时间D_{i-j}计算网络图的事件最早时间t_i^E和工作的两种相对时差$e(i,j,1)$和$e(i,j,2)$
2. $0 \to f_{i-j}$，$(i,j) \in P$
标记符号置初值
$L(I)=[\Delta, \Delta, \infty \mid L, \Delta]$
$L(j)=[\Delta, \Delta, \Delta \mid \Delta, \Delta](j \neq 1)$
←②
第一次标记
从有标记符号的事件i，看没有标记符号的事件j：
1. 如果$e(i, j, 2)=0$，那么在j事件标记
$L(j)=[i, +, \infty \mid L, \Delta]$
2. 从$i=1$依次进行以上符号标记（当与i连接的所有j事件都检查以后，在事件i的S部标记S）
判别终点事件n是否标记有符号
$L(n)=[j, +, \infty \mid L, \Delta]$
是
结　束
否
消去所有事件已经标记的S部信息
①←
第二次标记
1. 顺箭杆方向标记
当i的L部有信息j的L部无信息时
1) $e(i, j, 1)=0$ 并且 $c_{i-j}-f_{i-j}>0$ 时
取$\varepsilon(j)=\min\{\varepsilon(i), c_{i-j}-f_{i-j}\}$记入事件$j$
$L(j)=[i, +, \varepsilon(j) \mid L, \Delta]$
2) 若$e(i, j, 2)=0$、则事件j标记
$L(j)=[i, +, \varepsilon(i) \mid L, \Delta]$
2. 逆箭杆方向标记
当i的L部没有信息，j的L部有信息时
1) $e(i, j, 1)=0$ 并且 $f_{i-j}>0$ 时
取$\varepsilon(i)=min\{\varepsilon(j), f_{i-j}\}$记入事件$i$
$L(i)=[j, -, \varepsilon(i) \mid L, \Delta]$
2) $e(i, j, 2)=0$ 并且 $c_{i-j}-f_{i-j}<0$ 时
取$\varepsilon(i)=\min\{\varepsilon(j), f_{i-j}-c_{i-j}\}$记入事件$i$
$L(i)=[j, -, \varepsilon(i) \mid L, \Delta]$
以i（或j）事件为中心经过第2次向所有可能进行标记的事件标记上符号之后，在i（或j）事件的S部标上信息S
检查网络终点事件n是否标记有信息：
$L(n)=[j, +, \varepsilon(n) \mid L, \Delta]$
否
→④
是
③

③
↓

流　量　增　广

1.根据从1到n标记过程的i部信息，反方向从n到1对f_{i-j}按以下情况进行调整

①$L(i)=[i,\ +,\ e(j)\mid L,\ S]$者则

$f_{i-j}\leftarrow f_{i-j}+e(n)$

②$L(i)=[j,\ -,\ e(i)\mid L,\ S]$者

$f_{i-j}\leftarrow f_{i-j}-e(n)$

（注意，每次仅调整一条线路的f_{i-j}）

2.当增广到事件1之后，所有事件的标记符号恢复初值

↓
①

④
↓

缩　短　时　间

1.将最小切割位置的工作，分为三个集合

$$A_1=\left\{(i,\ j)\ \middle|\ \begin{matrix} i：L\text{部有标记信息} \\ j：L\text{部无标记信息}\end{matrix}\ \text{并且}\ e(i,\ j,\ 1)>0\right\}$$

$$A_2=\left\{(i,\ j)\ \middle|\ \begin{matrix} i：L\text{部有标记信息} \\ j：L\text{部无标记信息}\end{matrix}\ \text{并且}\ \begin{matrix} e(i,\ j,\ 1)\leqslant 0 \\ e(i,\ j,\ 2)>0\end{matrix}\right\}$$

$$A_3=\left\{(i,\ j)\ \middle|\ \begin{matrix} i：L\text{部无标记信息} \\ j：L\text{部有标记信息}\end{matrix}\ \text{并且}\ e(i,\ j,\ 1)<0\right\}$$

2.$\Delta t_1=\min\limits_{A_1}\{e(i,\ j,\ 1)\}$；若$A_1=\varphi$(空集)，则$\Delta t_1=\infty$

$\Delta t_2=\min\limits_{A_2}\{e(i,\ j,\ 2)\}$

$\Delta t_3=\min\limits_{A_3}\{-e(i,\ j,\ 1\}$若$A_3=\varphi$则$\Delta t_3=\infty$

$\Delta t=\min\{\Delta t_1,\ \Delta t_2,\ \Delta t_3\}$

↓
⑤

调　整　参　数

1.事件：如果i的L部有标记信息$t_i^{E}{}^*=t_i^E$

如果i的L部无标记信息$t_i^{E}{}^*=t_i^E-\Delta t$

2.工作：

①若i的L部有标记信息，j的L部无标记信息，并且

$e(i,\ j,\ 1)\leqslant 0$，$e(i,\ j,\ 2)>0$则　$t^*_{i-j}=t_{i-j}-\Delta t$

②若i的L部无标记信息，j的L部有标记信息，并且

$e(i,\ j,\ 1)<0$则　$t^*_{i-j}=t_{i-j}+\Delta t$

③其余工作持续时间不变

3.时差：

①i的L部有标记信息，j的L部无标记信息(集合A_1和A_2)

$e(i,\ j,\ k)^*=e(i,\ j,\ k)-\Delta t,\ k=1.2$

②i的L部无标记信息，j的L部有标记信息(集合A_3)

$e(i,\ j,\ k)^*=e(i,\ j,\ k)+\Delta t,\ k=1.2$

③其余工作时差不变

↓

计算费用增额

$$\Delta S=\Delta t\times(\sum_{A_2}c_{i-j}-\sum_{A_3}c_{i-j})$$

↓
②

（三）计算示例

1.网络图及输入数据，见图3-77及表3-16。

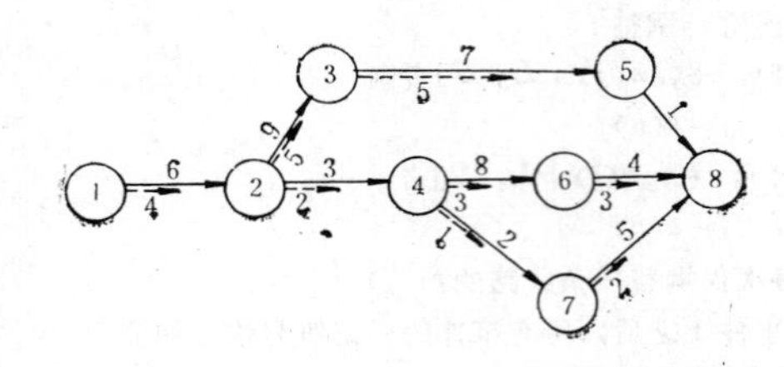

图 3-77

输 入 数 据 **表 3-16**

j	j	D_{i-j}	d_{i-j}	M_{i-j}	m_{i-j}
1	2	6	4	100	120
2	3	9	5	200	280
2	4	3	2	80	110
3	4	0	0	0	0
3	5	7	5	150	180
4	6	8	3	250	375
4	7	2	1	120	170
5	8	1	1	100	100
6	8	4	3	180	200
7	8	5	2	130	220

2.输出结果（摘录）

（1）正常工期、费用及进度计划

$T=27.0$ $S=1310.0$

I	J	T	ES	LS	EF	LF	TF	FF
1	2	6.0	0(11—12)	0(11—12)	6.0	6.0	0	280
2	3	9.0	6.0(11—19)	6.0(11—19)	15.0	15.0	0	0
2	4	3.0	6.0(11—19)	12.0(11—26)	9.0	15.0	6.0	6.0
3	4	0	15.0(11—30)	15.0(11—30)	15.0	15.0	0	0
3	5	7.0	15.0(11—30)	19.0(12—4)	22.0	26.0	4.0	0
4	6	8.0	15.0(11—30)	15.0(11—30)	23.0	23.0	0	0
4	7	2.0	15.0(11—30)	20.0(12—6)	17.0	22.0	5.0	0
5	8	1.0	22.0(12—8)	26.0(12—13)	23.0	27.0	4.0	4.0
6	8	4.0	23.0(12—9)	23.0(12—9)	27.0	27.0	0	0
7	8	5.0	17.0(12—2)	22.0(12—8)	22.0	27.0	5.0	5.0

（2）工期为25天的直接费用总和

		T=25.0		S=1330.0			
J	T	ES	LS	EF	LF	TF	FF
2	4.0	0(11—12)	0(11—12)	4.0	4.0	0	0
3	9.0	4.0(11—17)	4.0(11—17)	13.0	13.0	0	0
4	3.0	4.0(11—17)	10.0(11—24)	7.0	13.0	6.0	6.0
4	0	13.0(11—27)	13.0(11—27)	13.0	13.0	0	0
5	7.0	13.0(11—27)	17.0(12—2)	20.0	24.0	4.0	0
6	8.0	13.0(11—27)	13.0(11—27)	21.0	21.0	0	0
7	2.0	13.0(11—27)	18.0(12—3)	15.0	20.0	5.0	0
8	1.0	20.0(12—6)	24.0(12—10)	21.0	25.0	4.0	4.0
8	4.0	21.0(12—7)	21.0(12—7)	25.0	25.0	0	0
8	5.0	15.0(11—30)	20.0(12—6)	20.0	25.0	5.0	5.0

（3）不同工期-费用关系汇总表

	0	1	2	3	4	5	6	7
	15.0	27.0	25.0	21.0	20.0	17.0	16.0	15.0
	1755.0	1310.0	1330.0	1410.0	1430.0	1505.0	1545.0	1615.0

注：“0”方案为优化前各工作均采用最短持续时间的工程费用总和。

第四章　单位工程施工设计

建筑工程施工设计是由施工承包单位编制、用以直接指导现场施工活动的技术文件。在施工设计中，根据工程的具体特点、建设要求、施工条件和施工管理的要求，合理选择施工方案，制定施工进度计划，规划施工现场平面布置，组织施工技术物资供应，拟定降低工程成本的技术组织措施和保证工程质量与施工安全的措施。目前，我国建筑施工企业的施工设计制度正在不断健全，建筑工程施工设计，根据工程对象的不同，可以分为单位工程施工设计、工业企业交工系统施工设计、住宅小区或建筑群施工设计等。它们的编制方法、内容和详尽程度等不尽一致。本章着重介绍单位工程施工设计的一般内容和步骤：

第一节　施　工　方　案

合理选择施工方案是单位工程施工设计的核心。它包括施工方法和施工机械的选择，施工段的划分，工程开展的顺序和流水施工的安排等；这些都必须在认真熟悉施工图纸、明确工程特点和施工任务、充分研究施工条件、正确进行技术经济比较的基础上作出决定。施工方案的合理与否直接关系到工程的成本、工期和施工质量，所以必须予以充分重视。

一、熟悉图纸、确定施工程序

（一）熟悉、审查施工图纸，研究施工条件

熟悉、审查施工图纸是领会设计意图、明确工程内容，分析工程特点的重要环节，一般应注意以下几方面：

1.核对图纸的目录清单；

2.核对设计计算的假定和采用的处理方法是否符合实际情况；施工时是否有足够的稳定性，对保证安全施工有无影响；

3.核对设计是否符合施工条件。如需要采取特殊施工方法和特定技术措施时，技术上以及设备条件上有无困难；

4.核对生产工艺和使用上对建筑安装施工有哪些技术要求，施工是否能满足设计规定的质量标准；

5.核对有无特殊材料要求，其品种、规格、数量能否解决；

6.核对图纸与说明有无矛盾，是否齐全，规定是否明确；

7.核对主要尺寸、位置、标高有无错误；

8.核对土建和设备安装图纸有无矛盾；施工时如何交叉衔接；

9.通过熟悉图纸，明确场外制备工程项目；

10.通过熟悉图纸确定与单位工程施工有关的准备工作项目。

在有关施工人员认真学习图纸，充分准备的基础上，由施工单位技术负责人召集设计、建设、施工（包括协作施工）和科研（必要时）单位参加的“图纸会审“会议。设计人员向施工单位作设计交底，讲清设计意图和对施工的主要要求。有关施工人员应对施工图纸以及与工程有关的问题提出质询，通过各方认真讨论后，逐一作出决定并详细记录。对于图纸会审中所提出的问题和合理建议，如需变更设计或作补充设计时，应办理设计变更签证手续。未经设计单位同意，施工单位不得随意修改设计。

明确施工任务之后，还必须充分研究施工条件和有关的工程资料，如施工现场“三通一平”（水通、路通、电通、场地平整）条件；劳动力和主要建筑材料、构件、加工品的供应条件；施工机械和模具的供应条件；施工现场水文地质补充勘察资料；现行施工技术规范以及施工组织总设计文件和上级主管部门对该单位工程施工所作的有关规定和指示等等。只有这样，才能制定出一个符合客观实际情况，技术先进、经济合理的施工方案。

（二）确定施工程序

在单位工程施工设计中，应根据先地下、后地上，先主体、后围护，先结构、后装饰的一般原则，结合具体工程的建筑结构特征，施工条件和建设要求，合理确定该建筑物的施工开展程序，包括确定建筑物各楼层、各单元（跨）的施工顺序、施工段的划分，各主要施工过程的流水方向等。特别对于大面积单层装配式工业厂房的施工，如何确定各单元（跨）施工的顺序是相当重要的。决定得合理，就有可能使厂房的个别部分或个别跨度早日交付设备安装，以至交付使用，提前发挥国家投资的经济效益。

图4-1所表示的是一个多跨单层装配式工业厂房，其生产工艺的顺序如图上罗马数字所表示。从施工角度来看，从厂房的任何一端开始施工都是一样的。但是按照生产工艺的顺序来进行施工，可以保证设备安装工程分期进行，从而缩短工期，提前发挥国家基本建设投资的效果。所以在确定各个单元（跨）的施工顺序时，除了应该考虑工期、建筑物结构特征等以外，还应该很好地了解工厂的生产工艺过程。

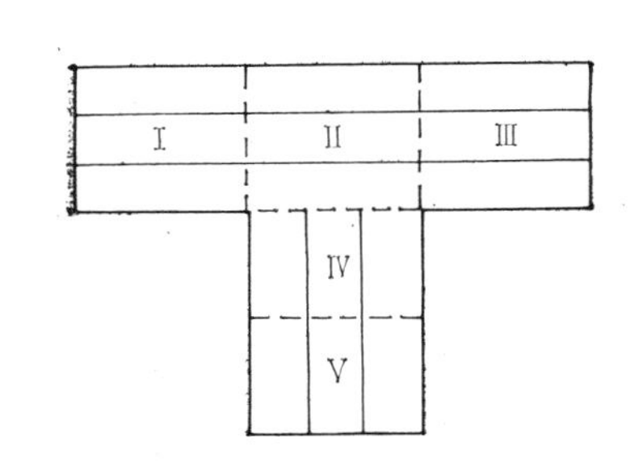

图 4-1　单层工业厂房施工顺序图

又如装配式多层房屋，通常采用的施工顺序是水平向上（图4-2b所示）。但在土壤沉陷、结构稳定和构造允许的前提下，也可以采用垂直向上或按对角线向上(图4-2c、4-2d)的施工顺序。

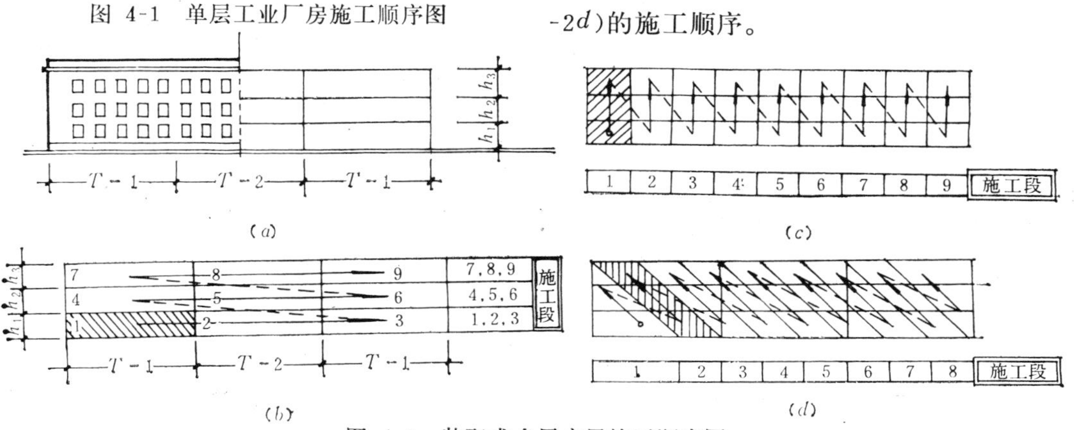

图 4-2　装配式多层房屋施工顺序图

(a)分层分段；(b)水平向上；(c)垂直向上；(d)混合(对角线)向上

图中，h_1、h_2、h_3代表层高；T-1，T-2代表区段长度。不同施工顺序对工期、劳动力消耗量和成本的影响是不一样的。因此，正确确定各楼层、各单元（跨）的施工顺序是十分重要的。

二、划分施工过程计算工程量

（一）划分施工过程

任何一个建筑物的建造过程都是由许多施工过程所组成的。

在施工进度计划表内，需要填入所有施工过程名称。而水电工程和设备安装工程通常是由专业性施工单位负责施工的。因此，在一般土建施工单位的施工进度计划中，只要反映出这些工程和一般土建工程如何配合即可。而专业性施工单位则应当根据单位工程施工进度计划的总工期以及如何同一般土建工程取得配合，另行编制专业工程的施工进度计划。

劳动量大的施工过程，都要一一列出。那些不重要的、劳动量很小的施工过程，可以合并起来列为“其它”一项（在进度计划中按总劳动量的百分率计）。

所有的施工过程应按计划的施工先后顺序排列。

在划分施工过程时，要注意以下几个问题。第一，施工过程划分的粗细程度；分项越细，项目越多。例如砌筑砖墙施工过程，可以作为一个施工过程，也可以划分为四个施工过程（砌第一、二、三施工层墙，安装楼板）或六个施工过程（砌第一施工层墙、安装供第二个施工层用的脚手架、砌第二施工层的墙、安装供第三施工层用的脚手架、砌第三施工层的墙、安装楼板）。第二，施工过程的划分要结合具体的施工方法。例如装配式钢筋混凝土结构的安装，如果是采用分件安装法，则施工过程应当按照构件（柱、基础梁、吊车梁、屋架和屋面板）来划分。如果是采用综合安装法，则施工过程应当按照单元（节间）来划分。第三，凡是在同一时间内由同一工作队进行的施工过程可以合并在一起，否则就应当分列。例如，隔音楼板的铺设，可以划分为装配式钢筋混凝土楼板的安装、敷设隔音层和铺地板三个施工过程，因为这些工程是在不同的时期内由不同的工作队来进行的，所以这三个施工过程应分别列出。

（二）计算工程量

在编制单位工程施工进度计划时，应当根据施工图和建筑工程预算工程量计算规则来计算工程量。当没有施工图时，可以根据技术设计图纸计算。设计和预算文件中有时列有主要工种的工程量，这就给编制施工设计带来了很大的方便。如果工程量没有列出，必须另行计算时，可以利用技术设计图纸和各种结构、零件的标准设计图集以及各种手册资料进行计算。

在计算工程量时，应当注意结合施工方法和保安技术的要求。例如工业厂房柱基的挖土工作，由于土壤的级别和基础面积以及埋置深度的不同，通常可以采用三种方法施工，即：①在每个柱基下挖一单独基坑；②当基础面积较大时，如果挖成单独基坑，则基础间的间隔很小，会造成施工上的困难，不如挖一条基槽施工较为方便和经济；③当车间的跨度和柱距较小或跨中有设备基础时，有时就采用大揭盖的施工方法，它比挖两条基槽施工更为方便和经济。根据上述三种施工方法，它们计算出来的土方工程量是不相同的，因此在施工设计中，应当根据选定的施工方案计算工程量。

工程量的计算应和施工定额的计算单位相符合，以免换算。为了便于计算和复核，工程量的计算应当按照一定的顺序和格式进行。

三、确定施工过程的施工顺序

确定各施工过程的施工顺序要求做到：

（一）必须遵守施工工艺的要求

各种施工过程之间客观存在的工艺顺序关系，随着房屋的结构和构造的相异而不同。在确定施工顺序时，不能违背这种关系，而必须服从这种关系。例如当建筑物采用装配式钢筋混凝土内柱和砖外墙承重的多层房屋时，由于大梁和楼板的一端是支持在外墙上，所以应先把墙砌到一层楼高度之后，再安装梁和楼板。

（二）必须考虑施工方法和施工机械的要求

例如在建造装配式单层工业厂房时，如果采用分件吊装法，施工顺序应该是先吊柱，后吊吊车梁，最后吊屋架和屋面板；如果采用综合吊装方法，则施工顺序应该是吊装完一个节间的柱、吊车梁、屋架、屋面板之后，再吊装另一节间的构件。又如在安装装配式多层多跨工业厂房时，如果采用塔式起重机，则可以自下而上地逐层吊装；如果采用桅杆式起重机，则可能是把整个房屋在平面上划分成若干单元，由下向上地吊完一个单元构件，再吊下一单元的构件。

（三）必须考虑施工组织的要求

例如，地下室的混凝土地坪，可以在地下室的上层楼板铺设以前施工，也可以在上层楼板铺设以后施工。但是从施工组织的角度来看，前一方案比较合理，因为它便于利用安装楼板的起重机向地下室运送混凝土。又如在建造某些重型车间时，由于这种车间内通常都有较大、较深的设备基础，如果先建造厂房，然后再建造设备基础，在设备基础挖土时可能破坏厂房的柱基础，在这种情况下，必须先进行设备基础的施工，然后再进行厂房柱基础的施工。或者两者同时进行。

（四）必须考虑施工质量的要求

例如基坑的回填土，特别是从一侧进行的回填土，必须在砌体达到必要的强度以后才能开始，否则砌体的质量会受到影响。又如工业厂房的卷材屋面，一般应当在天窗嵌好玻璃之后铺设，否则，卷材容易受到损坏。

（五）必须考虑当地的气候条件

例如在华东、中南地区施工时，应当考虑雨季施工的特点；在华北、东北、西北地区施工时，应当考虑冬季施工的特点。土方、砌墙、屋面等工程应当尽量安排在雨季或冬季到来之前施工，而室内工程则可以适当推后。

（六）必须考虑安全技术的要求

合理的施工顺序，必须使各施工过程的搭接不致于引起安全事故。例如，不能在同一施工段上一面在铺屋面板，一面又进行其它作业。多层房屋施工，只有在已经有层间楼板或坚固的临时铺板把一个一个楼层分隔开的条件下，才允许同时在各个楼层展开工作。

四、选择施工方法和施工机械

施工方法和施工机械的选择是紧密联系的，在技术上它是解决各主要施工过程的施工手段和工艺问题，如基础工程的土方开挖应采用什么机械完成，要不要采取降低地下水的措施，浇筑大型基础混凝土的水平运输采用什么方式；主体结构构件的安装应采用怎样的起重机才能满足吊装范围和起重高度的要求；墙体工程和装修工程的垂直运输如何解决等。

这些问题的解决，在很大程度上受到工程结构型式和建筑特征的制约，通常说“结构选型”和“施工选案”是紧密相关的。当建筑结构形式确定之后，除了应用“施工技术”和“建筑机械”课程所学习的知识选择施工的技术方案之外，还须从施工组织的角度注意以下问题：

1.施工方法的技术先进性和经济合理性的统一；

2.施工机械的适用性和多用性的兼顾，尽可能充分发挥施工机械的效率和利用率；

3.施工单位的技术特点和施工习惯以及现有机械可能利用的情况。

例如，选择土方工程的施工方法和机械时，就必须考虑到土壤的性质，工程量的大小，挖土机和运输设备的行驶条件等。选择挖土机的斗容量，还需考虑所开挖掌子的高度。假如掌子高度小，挖土机斗容量较大，土斗不能装满土壤，就会降低挖土机的生产率。

表4-1给出了正铲挖土机开挖不同高度掌子时的合理斗容量。

开挖不同高度掌子时的合理斗容量　　**表 4-1**

挖土机斗容量(正铲)(m^3)	掌子最小高度(m)		
	Ⅰ级土壤	Ⅱ、Ⅲ级土壤	Ⅵ级以上土壤
0.5	1.5	2.0	2.5
1.0	2.0	4.0	4.5
2.0	2.5	5.0	5.5
3.0	3.5	6.0	6.5

实践经验表明，用斗容量为2立方米的正铲挖土机开挖掌子高度等于2米的Ⅰ级土壤，比开挖掌子高度为3米的同类土壤，其生产效率要降低40％以上。由此可见，选择施工机械除了技术可能性以外，机械对施工条件的适应性和充分发挥生产效率的问题是十分重要的。

还必须指出，施工方法的选择，除了技术方法以外，还必须对组织方法即对施工段、层的划分作出合理的选择，同时对于所选定的施工机械，也要明确各自的服务范围、流动方向、开行路线和工作内容等。

完成前述工作之后，可着手确定施工过程所需劳动力和机械数量。

施工过程的劳动量和机械台班需要量，应当根据施工定额，并且结合当时当地具体情况计算确定。

按照施工定额计算劳动量和机械台班需要量，是一项十分繁重的工作，因此，施工单位可以在现行施工定额的基础上、结合本单位可能超额完成的情况，制定扩大的施工定额，作为计算生产资源需要量的依据。在缺乏扩大施工定额的条件下，也可以采用预算定额（但必须注意，施工的内容、条件和时间等应当和预算定额的规定相符合）。

设计施工进度计划经常会遇到工作班制的问题。采用二班或三班制工作，可以大大地加快施工进度，并且能够保证施工机械得到更充分的利用，但是，也会引起技术监督、工人福利以及施工地点照明等方面费用增加。因此，没有必要对所有的施工过程都采用二班、三班制工作。一般来说，应该尽量把辅助工作和准备工作安排在第二班内，以便主要的施工过程在第二天一上班就能够顺利地进行。只有那些使用大型机械的主要施工过程

（如使用大型的挖土机开挖土方、使用大型的起重机安装构件等），为了充分发挥机械的能力，才有必要采用二班制施工。三班制施工应当尽量避免，因为在这种情况下，施工机械的检查和维修无法进行，不能保证机械经常处在完好的状态。对于某些施工过程，例如使用滑动模板浇灌烟囱或囤仓筒壁时，按工艺要求，施工必须连续不断，当然只能采用二班制乃至于三班制工作。有时，某些主要的施工过程由于工作面的限制，工人人数不能过多地增加，如果采用一班制施工，施工速度过慢，将妨碍其他施工过程的开展，这时也不得不采用二班制。在这种情况下，通常可以只组织一个工作队，而把这个工作队划分为两个分队，一个分队在第一班工作，另一分队在第二班工作，同时，在施工进度计划的进度线上要把不同班次的工作反映出来。

各个施工过程的劳动量、机械台班需要量以及每天的工作班数都已经确定之后，就可以开始计算施工的持续天数、施工机械需要量和每天出勤的工人人数。

对于机械化施工过程，可以先假定主导机械的台数，然后从充分利用机械的生产能力出发，求出工作的持续天数。如果工作的持续天数同所要求的相比太长或太短，则可以增加或减少机械的台数，从而调整工作的持续时间。但必须注意，机械（主要指起重机）的台数不单是取决于机械的台班生产能力，而且往往受到房屋平面轮廓形状的影响。因此当房屋的平面轮廓比较复杂时，还应当根据机械服务范围的要求，对按上述方法求出的机械台数加以复核。

确定了主要机械的台数以后，还要确定辅助机械的台数，以保证主导机械和辅助机械生产能力的相互适应。各种机械台数分别乘以每台机械所必须配备的工人人数，就得到机械化施工过程的劳动需要量。

对于手工完成的施工过程，可以先根据工作面可能容纳的工人人数，并参照合理的（或现有的）劳动组织来确定每天出勤的工人人数，然后据以求得工作的持续时间。当工作的持续时间太长或太短时，则可增加或减少出勤人数，从而调整工作的持续时间。当然也可以先确定工作的持续时间，然后求得每天出勤人数，最后检查每天出勤人数是否超过工作面可能容纳的工人人数。

五、施工方案的技术经济比较

每一施工过程都可以采用多种不同的施工方法和施工机械来完成。确定施工方案时，应当根据现有的以及可能获得的机械实际情况出发，首先拟定几个技术上可能的方案，然后从经济上互相比较，从中选出经济上最合理的方案，把技术上的可能性同经济上的合理性统一起来。

评价施工方案优劣的指标是：单位产品（工程）成本、劳动消耗量和施工持续时间（工期）。此外，当选用某种机械化施工方案而需要增加新的投资时，其投资额也要加以考虑。

例如，某施工队承建六幢点式高层住宅群，其中每两幢可组成一个流水组。该建筑物为变截面钢筋混凝土剪力墙结构，其中1至6层墙厚30厘米，7至15层24厘米，16至24层20厘米。每层建筑面积323.08平方米。施工设计对主体结构的四种施工方案分别进行了分析和计算，各方案的模板费用、大型机械使用费、劳动量及工期如表4-2所示。

从表中可以看出：

1.采用滑模工艺，模板只须一次组装，连续使用，用工少，施工速度快，工期短，机械使用费省。但一次投资大，且由于墙身变截面，在技术上也带来一定困难。

不同施工方案指标比较　　表 4-2

序	方案说明	模板费（万元）	机械费（万元）	劳动量（工—日）	结构工期（天）	备　注
1	滑模工艺	119.66	11.74	1986	278	两套滑模设备，滑一停一，楼面平台模配四层
2	全钢大模工艺	61.20	16.20	21196	384	一套大模板（一层）两幢对翻。楼面配四层平台模
3	租赁定型钢模拼装大模工艺	43.65	17.23	21239	408	80％为租赁定型钢模，租金11万元其余新配。
4	钢框七夹板面层大模板	56.02	16.20	21196	384	同方案 2

2.全钢大模板与滑模工艺相比，工期长，机械使用费和劳动量都增加，但一次投资少，几乎只占滑模设备投资的二分之一。

3.租赁定型钢模拼装大模板方案，固然模板费用最低，但施工结束后模板不属自己所有，工期长，机械使用费及劳动量都比较大。

4.采用七夹板面层的大模板，实际上是全钢大模的改进，一次投资少，其它指标与全钢大模相同。

究竟应选择哪一种方案比较经济合理呢？结论留给读者自行分析比较。当然如果能进一步分析滑模设备与大模板设备的周转次数。台班费用和残值，并了解该施工单位的今后工程任务情况，可能更有助于选案决策。

六、施工方案的选择示例

图4-3是一幢五层无骨架大型板材居住建筑的平面和剖面图，平面上分为三个单元，每个单元由五个开间组成。房屋层高为2.8米，进深9.6米，总长49.66米，宽9.76米，建筑高度为14.65米，建筑面积为2423平方米。平面布置成一字形，北面进口，南立面上设有阳台。

主要承重结构为现浇钢筋混凝土基础（埋置深度1.2米），横墙承重，纵墙自承重，楼板每室为16厘米厚的一整块钢筋混凝土椭圆形空心板。横墙为14厘米厚的有砂粘土陶粒混凝土墙板，纵墙和轻隔墙分别为16厘米和8厘米厚的无砂烟灰陶粒混凝土墙板。板材高度等于楼层的高度，板材最大的尺寸为4.8米×2.8米，最重为3500公斤。构件类型15种，规格为22种。屋面为细石混凝土刚性防水屋面。板材节点连接采用干接法，即以预埋铁件焊接来传递荷载。

（一）确定工艺流程

本例为上海某地两幢五层三单元板材房屋的施工情况。它采用吊装一层一个单元墙板和楼板的时间定为一个流水节拍，和其他工序紧密配合施工。如当基础完工后，就可在基础上抄平、找平、弹线。尔后安装第一幢房屋的底板，接着安装第二幢房屋的底板，然后回到第一幢房屋安装墙板和楼板，再到第二幢房屋安装墙板和楼板。当第一幢房屋在进行安装时，另一幢房屋则在进行抄平、找平、弹线等工作，就这样依次对翻轮流不息地施工。

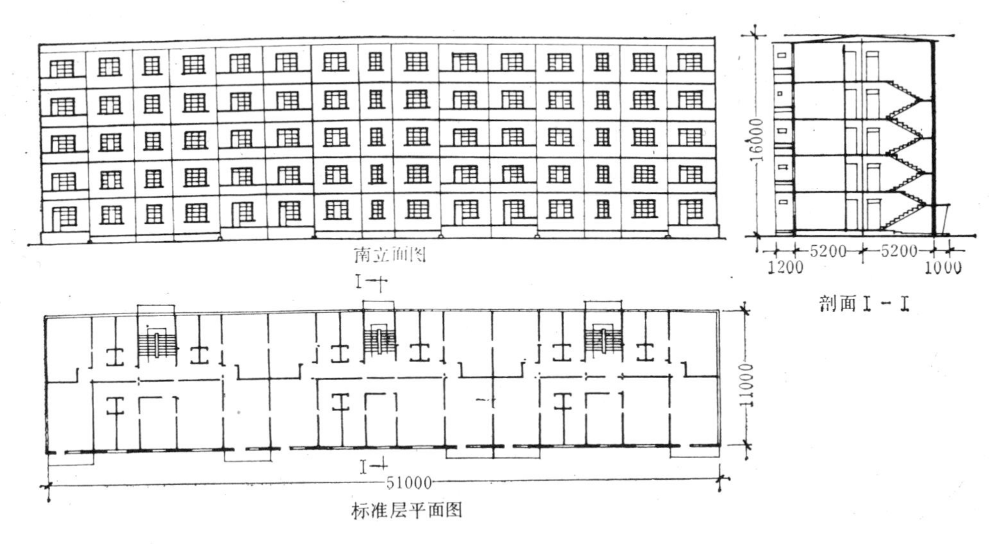

图 4-3 钢筋混凝土大型板材居住建筑平面图和立面图

（二）吊装方案的选择

大型板材房屋施工应尽可能不设中间仓库和临时堆场，做到随吊随运。板材从预制厂按时运到起重机下，由起重机直接提升到设计位置上。这种组织方法不仅可以缩短工期，而且还能省去卸车和堆放板材用的辅助机械，从而可以节约装卸费用和工地仓库的建造与维修的费用，并且节约施工用地。所以在条件许可的情况下，应该尽量采用这种方法。然而采用这种先进的组织方法，首先要求有严密的组织工作和良好的调度通讯系统；其次要求运输单位能及时地保证供应车辆，同时，板材加工的生产计划和板材出厂的顺序都必须密切配合吊装工艺，而这一点往往最难做到。

如果限于条件，不能组织随吊随运时，亦应尽量组织部分构件的随吊随运。这就是将某些安装速度较快的构件（如楼板等）和一些特殊的构件事先堆放在现场上，而组织大量的可以互换的标准构件进行随吊随运，以此来提高随吊随运的比重。有时亦可采取另一种方式，即在现场堆放一层房屋所需的全部构件，以备急用，然后再组织随吊随运，这同样可以提高随吊随运的比率。只有在特殊困难的情况下，才采取将全部构件事先堆放在现场的办法，这是最不经济的方案。实践证明，这种方案不但在现场上要占用很大的堆场，而且还要增加卸车和转运的机械和设备。有时所有的构件不能堆于起重机的工作范围之内，尚需进行二次搬运，使得施工现场管理更为困难。

（三）选择吊装机械

在选择施工方案时，最主要是决定主导机械的类型和数量。主导机械的类型是根据建筑物的高度、外形，平面尺寸和构件的最大重量以及工地上可能获得的技术装备条件而定。

安装大型板材，可以采用的机械类型很多，在我国较多的是采用塔式起重机和履带式起重机，而双悬臂龙门架等起重机在国内外亦有应用。

机械类型的选择同样要经过技术经济比较以后才能决定。本例采用起重能力为45吨米的塔式起重机。

当采用塔式起重机安装时，起重机可以布置在纵向的一侧或两侧。布置时应使起重机的作用范围能达到房屋的整个平面。起重机的数量一方面决定于机械的生产率和工期，另一方面也要考虑到房屋的平面尺寸。当起重机数量决定后，绘制机械工作图，检查有无“死角”以及是否需要其他小型的辅助机械来克服“死角”。

本例所示，塔式起重机布置在纵墙的一侧。一般塔式起重机里轨应离墙基1.5～2.5米。当塔式起重机的位置初步确定后，必须对起重机的起重能力进行复核，复核其在吊最重和最远的构件时，是否可行。其简单的计算如下：

1.当起吊最远的构件Q_1时：

$$L_1Q_1=\left[\frac{1}{2}3.8+1.5+(4.8+4.8)\right]\times(1.24+0.3)=20.02\text{t·m}<45\text{t·m}$$

2.当起吊最重构件Q时：最重构件为外横墙墙板，重3500公斤。

$$L_1Q=\left[\frac{1}{2}3.8+1.5+(4.8+2.4)\right]\times(3.5+0.3)=40.28\text{t·m}<45\text{t·m}$$

注：式中1.5为塔轨离墙基的距离，0.3为吊具重量。

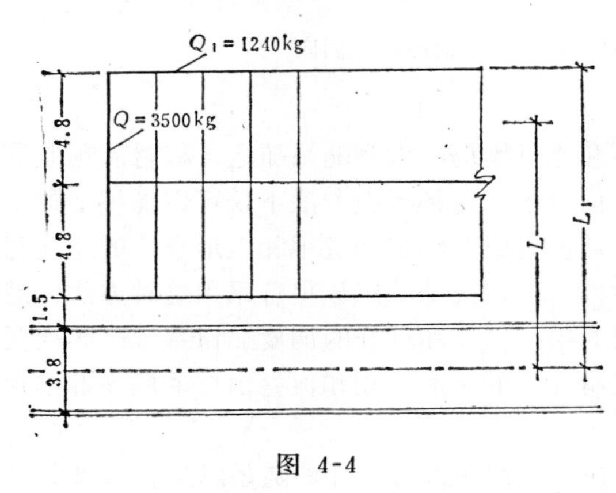

图 4-4

（四）确定吊装顺序

合理的吊装顺序，与所选用的起重机类型和数量有密切关系。一般说来，装配式民用建筑的安装方案有两种：一种是采用一台机械，另一种是当建筑宽度较大或工期很短时采用两台机械分别布置在建筑物的两侧。如果采用两台机械，则应有主次之分，使主机负责安装墙板，辅机安装楼梯等零件，并设法使之避免碰撞。如果确定采用一台机械时，就墙板的吊装来说，亦有两种基本的方案可以采用：

1.封闭吊装法（闭合式）：即每吊完一个节间的内墙、隔墙后就吊外墙，形成封闭体系，逐间吊装，逐间封闭。它又有单间闭合和双间闭合两种方法。

2.同型构件吊装方法（敞开式）：即把各节间的同型墙板吊好后，再吊第二种同型墙板，最后一起闭合。

封闭吊装法的优点是起重机来回移动少，能较快地获得刚性的空间不变体系，减少临时固定器的数量和提高它的周转率，能尽早地为其他施工过程提供工作面，电焊机的移动也少。它的主要缺点是不易组织随吊随运施工。此外，吊装时构件类型变化频繁，因此起重机械利用率较低，影响劳动生产率。

同型构件吊装法的优缺点恰巧与封闭吊装法相反。因此，究竟采用哪一种方法还要结合当地的具体条件来决定。本例是采用双间封闭吊装法施工。

第二节　施工进度计划

单位工程施工进度计划是以施工方案为基础，根据规定工期和技术物资供应条件，遵循各施工过程合理的工艺顺序和统筹安排各项施工活动的原则进行编制的。它的任务是为各施工过程指明一个确定的施工日期，即时间计划，并以此为依据确定施工作业所必须的劳动力和各种技术物资的供应计划。

一、进度计划的目标

1.工期应能满足规定的要求。

2.施工现场各种临时设施的规模，在合理的范围内尽可能最小。

3.施工机械、设备、工具、模具、周转材料等在合理的范围内最少，并尽可能重复利用。

4.尽可能组织连续、均衡施工、在整个工程施工期间，施工现场的劳动人数在合理的范围内尽可能保持一定的最小数目。

5.尽可能减少因组织安排不善、停工待料所引起的时间损失。

二、施工速度和成本

对经济、合理的施工设计和施工管理来说，施工速度是个重要的因素。

施工速度是指单位时间内（天、月、季）完成的建筑安装施工产值或实物工程量。单位工程的施工速度，通常用每月的施工产值来表示。

1.最大施工速度

指在标准作业条件下，根据工人和施工机械额定的生产能力进行计算的施工速度。

2.正常施工速度

最大施工速度在一般情况下不可能达到，因为实际中要考虑具体工程的种种影响因素，以及施工机械所必要的日常维修保养时间等。

3.平均施工速度

对于单位工程施工而言，在工程的开始阶段，由于施工准备、材料机具的供应、施工工作面的展开、工人对工程的熟悉以及作业的配合与协调等，需要有一个过程，因此施工速度也有一个从慢到快的发展过程；当工程进入全面施工的稳定阶段，施工速度也就保持一个相对稳定状态；而到了工程收尾阶段，由于施工队伍陆续退场，工作面逐步缩减，施工速度也相应逐步减小，直到工程竣工。平均施工速度就是取施工全过程各阶段施工速度的平均值。如图4-5所示。

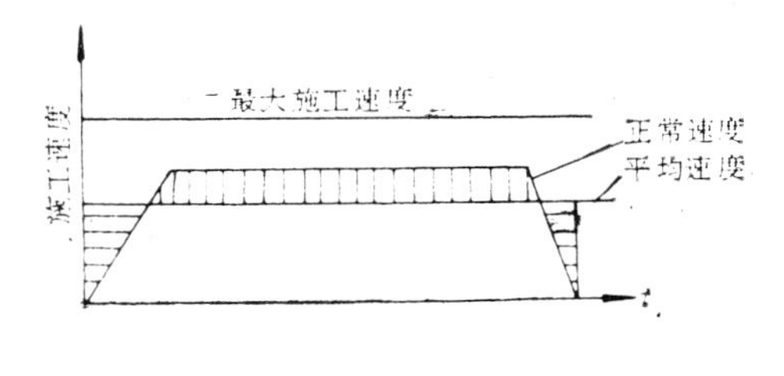

图 4-5

单位工程的平均施工速度可按下式计算：

$$平均施工速度=\frac{单位工程施工产值}{工期}$$

当然施工速度与施工方案、投入工程的人力、物力、进度计划设计中平行与搭接施工的安排等因素有密切的关系。在确定的施工条件下，施工速度愈快，即劳动生产率越高，工期愈短，工程成本也就愈低。反之，施工速度愈慢，则劳动生产率越低，工期愈长，工程成本也就愈高。工程成本与施工速度的关系如图4-6所示。

图中曲线的AB段表示，工程成本随施工速度的增快而降低，其原因在于：

1.在一定的施工条件下，由于劳动生产率高，单位建筑产品的人工及机械台班消耗减少，且施工速度快、工期短、节省了工程管理费用。

2.一定施工条件下，劳动生产率的提高有一定的限度。当采取必要的技术组织措施适当改变施工条件，加快施工速度时，虽然需要增加施工费用，但它比缩短工期所节省的费用小，因此工程总成本仍然降低。

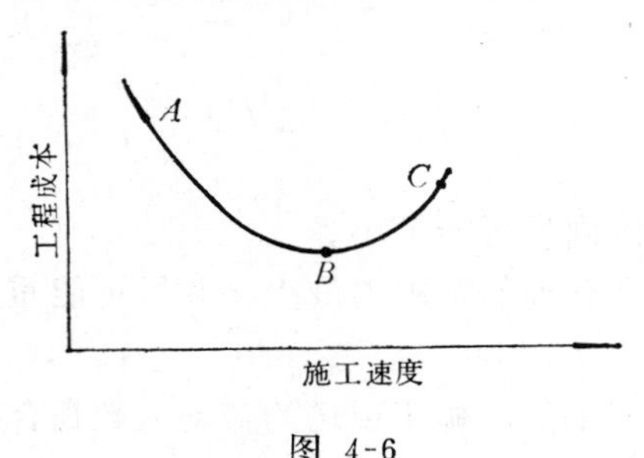

图 4-6

当采取技术组织措施加快施工速度，所增加的施工费用大于缩短工期所节省的工程管理费用时，则表现为图中的曲线BC段，工程成本反而随施工速度的加快而上升。通常是指过分的赶工现象，这在经济上是失策的。

三、计划工期的确定

施工设计中，计划工期的确定是一项重要的工作，同时也是一项较为复杂的工作。它既受到施工条件的制约，也受到工程合同或指令性工期的限制，并且还需要考虑施工企业的利润要求。通常应按以下三方面确定：

1.以正常工期为计划工期

正常工期是指与正常施工速度相对应的工期。正常施工速度是根据在现有的施工条件下制定的施工方案和企业经营的利润目标确定的，用以保证施工活动必要的劳动生产率，从而实现工程的施工利润计划。

为了分析施工速度与施工利润的关系，应将施工总成本分为固定费用和变动费用来考察。

固定费用是指与施工产值的增减无关的施工费用，如施工现场的各种临时设施按使用时间收取的折旧费用，周转材料按使用时间分摊的费用，施工机械设备按台班收取的费用，管理人员按月支付的工资，以及施工中一次性开支的费用，如修建施工临时道路等。

变动费用则是指与施工产值成比例增减的工程费用，如建筑材料，构件、制品费、能源消耗、生产工人工资等。

单位时间施工产值（施工速度）与施工总成本的定量关系如图4-7所示。

图4-7也就是施工成本与利润关系的图表,成本曲线$y=F+vx$与施工产值曲线$y=x$的交点P为损益分岐点，即施工速度为x_P时，施工结果既无利益也无亏损，只有当施工速度$x>x_P$时，施工才能获得利润，反之则亏损。

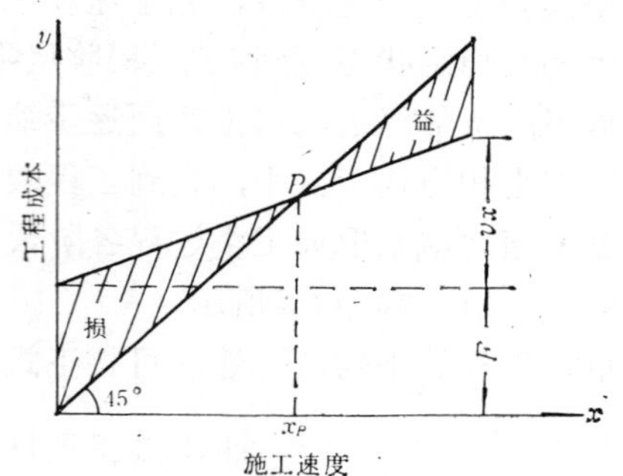

图 4-7

F—单位时间施工产值的固定费用；x—单位时间施工产值(施工速度)；y—单位时间的工程成本；v—变动费用率；Δy—单位时间的施工利润

我国现行的工程预算制度规定，法定利润为预算成本的2.5%。施工企业的利润主要靠降低工程成本（即施工实际成本与预算成本的差额）而获得。设施工企业追求的工程降低成本率为i，则由图4-7可得

$$i=\frac{\Delta y}{x}=\frac{x-vx-F}{x}$$

因此，正常的施工速度应为：

$$x=\frac{F}{(1-v-i)}$$

当工程类型已知，施工方案确定之后，F和v均为常数，从而可根据施工企业的降低成本率i确定正常的计划工期T_0

例如，某工程预算成本为117.6万元，根据同类工程资料，变动费用率为0.75，按所确定的施工方案，固定费用为2万元/月，计划降低成本率8%，则其正常的平均施工速度应为

$$x=\frac{F}{1-v-i}=\frac{2}{1-0.75-0.08}=11.76(\text{万元/月})$$

正常计划工期为：

$$T_0=\frac{117.6}{x}=10(\text{月})$$

初始网络计划应按现有施工条件和正常工期的要求编制。

2.以最优工期为计划工期

所谓最优工期，即工程总成本最低的工期，参见第三章图3-57。当单位工程的工期没有规定时，施工进度计划的工期应采用以正常工期为基础，应用第三章工期-成本优化的方法，求得的最优工期。

3.以合同工期或指令工期为计划工期

通常在建筑工程承包合同中要明确规定施工期限，或者国家下达的工程任务规定了指令工期，施工企业均应按照规定执行。如果指令工期或合同工期短于正常工期，同样要应用网络计划的工期-成本优化方法，将正常工期缩短至满足要求的工期。但这时不必进行全过程优化，只须采用简化方法求出与规定工期相对应的工程直接费与间接费总和，并以此为依据安排施工进度。

四、规定工期下最低成本的求解——简便方法

采用简便方法，可直接根据规定工期确定缩短关键线路和次关键线路持续时间而增加费用最少的方案。简便方法是一种近似解法，可采用表4-3格式进行计算。现以图4-8的网络计划为例，具体说明简便方法的一般步骤。

（一）填写网络计划的原始资料（包括工作代号、正常持续时间、加快持续时间和费用变化率等）见表4-3左边部分。并计算正常工期的直接费用总和S_0

$$S_0=\sum_{\forall(i,j)}M_{i-j}$$

本例正常工期的直接费用总和$S_0=54$（千元），见表4-3。

（二）根据规定工期计算网络图，在图上标出所有事件的时间参数和工作总时差（用括号标在箭杆下方）。本例当规定工期为70天时，计算结果如图4-8所示。

（三）依次列出超出规定工期的所有关键线路和次关键线路的工作组成，如表4-4的右边。

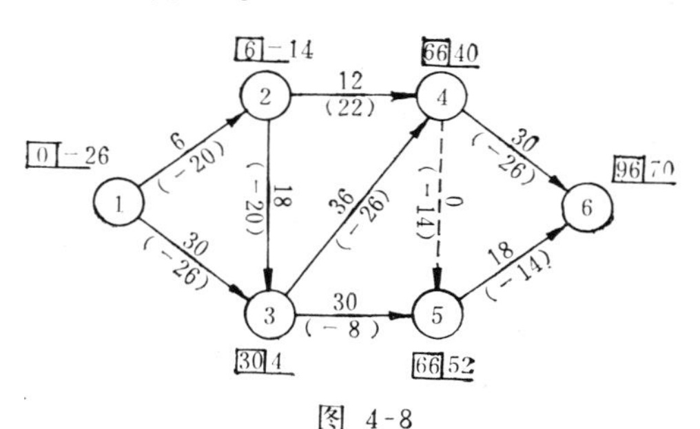

图 4-8

图4-8中，有一条关键线路和五条次关

键线路超出规定工期，即

成本优化原始资料表 表 4-3

工作编号	正常工期		最短工期		相差		费用变化率
	时间	成本（千元）	时间	成本（千元）	时间	成本（千元）	
1	2	3	4	5	6	7	8
1—2	6	1.5	4	2	2	0.5	0.25=250
1—3	30	9.0	20	10	10	1	0.10=100
2—3	18	5.0	10	6	8	1	0.125=125
2—4	12	4.0	8	4.5	4	0.5	0.125=125
3—4	36	12.0	22	14.0	14	2.0	0.143=143
3—5	30	8.5	18	9.2	12	0.7	0.058=58
4—5	0	0	0	0	0	0	∞
4—6	30	9.5	16	10.3	14	0.8	0.057=57
5—6	18	4.5	10	5	8	0.5	0.062=62
		54.0		61.0			

第一条线路，工期为96天（P^1_{96}） ① $\xrightarrow{30}$ ③ $\xrightarrow{36}$ ④ $\xrightarrow{30}$ ⑥

第二条线路，工期为90天（P^2_{90}） ① $\xrightarrow{6}$ ② $\xrightarrow{18}$ ③ $\xrightarrow{36}$ ④ $\xrightarrow{30}$ ⑥

第三条线路，工期为84天（P^3_{84}） ① $\xrightarrow{30}$ ③ $\xrightarrow{36}$ ④ $\xrightarrow{0}$ ⑤ $\xrightarrow{18}$ ⑥

第四条线路，工期为78天（P^4_{78}） ① $\xrightarrow{6}$ ② $\xrightarrow{18}$ ③ $\xrightarrow{36}$ ④ $\xrightarrow{0}$ ⑤ $\xrightarrow{18}$ ⑥

第五条线路，工期为78天（P^5_{78}） ① $\xrightarrow{30}$ ③ $\xrightarrow{30}$ ⑤ $\xrightarrow{18}$ ⑥

第六条线路，工期为72天（P^6_{72}） ① $\xrightarrow{6}$ ② $\xrightarrow{18}$ ③ $\xrightarrow{30}$ ⑤ $\xrightarrow{18}$ ⑥

将上述各条线路的工作组成用符号“V”标注在表4-4的相应方格内。

（四）依次缩短关键线路和次关键线路的持续时间，并计算各条线路缩短时间所引起的直接费用增额。

根据线路的长短，逐条地缩短持续时间，使其满足规定工期的要求。对于任意一条线路可以按以下步骤进行：

1.挑选缩短单位时间增加费用最小的工作并确定其缩短的天数。

例如第一条线路计算工期为96天，超过规定工期26天，它由工作1-3、3-4及4-6所组成，从表4-3中可以看到：

工作1-3至多可压缩10天，它的费用变化率为0.10千元/天；

工作3-4至多可压缩14天，它的费用变化率为0.143千元/天；

工作4-6至多可压缩14天，它的费用变化率为0.057千元/天。

因此应该首先压缩工作4-6，它至多可压缩14天，不足之数$26-14=12$天，通过压缩费用变化率次小的1-3工作来解决。

1-3工作至多可压缩10天，还不足之数$12-10=2$天，通过压缩3-4工作来解决。

2.计算由于缩短工作持续时间所引起的费用增加额

$$14\times0.057+10\times0.10+2\times0.143=2.084\text{千元}$$

又如第二条线路计算工期为90天，超过规定工期20天，它由工作1-2、2-3、3-4及4-6

所组成。由于4-6工作已压缩14天，3-4工作已压缩2天，尚差20－14－2＝4天，同样应该挑选缩短单位时间增加费用最小的工作来压缩。从表4-3中可以看到：

工作1-2至多可压缩2天，它的费用变化率为0.250千元/天；

工作2-3至多可压缩8天，它的费用变化率为0.125千元/天；

工作3-4至多可压缩14天，已压缩2天，尚可压缩12天，它的费用变化率为0.143千元/天。

因此，应该压缩2-3工作4天。

增加费用4×0.125＝0.50千元

其余线路用同样办法进行计算，计算结果见表4-4。

（五）计算整个计划缩短工期的费用增加额及规定工期的最低直接费用。

工期-成本优化简便计算表 表 4-4

原始资料					规定工期 λ_0 70（天）					
i	j	D_{i-j}	d_{i-j}	c_{i-j}	P^1_{96}	P^2_{90}	P^3_{84}	P^4_{78}	P^5_{78}	P^6_{72}
1	2	6	4	0.25		√		√		√
1	3	30	20	0.10	√[－10]		√[－10]		√[－10]	
2	3	18	10	0.125		√[－4]		√[－4]		√[－4]
2	4	12	8	0.125						
3	4	36	22	0.143	√[－2]	√[－2]	√[－2]	√[－2]		
3	5	30	18	0.058					√	√
4	5	0	0	∞			√	√		
4	6	30	16	0.057	√[－14]	√[－14]				
5	6	18	10	0.062			√[－2]	√[－2]	√[－2]	√[－2]
继续缩短时间					26	4	2	0	0	0
直接费用增额					2.084	0.5	0.124	0	0	0
直接费用总和（千元）					54＋2.084＋0.5＋0.124＝56.708					

1.费用增加额

$$2.084+0.5+0.124=2.708\text{千元}$$

2.最低直接费用

$$54+2.708=56.708\text{千元}$$

当规定工期λ_0分别为84、78、76、70、62、58天时，相应的工程费用计算见 表4-5。

网络图原始数据					规定工										
					84		78				76				
i	j	D_{ij}	d_{ij}	c_{ij}	P^1_{96}	P^2_{90}	P^1_{96}	P^2_{90}	P^3_{84}	P^4_{78}	P^1_{96}	P^2_{90}	P^3_{84}	P^4_{78}	P^5_{78}
1	2	6	4	0.25		√		√		√		√		√	
1	3	30	20	0.10	√		√ [−4]		√ [−4]		√ [−6]		√ [−6]		
2	3	18	10	0.125		√		√		√		√		√	
2	4	12	8	0.125											
3	4	36	22	0.143	√	√	√	√	√	√	√	√	√	√	
3	5	30	18	0.058											√
4	5	0	0	∞					√	√			√	√	
4	6	30	16	0.057	√ [−12]	√ [−12]	√ [−14]	√ [−14]			√ [−14]	√ [−14]			
5	6	18	10	0.062					√ [−2]	√ [−2]			√ [−2]	√ [−2]	√ [−2]
继续缩短时间					12	×	18	×	2	×	20	×	2	×	×
直接费用增额					0.684	×	1.198	×	0.124	×	1.398	×	0.124	×	×
工程总直接费用(千元)					54.684		55.322				55.522				

注：表中符号：i—工作开始事件；j—工作结束事件；D_{ij}—工作正常时间；d_{ij}—工作最短时间；c_{ij}—工作费

进一步考虑不同工期的间接费用可以求得不同工期的工程总费用（成本）见 表4-6。

工程费用汇总表（单位：元）　　　　**表 4-6**

方案	工期（天）						
	96	84	78	76	70	62	58
直接费用	54000	54684	55322	55522	56708	58084	58888
间接费用	19560	18120	17400	17160	16440	15480	15000
总的费用	73560	72804	72722	72682	73148	73564	73888

从表4-6可见工程成本最低的工期为76天左右，如再缩小范围计算75天和77天的方案，工程费用分别为72787元和72700元，都比72682元大，因此最后可确定最优工期为76天。

表 4-5

期			λ_0	（天）										
70					62					58				
P^1_{96}	P^2_{90}	P^3_{84}	P^4_{78}	P^5_{78}	P^1_{96}	P^2_{90}	P^3_{84}	P^4_{78}	P^5_{78}	P^1_{96}	P^2_{90}	P^3_{84}	P^4_{78}	P^5_{78}
	√		√			√		√			√		√	
√ [−10]		√ [−10]		√ [−10]	√ [−10]		√ [−10]		√ [−10]	√ [−10]		√ [−10]		
	√ [−4]		√ [−4]			√ [−4]		√ [−4]			√ [−4]		√ [−4]	
√ [−2]	√ [−2]	√ [−2]	√ [−2]		√ [−10]	√ [−10]	√ [−10]	√ [−10]		√ [−14]	√ [−14]	√ [−14]	√ [−14]	
				√					√ [−4]					√ [−8]
		√	√				√	√				√	√	
√ [−14]	√ [−14]				√ [−14]	√ [−14]				√ [−14]	√ [−14]			
		√ [−2]	√ [−2]	√ [−2]			√ [−2]	√ [−2]	√ [−2]			√ [−2]	√ [−2]	√ [−2]
26	4	2	×	×	34	4	2	×	4	38	4	2	×	8
2.084	0.5	0.124	×	×	3.228	0.5	0.124	×	0.232	3.80	0.5	0.124	×	0.464
56.708					58.084					58.888				

用变化率；（ ）—工作缩短的时间；[ ]—工作已经缩短的时间。

以上介绍的网络计划时间-成本优化方法是根据规定工期直接进行调整的方法，它比逐步渐近调整方法具有计算简便、能够迅速求得计算结果的优点。由于这两种调整方法每次所调整的工作和天数有时不一样，因此有时计算结果也不一致，但是相差有限，对于实际应用仍是足够精确的。

第三节　施工资源安排

施工进度计划实质上包含着时间进度和资源进度两个方面。前面我们讨论了时间进度计划的编制，而尚未涉及到施工的资源问题。

施工资源泛指所需要的劳动力，施工机具设备、建筑材料、构配件，资金等，简单地说就是人、财、物的条件。

资源是实施工程计划的物质基础，离开了资源条件，再好的施工进度计划也就成为一张废纸。因此，施工资源的安排问题，也是施工设计中的重要内容，应予充分注意。

对一个建筑施工企业而言，在一定时期内，人力、物力和财力总有一定的限度。因此能够投入每个工程的施工资源也就有相对的限制。即使说对某项工程的资源供应是充分的，也还有一个合理使用、均衡消耗的问题。研究施工资源安排，通常是在初始网络时间进度计划的基础上，考虑对有限资源进行统筹安排，即用科学的方法解决资源供应与需求的矛盾，并在一定条件下达到均衡消耗的目的。

一、资源有限、工期最短的安排方法

（一）需要强度固定的情况

假定某施工进度计划需要s种不同的物资资源，已知每天可能供应的数量分别为$A_1(t)$、$A_2(t)$……，$A_S(t)$，完成每一个工作只需要其中一种资源，工作i-j需要的资源是第K种，单位时间需要量以$r_{i-j}^{(k)}$表示，并假定$r_{i-j}^{(k)}$是常数。在物资资源供应满足$r_{i-j}^{(k)}$的条件下，完成工作i-j所需的持续时间以D_{i-j}表示。

以$W_{i-j}^{(k)}$表示工作i-j所需的第k种资源总数，因此$W_{i-j}^{(k)}=r_{i-j}^{(k)}\cdot D_{i-j}$。整个网络计划第$K$种资源总需要量为

$$\sum_{\forall(i,j)} W_{i-j}^{(k)}=\sum_{\forall(i,j)} r_{i-j}^{(k)}\cdot D_{i-j}$$

假定$A_K(t)$（$k=1$、$2\cdots s$）为常数，即$A_K(t)=A_K$，那么最短工期的下界为

$$\max_K\left[\frac{1}{A_K}\sum_{\forall(i,j)} W_{i-j}^{(k)}\right]$$

如果在不考虑物资资源限制供应的条件下，算得网络计划关键路线的长度为l_{OP}，那么在满足物资资源限制供应的条件下，其工期必然满足下式

$$T\geqslant\max\left[L_{OP}\cdot\max\left(\frac{1}{A_k}\sum_{\forall(i,j)} W_{i-j}^{(k)}\right)\right]$$

为了把问题简化，假定所有工作都需要同样的一种资源，即$s=1$、以下介绍一种近似解法。

1.第一时段的调整步骤

（1）根据网络图,先绘制相应于各工作最早开始时间的有时间坐标网络图及相应物资资源需要量动态曲线,从中找出关键路线的长度、位于关键路线上的工作及位于非关键路线上各工作的总时差。如果物资资源需要量不满足规定的限制条件，那么就需要进行调整。

（2）假定用τ表示时间的瞬时，τ_0表示整个网络计划的开始瞬时，因此$\tau_0=0$。物资资源需要量动态曲线一般是一个阶梯形的曲线。

假定在时间区段（以下简称时段）$[\tau_0,\tau_1]$（即相应于阶梯形曲线第一个阶梯的时段）内每天需要的物资资源数量为常数。

在确定时段$[\tau_0,\tau_1]$时，应使该时段内各工作的持续时间，都满足$D_{i-j}\geqslant\tau_1$，然后根据以下原则对这些工作进行编号排序：

①先对关键路线上的工作进行编号，其号编为$1,2\cdots k_1$；

②接着对非关键路线上的工作按总时差递增编号，其号编为k_1+1，k_1+2，…；

③对于总时差相等的非关键工作，按每天需要的物资资源数量递减编号。

（3）按编号从小到大的顺序，把位于时段$[\tau_0, \tau_1]$内的工作每天所需的物资资源数量进行累加，以累加数不超过可能供应的条件为限。余下的工作就右移至τ_1开始。

2.一般时段的调整步骤

假定已计算了k步，当时段$[\tau_0, \tau_k]$内的工作每天所需的物资资源之和没有超过限制条件时，那么就继续计算第$k+1$步。

（1）同第一时段调整步骤（1）；

（2）假定在时段$[\tau_k, \tau_{k+1}]$即阶梯形曲线的第$k+1$个阶梯的时段内每天需要的物资资源数量为常数。

研究在时段$[\tau_k, \tau_{k+1}]$内的工作，即在τ_k之左或就在τ_k开始，而在τ_{k+1}之右或就在τ_{k+1}结束的工作。根据以下原则对这些工作进行编号：

①对于内部不允许中断的工作

a.先对在τ_k之前开始，而在τ_k之后结束的工作，根据其向右推移时对工期的影响程度ΔT的递减顺序编号，其号编为1，2…k_2。影响程度相等的工作，其中，对工期的影响程度等于该工作需要右移的天数减去它的总时差，即$\Delta T=(\tau_{k+1}-ES_{i-j})-TF_{i-j}$，按其每天物资资源需要量递减顺序编号。

b.对于在时段$[\tau_k, \tau_{k+1}]$内余下的工作，按第一时段调整步骤(2)的原则编号，依次为k_2+1，k_2+2……。

②对于内部不允许中断的工作

对于在τ_k之前开始而在τ_k之后结束的工作，把其τ_k之前部分当作一个独立的工作处理；τ_k之后部分按第一时段调整步骤（2）的原则编号。

（3）按第一时段调整步骤（3）同样的方法进行。

在τ_k之前开始的、内部不允许中断的工作如需要右移，那么就整个地右移，移至τ_{k+1}开始。

以上的计算方法同样适用于解决多种资源的问题。

3.计算示例

现以图4-9为例说明以上优化过程。图中箭杆上方Δ框内的数据，表示该工作每天需要的资源数量r_{i-j}，箭杆下面的数据为工作的持续时间D_{i-j}。按照各工作最早开始和最早结束绘制的有时间坐标网络图如4-10所示。

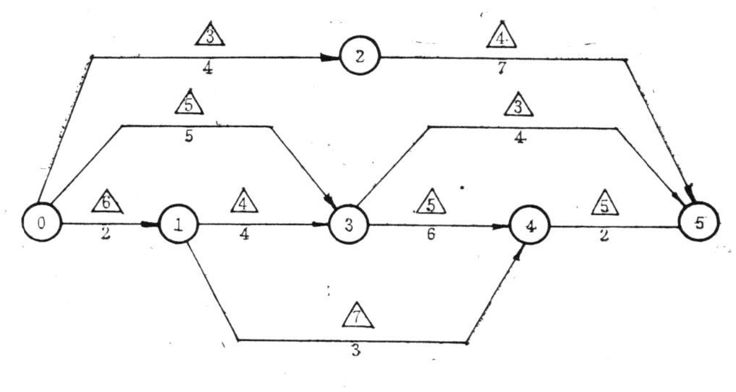

图 4-9

假定每天可能供应的资源数量为常数$A=12$单位，工作不允许中断。

从图4-10可以看出，时段[0,2]，[2,4]和[4,5]每天所需要的资源数量分别为14、19和20单位，都超出了可能供应的限制条件。因此计划必须进行调整。

（1）研究第一时段[$\tau_0=0$，$\tau_1=2$]的调整。

处于该时段内同时进行的工作有0-1、0-2和0-3，按照第一步的编号原则，它们的编号顺序是：

编号顺序	工作名称 $i-j$	每天资源需要量 r_{i-j}	编号依据
1	0—1	6	关键工作$TF_{0-1}=0$
2	0—3	5	非关键工作$TF_{0-3}=1$
3	0—2	3	非关键工作$TF_{0-2}=3$

按编号顺序将各工作每天资源需要量进行累加，其中第1、2两项相加为$6+5=11$，而第3项每天需要量是3，如再累加进去将等于14，超出了可能的限制条件，因此，工作0-2应推迟到$\tau_1=2$之后开始。

（2）绘制出第一时段调整后的有时间坐标网络图及其相应的资源需要量动态曲线，如图4-11所示。

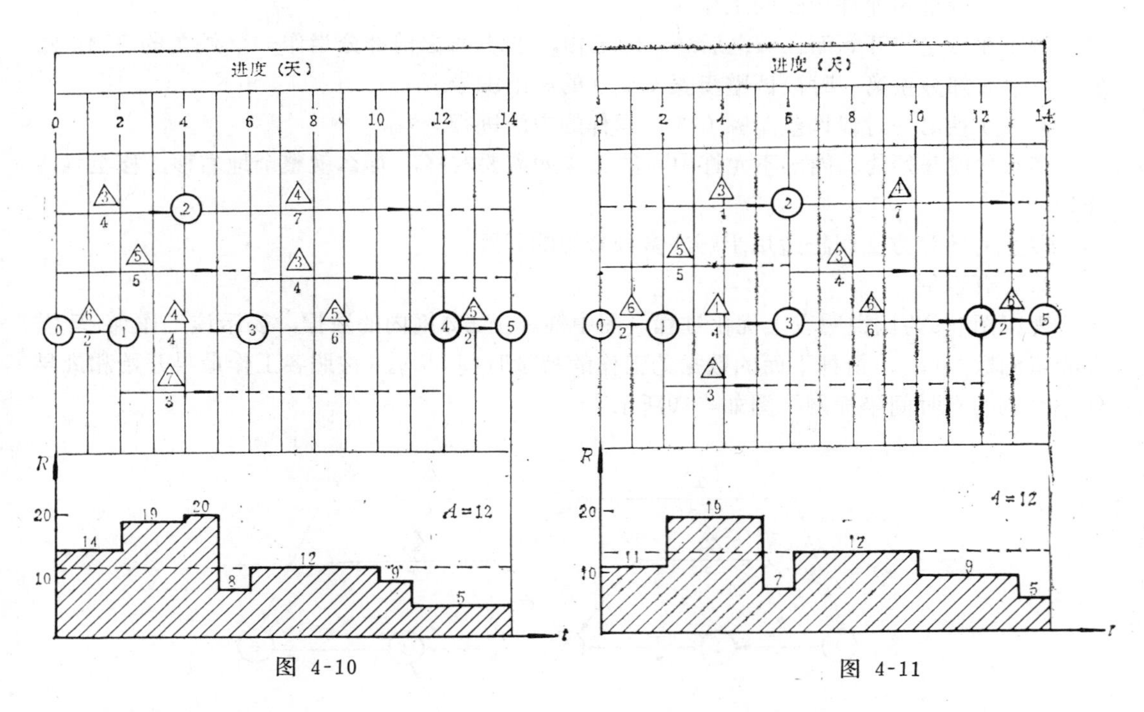

图 4-10　　图 4-11

接着研究时段[$\tau_1=2$，$\tau_2=5$]的调整。处于该时段内进行的工作有0-2、0-3、1-3和1-4。根据一般步骤的编号原则，它们的顺序是：

按编号顺序工作0-3、1-3、0-2三项每天资源需要量之和为$5+4+3=12$，故工作

编号顺序	工作名称 $i-j$	每天资源需要量 r_{i-j}	编 号 依 据
1	0—3	5	在$\tau_1=2$前已经开始
2	1—3	4	关键工作$TF_{1-3}=0$
3	0—2	3	非关键工作$TF_{0-2}=1$
4	1—4	7	非关键工作$TF_{1-4}=7$

1-4必须推迟到$\tau_2=5$后开始。

（3）绘制出第二次调整后的有时间坐标网络图及共相应的资源需要量动态曲线，如图4-12所示。从中可以看出时段$[\tau_2=5,\tau_3=6]$的每天资源需要量为$14>A$。故需继续调整。处于该时段的工作有0-2、1-3和1-4，按一般时段调整步骤其编号顺序为：

编号顺序	工作名称 $i-j$	每天资源需要量 r_{i-j}	编 号 依 据
1	1—3	4	在$\tau_2=5$前已经开始， $\Delta_T=(\tau_5-ES_{1-3})-TF_{1-3}$ $=(6-2)-0$ $=4$
2	0—2	3	在$\tau_2=5$前已经开始， $\Delta_T=(\tau_3-ES_{0-2})-TF_{0-2}$ $=(6-2)-1$ $=3$
3	1—4	7	非关键工作$TF_{1-4}=4$

显然工作1-4应推迟到$\tau_3=6$后面开始。

依此类推，继续以下各次调整，最后可得图4-13所示的资源有限、工期最短的近似解。

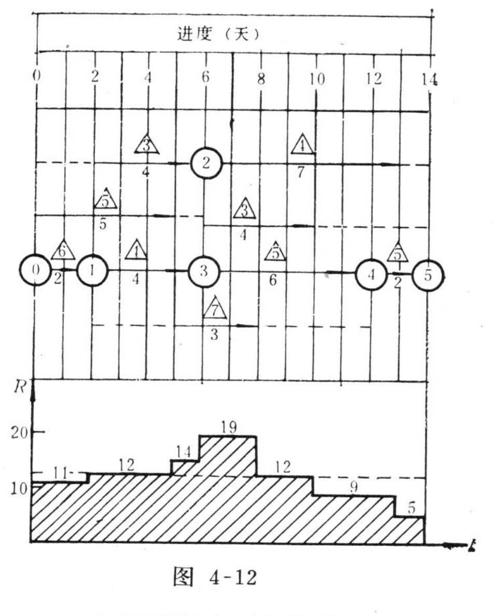

图 4-12

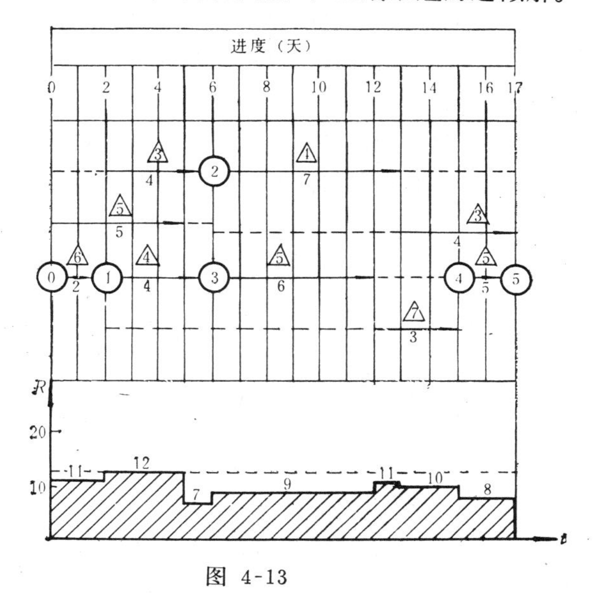

图 4-13

（二）需要强度可变的情况

在网络计划中，各项工作所需要的资源总数是一个常数，它等于工作的资源需要量强度和相应持续时间的乘积。若工作可能得到的最大资源强度为R_{i-j}，该工作相应的最短持续时间为D_{i-j}，则资源总需要量为

$$W_{i-j}=R_{i-j}\times D_{i-j} \qquad (4\text{-}1)$$

根据图4-9，我们可以列出各工作的最大资源强度、相应的最短持续时间和资源总需要量，见表4-7。

网络计划资源总需要量 **表 4-7**

工作名称		最短持续时间	最大资源强度	资源总需要量	到达网络终点的最长线路长度
i	j	D_{i-j}	R_{i-j}	W_{i-j}	$L(0)_{i-j}$
(1)	(2)	(3)	(4)	(5)	(6)
0	1	2	6	12	14
0	2	4	3	12	11
0	3	5	5	25	13
1	3	4	4	16	12
1	4	3	7	21	5
2	5	7	4	28	7
3	4	6	5	30	8
3	5	4	3	12	4
4	5	2	5	10	2

从式4-1可以看出，对资源强度可变的工作，其持续时间也是一个变量。工作可能得到的资源强度越小，自然就导致其持续时间越长。资源强度可变，整个计划的工期也是可变的。我们的目标仍然是研究有限资源在各项工作之间的分配原则，寻求在资源有限条件下工期最短的计划方案。

为了解决这个问题，我们以各工作的资源总需要量W_{i-j}不变为依据，按照网络计划所确定的工作先后顺序，依次进行有限资源的分配。对于处在同一时间进行的工作，同样按照工作所拥有的时差大小来决定分配的先后次序。但是为了使计算过程不受已经分配到资源的那一部分工作的影响，在计算工作的时差时，只考虑未分配到资源的工作所组成的线路长短，这和一般的计算方法有所不同。

在还没有进行资源分配之前，根据网络图上各工作的最短持续时间D_{i-j}，我们可以算出各个工作到达网络终点的最长线路$L(0)_{i-j}$的持续时间长度为

$$L(0)_{i-j}=D_{i-j}+(D_{j-k}+D_{k-l}+\cdots\cdots+D_{m-n}) \qquad (4\text{-}2)$$

式中$L(0)_{i-j}$的长度是由两部分持续时间所组成的，第一部分为工作$i-j$本身所需要的最短持续时间D_{i-j}；第二部分为工作$i-j$后续最长线路的持续时间（$D_{j-k}+D_{k-l}+\cdots+D_{m-n}$）。例如图4-9中工作0-1到达网络终点的最长线路持续时间为：

$$L(0)_{0-1}=D_{0-1}+(D_{1-3}+D_{3-4}+D_{4-5})=2+(4+6+2)$$
$$=14（天）$$

同样可以算出其余各工作到达网络终点的最长线路持续时间$L(0)_{i-j}$，见表4-7第6栏。

假设根据各工作的先后顺序，通过n次资源分配，整个网络计划的各项工作都得到所

要求的资源数量，那末对于其中任意一次（第k次，$k=1,\cdots n$）的分配过程，可以归纳为以下几个步骤，并采用表4-8的格式进行计算。

1.确定可能同时进行的所有工作$F(k)$

在第k次分配资源时，可能同时进行的工作必须具备条件是该工作前面的工作已经全部得到所需要的资源。我们把这些工作的全体，定义为工作集合$F(k)$，见表4-8的第2栏。

2.计算各工作尚缺的资源数量$\Delta W(k)_{i-j}$

参加第k次资源分配的工作尚缺的资源数量，等于该工作在前面一次（第$k-1$次）分配资源时尚缺的数量减去在前一次分配中所得到的数量（见表4-8的第14栏）。因此

$$\underset{(i,\ j)\in F(k)}{\Delta W(k)_{i-j}}=\Delta W(k-1)_{i-j}-P(k-1)_{i-j} \tag{4-3}$$

3.计算各工作的时差$\Delta L(k)_{i-j}$

从式（4-2）可以知道，工作$i-j$到达网络终点的最长线路持续时间的第一部分，即该工作本身所需要的持续时间D_{i-j}是可变的。当该工作分配到一部分资源时，由于计算过程不考虑已分配到资源部分的影响，因此工作$i-j$尚需的持续时间应扣除已经分配到资源的那一部分所需要的时间，工作$i-j$到达网络终点的最长线路长度，也随着资源的分配而缩短。

各工作在第k次分配资源时到达网络终点的最长线路长度，应等于该工作在第$k-1$次分配资源时的长度减去在第$k-1$次分配中所获得的资源按最大强度消耗所需要的时间，即

$$L(k)_{i-j}=L(k-1)_{i-j}-\frac{P(k-1)_{i-j}}{R_{i-j}} \tag{4-4}$$

式中　$P(k-1)_{i-j}$为工作$i-j$在第$k-1$次分配中所得到的资源数量，见表4-8第(14)栏。

根据式（4-4）可以算出$F(k)$中各工作到达网络终点的最长线路长度，填入表4-8的第(5)栏。同时将第(5)栏的最大值即$\max L(k)$填入第(6)栏，然后根据下式计算各工作的线路时差。

$$\Delta L(k)_{i-j}=\max L(k)-L(k)_{i-j} \tag{4-5}$$

4.进行有限资源的分配，即确定分配强度$r(k)_{i-j}$。

对于同时进行的工作$F(k)$，根据各工作线路时差的大小顺序排列，依次按照以下情况分配资源（单位时间需要量），确定实际分配强度$r(k)_{i-j}$:

（1）当尚缺资源数量大于或等于最大强度时，按最大强度分配，即

$$\Delta W(k)_{i-j}\geqslant R_{i-j},\ \text{则}\ r(k)_{i-j}=R_{i-j}$$

（2）当尚缺资源数量小于最大强度时，按尚缺数量分配，即

$$\Delta W(k)_{i-j}<R_{i-j},\ \text{则}\ r(k)_{i-j}=\Delta W(k)_{i-j}$$

（3）剩余的资源数量小于工作最大资源强度时，按剩余的数量分配。

如果有几个时差相等的工作竞争剩余资源，则按这些工作的最大强度的比例分配。

5.计算各工作的资源强度比

资源强度比为实际分配强度和最大强度的比值，反映各工作的进展速度，见表4-8的第(9)栏。

6.计算分配步距$t(k)$

所谓分配步距，即前后两次分配资源的时间间隔。

步距的大小取决于以下两个因素：

（1）工作相对时差的消失

如果我们把参加第k次资源分配的所有工作$F(k)$，按照它们相同的时差分为若干等级，假设有限资源只能分配到第Q级，处于它后面的其余工作暂时得不到资源。那么，第Q级最后获得资源的那个工作和第$Q-1$级工作的资源强度比一定满足下式：

$$\begin{cases}\left(\dfrac{r}{R}\right)_{Q-1} = 1 \\ 0<\left(\dfrac{r}{R}\right)_{Q}\leqslant 1\end{cases}$$

因此
$$\left(\frac{r}{R}\right)_{Q}\leqslant\left(\frac{r}{R}\right)_{Q-1}$$

从而可知，在第k次分配资源时，第Q级工作的进展速度较第$Q-1$级的工作慢，经过时间t_1后，两者的相对时差将消失。由于分配资源是以时差小作为优先的原则，这一原则对所有工作应该是同等的，所以，一旦相对时差消失，应重新进行资源分配。

t_1可按下式计算：

$$t_1=\frac{\Delta L(k)_{Q}-\Delta L(k)_{Q-1}}{1-\left(\dfrac{r}{R}\right)_{Q}} \tag{4-6}$$

同样道理，由于第$Q+1$级的工作没有得到资源，所以第Q级和第$Q+1$级工作之间的相对时差，经过时间t_2后也将消失，这时也要考虑重新分配资源。t_2可按下式计算：

$$t_2=\frac{\Delta L(k)_{Q+1}-\Delta L(k)_{Q}}{\left(\dfrac{r}{R}\right)_{Q}} \tag{4-7}$$

（2）某些工作已经结束

当第k次分配资源之后，如果获得资源的某些工作经过时间t_3后可以结束，那么也应该重新进行资源的分配。t_3可按下式计算：

$$t_3=\min_{(i,\ j)\in F(k)}\left(\frac{\Delta W(k)}{r(k)}\right)_{i-j} \tag{4-8}$$

由于上述两个因素都要兼顾，因此应从所求得的t_1、t_2及t_3中挑出最小值作为时间间隔即分配步距，也就是经过步距时间$t(k)$后，就要重新分配资源。

$$t(k)=\min\{t_1,t_2,t_3\} \tag{4-9}$$

7.计算各工作的资源分配量$P(k)_{i-j}$

$$P(k)_{i-j}=r(k)_{i-j}\times t(k) \tag{4-10}$$

现在我们可以根据上述步骤对图4-9网络计划进行资源最优分配。

第一次分配：

（1）确定$F(1)$

由于第一次分配在网络计划的开始时刻进行，因此，根据网络图可知，可能同时进行

的工作有0-1、0-2和0-3，即

$$F(1)=\{(0,1),\ (0,2),\ (0,3)\}$$

（2）计算$\Delta W(1)_{i-j}$

由于各工作在第一次分配之前都还没有得到资源，因此，尚缺的资源数量就等于它的总需要量（见表4-7），故

$$\Delta W(1)_{0-1}=12$$
$$\Delta W(1)_{0-2}=12$$
$$\Delta W(1)_{0-3}=25$$

（3）计算$\Delta L(1)_{i-j}$

$$L(1)_{0-1}=L(0)_{0-1}=14$$
$$L(1)_{0-2}=L(0)_{0-2}=11$$
$$L(1)_{0-3}=L(0)_{0-3}=13$$
$$\max L(1)=\max\{14,11,13\}=14$$
$$\Delta L(1)_{0-1}=14-14=0$$
$$\Delta L(1)_{0-2}=14-11=3$$
$$\Delta L(1)_{0-3}=14-13=1$$

（4）分配资源，即计算$r(1)_{i-j}$

本例每天可能供应的资源数量为12单位。第一次分配时，$F(1)$中各工作的排列次序、分配强度及分配等级如下：

顺　序	$F_{(1)}$	ΔL	ΔW	R	r	等　级
1	0—1	0	12	6	6	↑ $Q-2=1$
2	0—3	1	25	5	5	$Q-1=2$
3	0—2	3	12	3	1	$Q=3$

$\Sigma_r=12$

（5）计算$\left(\frac{r}{R}\right)_{i-j}$

$$\left(\frac{r}{R}\right)_{0-1}=\frac{6}{6}=1$$
$$\left(\frac{r}{R}\right)_{0-2}=\frac{1}{3}$$
$$\left(\frac{r}{R}\right)_{0-3}=\frac{5}{5}=1$$

（6）计算$t(1)$

$$t_1=\frac{\Delta L(R)_Q-\Delta L(k)_{Q-1}}{1-\left(\frac{r}{R}\right)_Q}=\frac{\Delta L(1)_3-\Delta L(1)_2}{1-\left(\frac{r}{R}\right)_3}=\frac{3-1}{1-\frac{1}{3}}$$

$$=\frac{2}{\frac{2}{3}}=3$$

因为没有$Q+1$级，故t_2不必计算。

$$t_3=\min\left\{\frac{12}{6},\frac{25}{5},\frac{12}{1}\right\}=2$$

所以
$$t(1)=\min\left\{t_1,t_2,t_3\right\}=\min\left\{3,-,2,\right\}=2$$

（7）计算$P(1)_{i-j}$

$$P(1)_{0-1}=r(1)_{0-1}\times t(1)=6\times 2=12$$
$$P(1)_{0-3}=r(1)_{0-3}\times t(1)=5\times 2=10$$
$$P(1)_{0-2}=r(1)_{0-2}\times t(1)=1\times 2=2$$

将上述各步计算结果填入表4-8，即完成了第一次分配。

第二次分配：

（1）确定$F(2)$

在第一次分配以后，由于工作0-1所得到的资源数量已经等于它的尚缺资源数量，即$P(1)_{0-1}=\varDelta W(1)_{0-1}=12$，因此该工作的后续工作1-3和1-4，可以进入第二次分配的行列。而工作0-2和0-3由于在第一次分配中所得到的资源数量小于尚缺的资源数量，所以将继续参加第二次分配，从而可知在第二次分配时可能同时进行的工作为：

$$F(2)=\{(0,2),\ (0,3),\ (1,3),\ (1,4)\}$$

（2）计算$\varDelta W(2)_{i-j}$

$$\varDelta W(2)_{0-2}=\varDelta W(1)_{0-2}-P(1)_{0-2}=12-2=10$$
$$\varDelta W(2)_{0-3}=\varDelta W(1)_{0-3}-P(1)_{0-3}=25-10=15$$
$$\varDelta W(2)_{1-3}=\varDelta W(0)_{1-3}=16$$
$$\varDelta W(2)_{1-4}=\varDelta W(0)_{1-4}=21$$

（3）计算$\varDelta L(2)_{i-j}$

由式（4-4）得

$$L(2)_{0-2}=L(1)_{0-2}-\frac{P(1)_{0-2}}{R_{0-2}}=11-\frac{2}{3}=10\frac{1}{3}$$

$$L(2)_{0-3}=L(1)_{0-3}-\frac{P(1)_{0-3}}{R_{0-3}}=13-\frac{10}{5}=11$$

$$L(2)_{1-3}=L(0)_{1-3}=12$$
$$L(2)_{1-4}=L(0)_{1-4}=5$$

$$\therefore\quad \max L(2)=\max\left\{10\frac{1}{3},11,12,5\right\}=12$$

$$\varDelta L(2)_{0-2}=12-10\frac{1}{3}=1\frac{2}{3}$$

$$\varDelta L(2)_{0-3}=12-11=1$$
$$\varDelta L(2)_{1-3}=12-12=0$$
$$\varDelta L(2)_{1-4}=12-5=7$$

（4）计算$r(2)_{i-j}$

（5）计算$\left(\frac{r}{R}\right)_{i-j}$

$$\left(\frac{r}{R}\right)_{1-3}=\frac{4}{4}=1$$

$$\left(\frac{r}{R}\right)_{0-3}=\frac{5}{5}=1$$

$$\left(\frac{r}{R}\right)_{0-2}=\frac{3}{3}=1$$

工作1-4没有分配到资源，不计算强度比值。

顺　序	F(2)	ΔL	ΔW	R	r	等　级
1	0—3	0	16	4	4	Q－2＝1
2	0—3	1	15	5	5	Q－1＝2
3	0—2	$1\frac{2}{3}$	10	3	3	Q＝3
4	1—4	7	21	7	—	Q＋1＝4

$\Sigma r=12$

（6）计算$t(2)$

由于Q级工作和$Q-1$级工作的资源强度比相等，即

$$\left(\frac{r}{R}\right)_{Q}=\left(\frac{r}{R}\right)_{Q-1}=1$$

所以它们的进展速度一样，相对时差不会消失，故不必计算t_1。

$$t_2=\frac{\Delta L(2)_{Q+1}-\Delta L(2)_Q}{\left(\frac{r}{R}\right)_Q}=\frac{7-1\frac{2}{3}}{1}=5\frac{1}{3}$$

$$t_3=\min\left\{\frac{16}{4},\ \frac{15}{5},\ \frac{10}{3}\right\}=3$$

$$\therefore\qquad t(2)=\min\left\{-,\ 5\frac{1}{3},\ 3\right\}=3$$

（7）计算$P(2)_{i-j}$

$$P(2)_{1-3}=4\times3=12$$

$$P(2)_{0-3}=5\times3=15$$

$$P(2)_{0-2}=3\times3=9$$

将以上第二次分配计算结果填入表4-8。

同样可以继续进行以后各次的分配。读者可以自行计算，在此不赘述。最后分配结果如表4-8所示。

当各工作都获得了所要求的资源时，分配结束。这时可以根据下式计算各工作的持续时间D_{i-j}和计划总工期T。

$$D'_{i-j}=\sum_{\substack{K=1\\(i,j)\in F(K)}}^{n}t(k) \qquad (4\text{-}11)$$

$$T=\sum_{K=1}^{n}t(k) \tag{4-12}$$

即把各工作分配到资源的步距相加，就是该工作在资源有限、需要强度可变条件下的持续时间。必须指出，上述分配过程是工作允许中断的分配方法，也就是说某项工作在分配过程中，两次获得资源的时间可能会隔开若干分配步距。如果工作内部不允许中断，只要在上述分配的先后顺序中增加一条考虑工作连续性的原则即可。

根据表4-8，我们可以绘制本例（图4-9）网络计划的进度图表和每天资源需要量动态

表 4-8

分配次数 K	参加分配的各项工作 $F(k)$	资源尚缺数量 $\Delta W(k)$	最大需要强度 R	分配线路持续时间 $L(k)$	最长分配线路 $\max(k)$	线路时差 ΔL $\times(k)$	分配强度 $r(k)$	强度比 $r(R)$ R	分配步距 t_1	t_2	t_3	t	资源分配数量 $P(k)=r(k)\times t(k)$
(1)	(2)	(3)	(4)	(5)	(6)	(7)	(8)	(9)	(10)	(11)	(12)	(13)	(14)=(8)×(13)
Ⅰ	0—1	12	6	14		0	6	1					12
	0—2	12	3	11	14	3	1	$\frac{1}{3}$	3	—	2	2	2
	0—3	25	5	13		1	5	1					10
Ⅱ	0—2	10	3	$10\frac{1}{3}$		$1\frac{2}{3}$	3	1					9
	0—3	15	5	11	12	1	5	1	—	$5\frac{1}{3}$	3	3	15
	1—3	16	4	12		4	4	1					12
	1—4	21	7	5		7	—	—					—
Ⅲ	0—2	1	3	$7\frac{1}{3}$		$1\frac{2}{3}$	1	$\frac{1}{3}$					1
	1—3	4	4	9	9	0	4	1	3.5	—	1	1	4
	1—4	21	7	5		4	7	1					7
Ⅳ	1—4	14	7	4		4	2	$\frac{2}{7}$					10
	2—5	28	4	7	8	1	4	1	4.5	—	6	5	20
	3—4	30	5	8		0	5	1					25
	3—5	12	3	4		4	1	$\frac{1}{3}$					5
Ⅴ	1—4	4	7	$2\frac{4}{7}$		$\frac{3}{7}$	4	$\frac{4}{7}$					4
	2—5	8	4	2	3	1	—	—	$\frac{5}{9}$	$\frac{1}{3}$	1	1	—
	3—4	5	5	3		0	5	1					5
	3—5	7	3	$\frac{2}{3}$		$\frac{2}{3}$	3	1					3
Ⅵ	2—5	8	4	2		0	4	1					8
	3—5	4	3	$\frac{4}{3}$	2	$\frac{2}{3}$	③ 2	$\frac{2}{3}$	2	—	2	2	⑥ 4
	4—5	10	5	2		0	5	1					10

$\Sigma t=14$

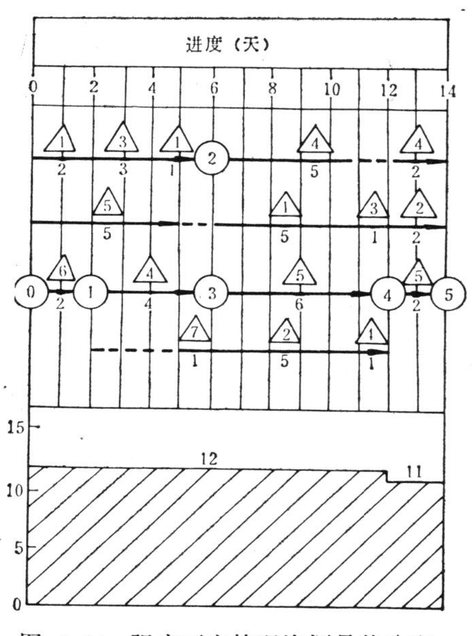

图 4-14　强度可变情况资源最佳分配

曲线，见图4-14。

比较图4-13及图4-14可以清楚地看到，在同样资源有限制的条件下，资源强度可变比资源强度固定能够得到更优的结果，不仅缩短工期3天，而且资源消耗更加均衡。因此只要技术上许可，就宜采取这种资源分配办法。

以上步骤可以编成电子计算机程序，进行电算。对于多种资源的问题，应选择一种主要资源进行优化，其它资源根据主资源的分配情况进行相应的分配。

二、工期规定，资源均衡的安排方法

（一）均衡施工的意义和指标

均衡施工，就是在施工的各个阶段所完成的工作量、劳动量和所消耗的建筑材料、构件、半成品等尽可能保持均衡性。反映在施工进度计划中，工作量进度动态曲线、总劳动力需要量动态曲线和各种材料需要量动态曲线等，尽可能不出现短时期的高峰或低陷，力求每天所完成的工作量或所需要的资源数量接近于平均值。

均衡施工可以大大减少施工现场各种临时设施（包括生产设施，如仓库、堆场、加工棚、砂浆制备站、混凝土搅拌装置、临时供水供电设施等，和生活福利设施，如工人的临时居住房屋、临时办公房屋、食堂、浴堂、娱乐设施等的规模，）从而可以节省施工费用。

衡量施工均衡性或资源消耗均衡性的指标，通常有三种：

1.不均衡系数k。根据资源需要量动态曲线计算。

$$K=\frac{\text{最高峰日期的每天总需要量}}{\text{每天平均需要量}}=\frac{R_{max}}{R_m}$$

显然，在进行不同施工进度计划方案比较时，资源需要量不均衡系数愈小，说明它的施工均衡性愈好。

2.极差值ΔR。是指资源需要量动态曲线上，每天计划需要量与每天平均需要量之差的最大绝对值。即

$$\Delta R=\max[|R(t)-R_m|]\quad 0\leqslant t\leqslant T$$

同样，极差值愈小，均衡性也就愈好。

3.均方差值σ^2。表示资源需要量动态曲线上，每天计划需要量与每天平均需要量之差的平方和的平均值。即

$$\sigma^2=\frac{1}{T}\sum_{t=1}^{T}(R(t)-R_m)^2$$

式中使用差数平方求和，目的是为了消除正负值产生抵销的情况，以便对不同进度计划方案进行资源需要量均衡性的比较。方差值愈小愈均衡。

（二）用均方差最小的方法，进行网络计划资源均衡的优化

其基本思路是，利用网络计划初始方案计算所得到的局部时差，改善进度计划的安排，使资源需要量动态曲线的方差值减到最小，从而达到均衡的目的。

方差表达式可以展开为：

$$\sigma^2=\frac{1}{T}\sum_{t=1}^{T}(R(t)-R_m)^2$$

$$=\frac{1}{T}\sum_{t=1}^{T}(R^2(t)-2R(t)R_m+R_m^2)$$

$$=\frac{1}{T}\sum_{t=1}^{T}R^2(t)-\frac{2R_m}{T}\sum_{1}^{T}R(t)+\frac{1}{T}\sum_{1}^{T}R_m^2$$

$$=\frac{1}{T}\sum_{1}^{T}R^2(t)-2R_m^2+R_m^2$$

$$=\frac{1}{T}\sum_{1}^{T}R^2(t)-R_m^2$$

因为式中工期T与每天平均需要量R_m均为常数，因此，要使方差为最小，只需使得$\sum_{1}^{T}R^2(t)$为最小，即

$$\sum_{1}^{T}R^2(t)\longrightarrow \min$$

$$=R_1^2+R_2^2+R_3^2+\cdots\cdots+R_T^2 \text{为最小}$$

在有时间座标的网络图上进行优化的步骤是：

1.找出关键路线的长度及非关键工作总时差

根据满足规定工期条件的网络图，绘制相应于各工作最早开始时间的具有时间坐标的网络计划及物资资源需要量动态曲线，从中找出关键路线的长度，和位于关键路线上的工作及位于非关键路线上各工作的总时差。

为使计划的总持续时间始终满足规定的工期条件，在以下调整过程中不考虑位于关键路线上的工作的右移。

2.按节点最早开始时间的后先顺序，自右向左地进行调整

如果节点l为最右(后)的一个节点，那么就首先对以节点l为结束点的工作进行调整。又如以节点l为结束点的工作中，工作$k-l$为开始时间最迟的非关键工作，那么就首先考虑工作$k-l$的调整问题。

假定工作$k-l$在第i天开始，在第j天结束。当工作$k-l$向右移一天时，第i天需要的物资资源的数量将减少r_{k-l}，而第$j+1$天需要的物资资源数量将增加r_{k-l}，即

$$R_i'=R_i-r_{k-l}$$

$$R_{j+1}'=R_{j+1}+r_{k-l}$$

工作$k-l$向右移一天后，$R_1^2+R_2^2+\cdots\cdots+R_T^2$的变化值等于

$$[(R_{j+1}+r_{k-l})^2-R_{j+1}^2]-[R_i^2-(R_i-r_{k-l})^2]$$

上式化简后得

$$2r_{k-l}[R_{j+1}-(R_i-r_{k-l})]$$

因此，当上式为负值，即意味着工作$k-l$右移一天能使$R_1^2+R_2^2+\cdots\cdots+R_T^2$的值减小

那么就将工作$k-l$向右移一天。

在新的动态曲线上按上述同样的方法继续考虑工作 $k-l$是否还能再右移一天，如果能右移一天，那么就再右移一天，直至不能移动为止。

如果出现$R_{j+1}>(R_i-r_{k-l})$，即表示工作$k-l$不能向右移一天，那么就考虑工作$k-l$是否可能向右移2天(在总时差许可的范围内)，如果$R_{j+2}-(R_{i+1}-r_{k-l})$为负值，那么就计算

$$[R_{j+1}-(R_i-r_{k-l})]+[R_{j+2}-(R_{i+1}-r_{k-l})]$$

如它为非正值，那么工作 $k-l$ 就右移2天，继而还可考虑工作$k-l$能否右移3天的问题（在总时差许可的范围内）。

工作$k-l$右移以后，再按上述顺序考虑其它工作的右移。

3.按节点最早开始的后先顺序，自右向左地继续调整

在所有工作都按节点最早开始时间的后先顺序自右向左进行了一次调整之后，为使方差值进一步减少，再按节点最早开始时间的后先顺序，自右向左进行第二次调整。反复循环，直至所有工作的位置都不能再移动为止。

以上的计算方法同样适用于近似地解决多种资源均衡的问题。

我们仍用图4-10为例，说明工期规定、资源均衡的优化步骤。

假设资源的供应条件没有限制，图4-10显然是一个可行的进度计划，每天资源最大需要量为$R_{max}=20$单位，每天平均需要量为

$$R_m=\frac{14\times2+19\times2+20\times1+8\times1+12\times4+9\times1+5\times3}{14}=11.85$$

物资资源需要量的不均衡系数为

$$K=\frac{20}{11.85}=1.7$$

我们的目标是在工期不变的条件下改善网络计划的进度安排，选择资源消耗最均衡的计划方案。

第一次调整

（1）对以事件 5 为结束点的两项工作2-5和3-5进行调整（4-5为关键工作，不考虑调整）。从图4-10可知，工作3-5的开始时间（第 6 天）较工作 2-5 的开始时间（第 4 天）迟，因此先考虑工作3-5的调整。

由于$R_{11}-(R_7-r_{3-5})=9-(12-3)=0$，可右移一天，$ES_{3-5}=7$；

又因$R_{12}-(R_8-r_{3-5})=5-(12-3)=-4<0$，可再右移一天，$ES_{3-5}=8$；

$R_{13}-(R_9-r_{3-5})=5-(12-3)=-4<0$，再右移一天，$ES_{3-5}=9$；

$R_{14}-(R_{10}-r_{3-5})=5-(12-3)=-4<0$，再右移一天，$ES_{3-5}=10$。

可见工作3-5逐天右移，直至移到时段[10,14]内进行，均能使动态曲线的方差值减少。

接着，以工作3-5右移后的动态曲线为依据（此图略），再对工作2-5进行调整。

由于$R_{12}-(R_5-r_{2-5})=8-(20-4)=-8<0$，可右移一天，$ES_{2-5}=5$；

$R_{13}-(R_6-r_{2-5})=8-(8-4)=4>0$，不能右移；

$R_{14}-(R_7-r_{2-5})=8-(9-4)=3>0$，不能右移。

因此，工作2-5只能右移一天。在图4-10基础上工作3-5和2-5右移后可得图4-15。

（2）对以事件 4 为结束点的工作1-4进行调整。

根据图4-15计算

$R_6-(R_3-r_{1-4})=8-(19-7)=-4<0$，可右移一天，$ES_{1-4}=3$；

$R_7-(R_4-r_{1-4})=9-(19-7)=-3<0$，再右移一天，$ES_{1-4}=4$；

$R_8-(R_5-r_{1-4})=9-(16-7)=0$，再右移一天，$ES_{1-4}=5$；

$R_9-(R_6-r_{1-4})=9-(15-7)=1>0$，不能右移（必须注意此时$R_6=8+7=15$，因为工作1-4已右移到时段[5，8]，如图4-16所示，下同）。

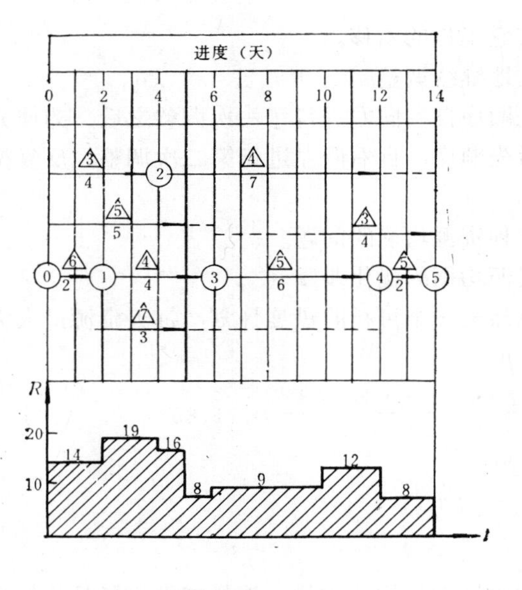

图 4-15

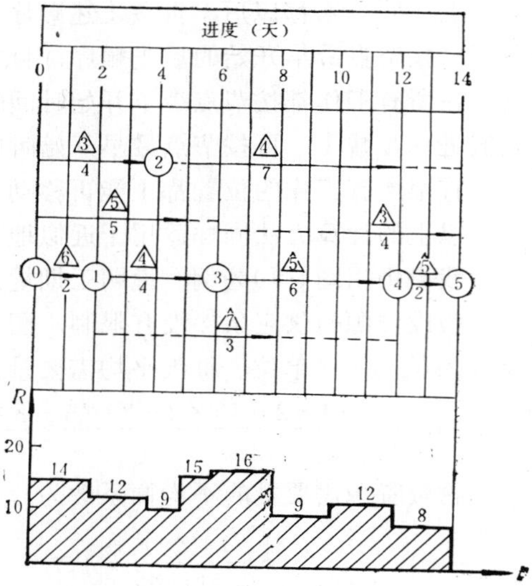

图 4-16

再考虑工作1-4能否在此基础上右移 2 天，

因 $R_{10}-(R_7-r_{1-4})=9-(16-7)=0$

$R_9-(R_6-r_{14})+R_{10}-(R_7-r_{14})=1+0=1>0$，

故不能右移 2 天。

再考虑工作1-4能否右移 3 天。

因 $R_{11}-(R_8-r_{1-4})=12-(16-7)=3$。

$1+0+3=4>0$，不能右移3天。

同样可算得不能再右移4天。

（3）分别对以事件 3 、 2 、 1 为结束点的非关键工作进行调整，可发现都不能再右移。

第二次调整

（1）在图4-16的基础上，对以事件5为结束点的工作2-5继续调整。

由于 $R_{13}-(R_6-r_{2-5})=8-(15-4)=-3<0$

可右移一天，$ES_{2-5}=6$；

又因 $R_{14}-(R_7-r_{2-5})=8-(16-4)=-4<0$

再右移一天，$ES_{2-5}=7$；

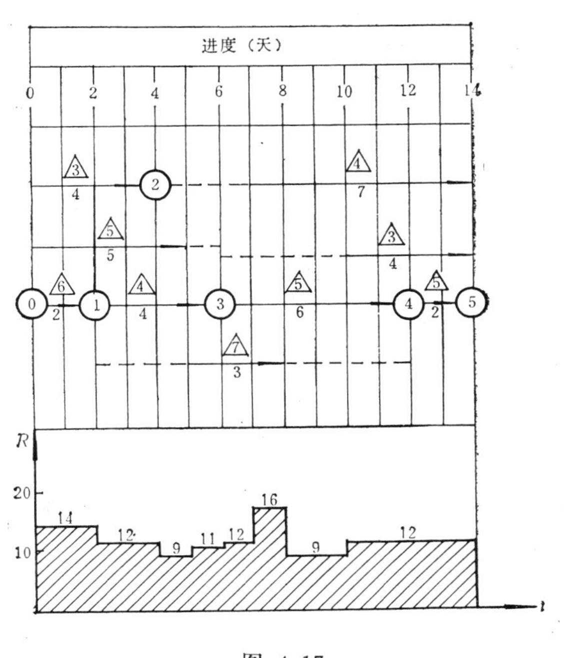

图 4-17

工作2-5右移后得图4-17。

（2）分别考虑以事件 4 、 3 、 2 、 1 为结束点的各非关键工作的调整，计算结果表明都不能右移。解毕。

从图4-17优化后的资源动态曲线可以看出，每天最大需要量 $R_{max}=16$；不均衡系数

$$K=\frac{16}{11.85}=1.35<1.7。$$

三、编制各种资源需要量汇总表

单位工程施工进度计划经过资源有限和均衡问题的优化调整后，就可以着手编制各类资源需要量计划。

（一）主要劳动力需要量计划

将各施工过程所需要的主要工种劳动力，根据施工进度的安排进行迭加，就可编制出主要工种劳动力需要量计划如表4-9所示。它的作用是为施工现场的劳动力调配提供依据。

劳动力需要量计划表 **表 4-9**

序号	工种名称	总劳动量(工日)	每月需要量(工日)					
			1	2	3	4	……	12

（二）施工机械模具需要量计划

根据施工方案和施工进度确定施工机械的类型、数量、进场时间。一般是把单位工程施工进度表中每一个施工过程、每天所需的机械类型、数量和施工日期进行汇总，即可得出施工机械模具需要量计划，如表4-10所示。

施工机械、模具需要量计划表 **表 4-10**

序号	机械名称	机械类型（规格）	需要量		来源	使用起止时间	备注
			单位	数量			

（三）主要材料及构、配件需要量计划

材料需要量计划，主要为组织备料、确定仓库、堆场面积，组织运输之用。其编制方法系将施工预算中或进度表中各施工过程的工程量，按材料名称、规格、使用时间并考虑到各种材料消耗定额进行计算汇总，即为每天（或旬、月）所需材料数量、材料需要量计划格式如表4-11所示。

主要材料需要量计划表　　表 4-11

序号	材料名称	规格	需要量		供应时间	备注
			单位	数量		

若某分部分项工程是由多种材料组成，例如混凝土工程，在计算其材料需要量时，应按混凝土配合比，将混凝土工程量换算成水泥、砂、石、外加剂等材料的数量。

建筑结构构件、配件和其它加工品的需要量计划，同样可按编制主要材料需要量计划的方法进行编制。它是同加工单位签订供应协议或合同、确定堆场面积、组织运输工作的依据，如表4-12所示。

构件需要量计划表　　表 4-12

序号	品名	规格	图号	需要量		使用部位	加工单位	供应日期	备注
				单位	数量				

第四节　施工平面图

有的建筑工地秩序井然，有的建筑工地则杂乱无章，这与施工平面设计的合理与否有着直接的关系。单位工程施工平面图是施工设计的主要组成部分。合理的施工平面布置对于顺利执行施工进度计划是非常重要的。反之，如果施工平面图设计不周或管理不当，都将导致施工现场的混乱，直接影响施工进度、劳动生产率和工程成本。因此在施工设计中，对施工平面图的设计应予极大重视。

一、设计内容和依据

（一）设计内容

单位工程施工平面图通常用1:200～1:500的比例绘制，一般应在图上标明下列内容：

1.建筑平面上已建和拟建的地上和地下的一切房屋、构筑物及其它设施的位置和尺寸；

2.移动式起重机（包括有轨起重机）开行路线及垂直运输设施的位置；

3.地形等高线，测量放线标桩的位置和取舍土方地点；

4.为施工服务的一切临时设施的布置；

5.各种材料（包括水暖电卫材料）、半成品、构件以及工业设备等的仓库和堆场；

6.场内施工道路以及场外交通的联接；

7.临时给水排水管线、供电线路、蒸汽及压缩空气管理等；

8.一切安全及防火设施的位置。

（二）设计依据

单位工程施工平面图应在施工设计人员踏勘现场、取得施工环境第一手资料的基础上，根据施工方案和施工进度计划的要求进行设计。设计时依据的资料有：

1.施工组织设计文件及原始资料。

2.建筑平面图，其上标明一切地上、地下拟建和已建的房屋与构筑物的位置。

3.一切已有和拟建的地上地下管道布置资料。

4.建筑区域的竖向设计资料和土方平衡图。

5.各种材料、半成品、构件等的需要量计划。

6.建筑施工机械、模具、运输工具的数量。

7.建设单位可为施工提供原有房屋及其它生活设施的情况。

二、设计步骤和要求

单位工程施工平面图设计的一般步骤如下：

（一）决定起重机械的位置

起重机械的位置直接影响仓库、料堆、砂浆和混凝土制备站的位置及道路和水、电线路的布置等。因此要首先予以考虑。

固定式垂直运输设备（井架、门架、桅杆等）的布置，主要根据机械性能、建筑物的平面形状和大小、施工段划分的情况、材料来向和已有运输道路情况而定。其目的是充分发挥起重机械的能力并使地面与楼面上的水平运距最小。但有时为了运输方便，运距稍大些也是可取的。一般来说，当建筑各部位的高度相同时，布置在施工段的分界线附近；当建筑物各部位的高度不同时，布置在高低分界线处。这样布置的优点是：楼面上各施工段水平运输互不干扰。若有可能，井架、门架的位置，以布置在有窗口处为宜，以避免砌墙留槎和减少井架拆除后的修补工作。固定式起重运输设备中卷扬机的位置不应距离起重机过近，以便司机的视线能够看到整个升降过程。

有轨式起重机轨道的布置方式，主要取决于建筑物的平面形状、尺寸和四周的施工场地的条件。要使起重机的起重幅度能够将材料和构件直接运至任何施工地点，尽量避免出现"死角"，争取轨道距离最短。轨道布置方式通常是沿建筑物的一侧或内外两侧布置，必要时还需增加转弯设备。同时做好轨道路基四周的排水工作。

无轨自行起重机的开行路线。主要取决于建筑物的平面布置、构件的重量、安装高度和吊装方法等。

（二）确定搅拌站、仓库和材料、构件堆场的位置

搅拌站、仓库和材料、构件堆场的位置应尽量靠近使用地点或在起重能力范围内，并考虑到运输和装卸料的方便。

1.根据施工阶段、施工部位和使用先后的不同，材料、构件等堆场位置一般有以下几种

布置：

（1）建筑物基础和第一层施工所用的材料，应该布置在建筑物的四周。材料堆放位置，应根据基槽(坑)的深度、宽度及其坡度确定。与基槽边缘保持一定距离，以免造成基槽（坑）土壁的坍方事故。

（2）第二层以上建筑物的施工材料，布置在起重机附近。

（3）砂、砾石等大宗材料尽量布置在搅拌站附近。

（4）多种材料同时布置时，对大宗的、重量大的和先期使用的材料，尽可能靠近使用地点或起重机附近布置；而少量的、轻的和后期使用的材料，则可布置得稍远一些。

（5）按不同施工阶段，使用不同材料的特点，在同一位置上可先后布置几种不同的材料，例如砖混结构民用房屋中的基础施工阶段，可在其四周布置毛石，而在主体结构第一层施工阶段可沿四周布置砖等。

2.根据起重机的类型，搅拌站、仓库和材料、构件堆场布置又有以下几种布置：

（1）当采用固定式垂直运输设备时，尽可能靠近起重机布置，以减少远距或二次搬运；

（2）当采用塔式起重机进行垂直运输时，应布置在塔式起重机有效起重幅度范围内；

（3）当采用无轨自行式起重机进行水平或垂直运输时，应沿起重机运行路线布置。且其位置应在起重臂的最大外伸长度范围内。

当混凝土基础的体积较大时，则混凝土搅拌站可以直接布置在基坑边缘附近，待混凝土浇筑完后再转移，以减少混凝土的运输距离。

此外，木工棚和钢筋加工棚的位置可考虑布置在建筑物四周以外的地方。但应有一定的场地堆放木材、钢筋和成品。

石灰仓库和淋灰池的位置要接近砂浆搅拌站并在下风向；沥青堆场及熬制锅的位置要离开易燃仓库或堆场；也应布置在下风向。

（三）布置运输道路

现场主要道路应尽可能利用永久性道路，或先建好永久性道路的路基，在土建工程结束之前再铺路面。现场道路布置时要注意保证行驶畅通，使运输工具有回转的可能性。因此，运输路线最好围绕建筑物布置成一条环行道路。道路宽度一般不小于3.5米。

（四）布置行政管理及文化生活福利用临时设施

为单位工程服务的生活用临时设施是很少的，一般有工地办公室、工人休息室、加工棚、工具库等临时建筑物。确定它们的位置时，应考虑使用方便，不妨碍施工，并符合防火保安要求。

（五）布置水电管网

1.施工用的临时给水管

一般由建设单位的干管或自行布置的干管接到用水地点。布置时应力求管网总长度最短。管径的大小和龙头数目的设置需视工程规模大小通过计算确定。管道可埋于地下，也可铺设在地面上，由当时的气温条件和使用期限的长短而定。工地内要设置消防栓，消防栓距离建筑物不应小于5米，也不应大于25米，距离路边不大于2米。条件允许时，可利用城市、或建设单位的永久消防设施。

有时，为了防止水的意外中断。可在建筑物附近设置简单蓄水池，储有一定数量的生产和消防用水。如果水压不足时，尚应设置高压水泵。

2.为便于排除地面水和地下水，要及时修通永久性下水道，并结合现场地形在建筑物四周设置排泄地面水和地下水的沟渠。

3.临时供电

单位工程施工用电应在全工地性施工总平面图中一并考虑。若属于扩建的单位工程，一般计算出在施工期间的用电总数，提供建设单位解决，不另设变压器。只有独立的单位工程施工时，才根据计算出的现场用电量选用变压器。变压器站的位置应布置在现场边缘高压线接入处，四周用铁丝网围住。但不宜布置在交通要道口处。

必须强调指出，建设施工是一个复杂多变的生产过程，各种施工机械、材料、构件等是随着工程的进展而逐渐进场的，而且又随着工程的进展而逐渐变动、消耗。因此，在整个施工过程中，它们在工地上的实际布置情况是随时在改变着的。为此，对于大型建筑工程、施工期限较长或建设地点较为狭小的工程，就需要按不同施工阶段分别设计几张施工平面图。以便把不同施工阶段内工地上的合理布置生动具体地反映出来。在布置各阶段的施工平面图时，对整个施工时期使用的主要道路、水电管线和临时房屋等，不要轻易变动，以节省费用。对较小的建筑物，一般按主要施工阶段的要求来布置施工平面图，同时考虑其它施工阶段如何周转使用施工场地。布置重型工业厂房的施工平面图还应该考虑到一般土建工程同其它专业工程的配合问题，以一般土建施工单位为主，会同各专业施工单位，通过协商编制综合施工平面图。在综合施工平面图中，根据各专业工程在各施工阶段中的要求，将现场平面合理划分，使专业工程各得其所，具备良好的施工条件。以便各单位根据综合施工平面图布置现场。

综上所述，设计单位工程施工平面图的基本要求可以概括为：

（一）从施工现场实际条件出发，遵循施工方案和施工进度计划的要求，确定合理的平面布置方案，有利于施工，有利于现场管理。

（二）充分挖掘施工现场潜力，尽可能利用已有建筑物、构筑物和各种管道、道路为施工服务，减少暂设工程数量，节约国家投资。

（三）最大限度地缩短工地内部的运输距离，特别是尽可能避免场内二次搬运，以减少场内转运的材料损耗和节约劳动力。

（四）要符合劳动保护，技术安全和防火的要求。

为了保证施工的顺利和安全，要求场内道路畅通，机械设备的钢丝绳、电缆和缆风等不得妨碍交通，如必须通过时，应采取措施。易燃设施（如木工棚、易燃品仓库）和有碍人体健康的设施（如熬沥青、化石灰等）应布置在下风向，离开生活区远一些。此外，尚应在工地布置消防设施。在山区进行建设时，还应该考虑防洪等特殊要求。

根据上述基本要求并结合施工现场具体情况，施工平面图可以设计出几个不同的方案。这些方案在技术经济上互有优缺点，须进行方案比较，从中选出技术先进、安全可靠和经济合理的方案。

一般可根据施工用地面积；施工场地利用率；场内运输；临时房屋和构筑物的面积；临时铁路、公路以及各种管线长度等指标进行施工平面布置方案的比较。

三、施工平面布置示例

（一）某单层工业厂房施工平面图

图4-18所示，为一铸工车间的施工平面布置图。车间的南北侧不远处即为农田。车间的西端为正在施工的其他建筑物堆场；车间的东端，距柱子中心线6.4米处有全厂性的管道堆场及原有的清理车间与将建的清理车间。车间南、西、北三面的永久性道路已经建成，可为施工服务。各种建筑材料、制品和设备可沿公路运来。本厂房为装配式钢筋混凝土结构，除柱、多腹杆拱型屋架和部分吊车梁就地预制外，其他便于运输的构件均在构件预制场中制作。先张法预应力吊车梁在车间东北端即清理车间北侧制作，由于离开全厂性集中搅拌站较远，浇注基础、柱子、屋架、预应力吊车梁和普通吊车梁所需要的混凝土，由设立于车间西南角的混凝土搅拌站供应。由于材料等皆由公路运来，所以材料堆场，加工棚和一切仓库均沿公路两边布置。例如，在车间北边布置木模堆场和整修场以及工具间，车间的南边为设备及金属排架堆场。砌筑外墙用砖数量很大，为了减少两次搬运，尽量将其布置在靠近工作的地点。砌筑材料的垂直运输利用带有拔杆的井筒升降机。为了减少地面、屋面和脚手架上的水平运输，沿车间四周布置6个井筒式升降机，并在砌墙用的金属排架中每隔12～18米的距离设置0.5吨卷扬机一台，用以运输砖及灰浆。

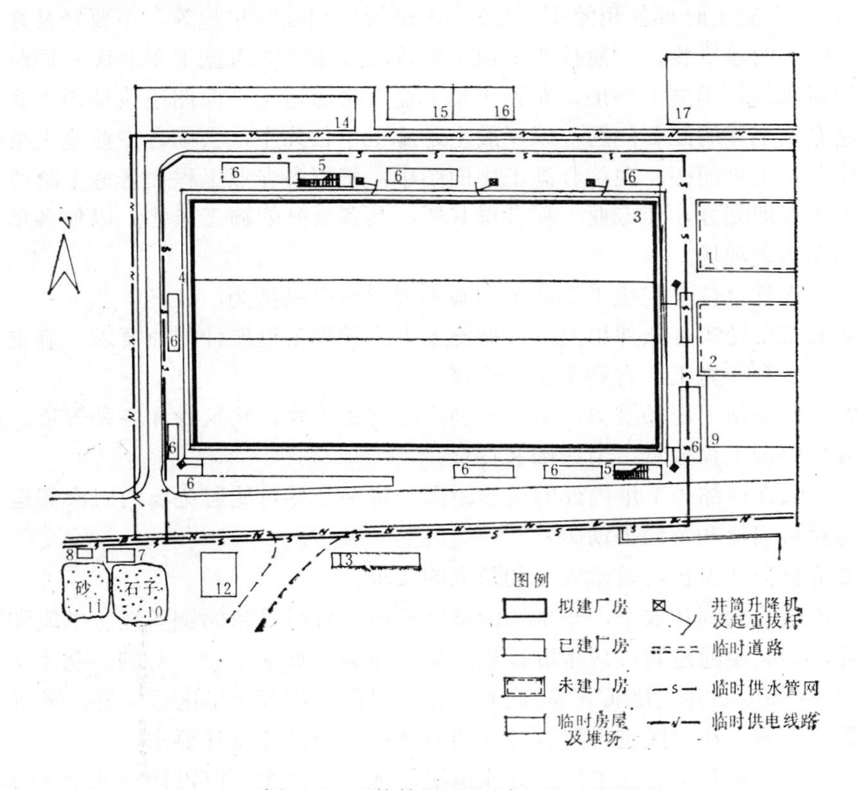

图 4-18 某单层工业厂房施工平面图

1—未建的清理车间；2—已有的清理车间；3—拟建的厂房；4—金属排架；5—斜道；6—砖堆；7—混凝土搅拌站；8—灰浆搅拌站；9—管材堆放处；10—石堆场；11—砂堆场；12—沥青熬制处；13—金属排架堆放处；14—木模堆放及整理场；15—工具库；16—工地办公室；17—预应力吊车梁预制场

为了运输的方便，在车间的东端铺设临时简易道路。

由于该车间仅属工业企业中的一部分，所以施工平面图比较简单，而且图中没有布置工人居住文化生活福利设施，这些都在工业企业的施工总平面图中确定。此外，考虑到工作和安全方面的需要，工地上布置了工地办公室。

临时供水由车间东南面的永久性水管接入；临时供电由车间的西北角接入。考考了搅拌站、加工棚、办公室、预制场、砌砖等的需要，以及生活和施工照明的要求，均采用环状布置。且与整个供水供电网路联系起来。

（二）某大型板材居住房屋施工平面图

图4-19为某大型板材居住房屋的施工平面图。在施工进度上采用了对翻流水的组织方法，吊装工程选用塔式起重机，故在布置时，首先决定安装机械的轨道。根据建筑物的平面尺寸，以及现场的具体情况，起重机布置在房屋的南边，大型墙板和楼板等构件均由构件工厂供应，由专用汽车运来，事先储存1～1.5层的构件，结构安装采用一班制，日班吊装后，夜班即补充相应的构件，利用塔式起重机卸车。运输道路可布置在塔式起重机和堆场之间，亦可布置在塔式起重机和堆场的外侧，采用前者布置方式可以多堆放些构件。

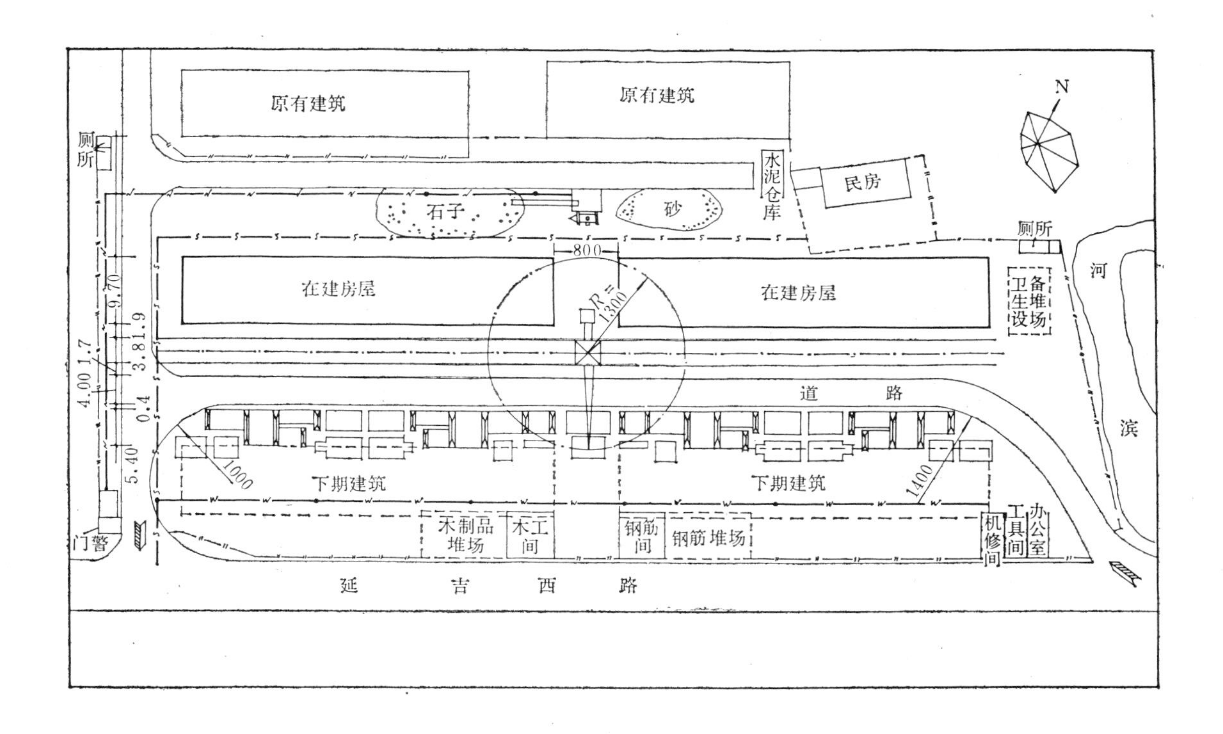

图 4-19　大型板材房屋施工平面图

根据构件工厂的位置，结合当地的具体情况，运输汽车由东边进场，转弯半径采用得大一些，卸车后出场采用较小的半径。混凝土搅拌机主要供应基础混凝土及屋面细石混凝土之用。布置在北边中部，不影响塔式起重机的安装，同时混凝土的运距亦最短。木板、钢筋临时加工棚及堆场布置在南边，亦很方便。工地办公室、工具间等设在入口处。水电均由居住区中已有管线接进使用。

第五节　施　工　措　施

一、技术组织措施

技术织组措施计划是建筑安装企业施工技术财务计划的一个重要组成部分。它的目的在于确定建筑安装企业在计划期内所要采取的技术方面和组织方面的具体措施，以全面完成和超额完成国家下达给本企业的计划任务。

技术组织措施计划的内容通常包括：

1.措施的项目和内容；例如怎样提高施工的机械化程度，改善机械的利用情况；采用新机械和新工具；采用新工艺；采用新材料和保证工程质量条件下廉价材料的代用；采用先进的施工组织方法；改善劳动组织以提高劳动生产率；减少材料运输损耗和运输距离等。

2.各项措施所涉及到的工作范围；

3.各项措施预期取得的经济效益。

技术组织措施的最终成果反映在工程成本的降低和施工费用支付的减少。有时在采用某种措施后，某些项目的费用可以得到节约，但另一些项目的费用将增加，这时，在计算经济效果时，增加和减少的费用都要计算进去。

单位工程施工设计中的技术组织措施，应根据施工企业技术组织措施计划结合工程的具体条件参考表4-13逐项拟定。

技术组织措施计划　　　　表 4-13

措施项目和内容	措施涉及的工程量		经济效果						执行单位及负责人
	单位	数量	劳动量节约额（工日）	降低成本额(元)					
				材料费	工资	机械台班费	间接费	节约总额	
合计									

单位工程技术组织措施计划是具体落实施工企业在计划期内降低工程成本的重要环节，认真编制这个计划，对于保证最大限度地节约各项费用，充分发挥潜力以及对工程成本作系统的监督检查有重要作用。

建筑安装工程成本的内容构成是：

1.直接费用

直接费用是指与生产建筑安装产品直接有关的费用的总和，它由人工费、材料费、施工机械使用费和其它直接费四个项目组成。

2.间接费

间接费包括施工管理费、其它间接费,施工管理费是指为组织与管理施工和为施工服务而支出的各种费用。

在制定降低成本计划时，要对具体工程对象的特点和施工条件，如施工机械、劳动力、运输、临时设施和资金等进行充分的分析。通常从以下几方面着手：

1.科学地组织生产，正确地选择施工方案。

2.采用先进技术，改进作业方法，提高劳动生产率，节约单位工程施工劳动量以减少工资支出。

3.节约材料消耗，选择经济合理的运输工具。有计划地综合利用材料、修旧利废，合理代用，推广新的优质廉价材料。如用钢模代替木模，采用新品种水泥等。

4.提高机械利用率，充分发挥其效能，节约单位工程施工机械台班费支出。

降低成本指标，通常以成本降低率表示：

$$降低成本率(\%)=\frac{成本降低额}{预算成本}\times 100\%$$

式中预算成本为工程设计预算的直接费用和施工管理费用之和；降低成本额通过技术组织措施计划来计算。

二、保证工程质量与施工安全的措施

在单位工程施工设计中，从具体工程的建筑结构特征、施工条件、技术要求和安全生产的需要出发，拟定保证工程质量和施工安全的技术措施。它是进行施工作业交底的一个重要内容，是明确施工技术要求和质量标准、防范可能发生的工程质量事故和生产安全事故的重要措施，一般应考虑：

1.有关建筑材料的质量标准，检验制度、保管方法和使用要求。

2.主要工种工程的技术要求、质量标准和检验评定方法。

3.可能出现的技术问题或质量通病的改进办法和防范措施。

4.高空作业，立体交叉作业的安全措施，施工机械，设备，脚手、上人电梯的稳定和安全措施，防水，防冻，防爆，防电，防坠，防坍的措施等。

拟定的各项措施，应具体明确，切实可行，并确定专人负责。

第六节　高层建筑物施工设计示例

一、工程概况

本建筑物系某建筑工程公司承建的十六层楼住宅，屋面设有二层电梯井房和电视接收房，建筑总高度52.70米。建筑面积16837平方米。长75.90米，宽23.32米，住房开间3.3～3.6米，进深6.1～6.3米，标准层高度2.8米。

该工程采用钢筋混凝土磨擦桩及全人防地下室基础，上部为全现浇钢筋混凝土剪力墙结构，外墙厚20厘米内墙厚16和18厘米。预应力钢筋混凝土多孔楼板和屋面板。细石混凝土地坪；内墙珍珠岩刮糙、纸筋灰罩面，刷“803”涂料。外墙用1:3水泥砂浆刮糙，玻璃马赛克贴面。

本工程土建预算造价3709834元，预定建设工期一年。

建筑平、剖面如图4-20所示。场地东、北两面紧靠市区公路峰岭路和加北路，西邻居民住宅区，施工场地狭小，唯南面有一条通道可供施工使用。沿加北路和峰岭路有一条高压电线，施工期间需采取防护措施，保证安全。

二、施工方案

（一）基础工程

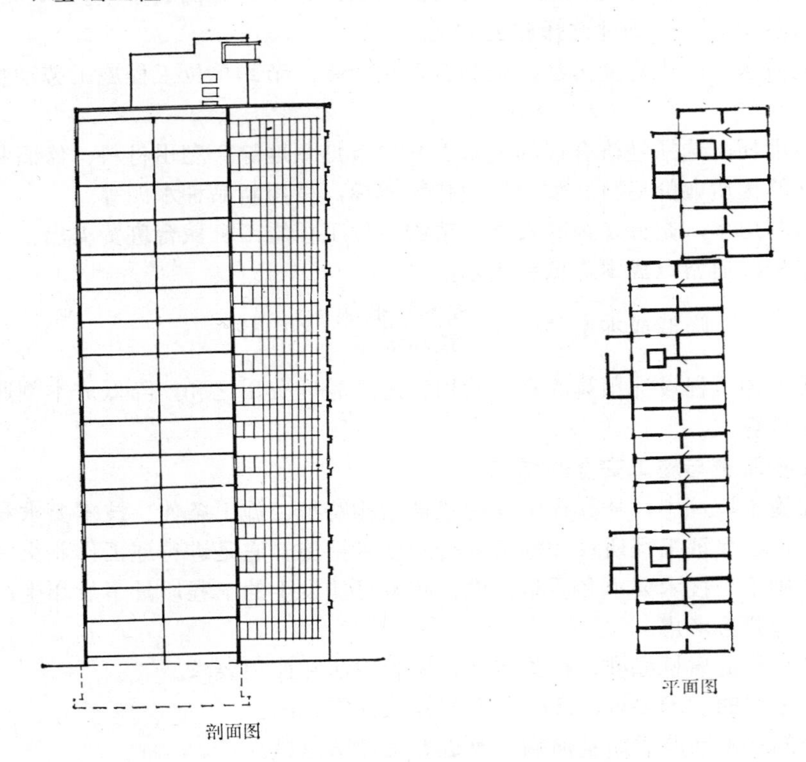

图 4-20 峰岭高层平面示意图

1.本工程全部钢筋混凝土桩委托市混凝土制品厂加工并送到现场。打桩与土方施工分别由专业基础公司及运输公司承包，具体施工方法另定。

为了防止和减轻打桩对邻近建筑物及道路管网的影响，拟在建筑物的东、西、北三向设置防振沟，沿沟槽中心线每隔1.2～1.5米间距，钻ϕ350孔洞，并在西面沟槽边缘打设一排200×200×8000永久钢筋混凝土桩，如图4-21所示。

2.土方与地下室施工采用井点降水。北面放坡，东、南两面用钢板桩挡土、单支点锚固，其平剖面示意如图4-22、图4-23所示。

3.地下室底板、墙板及顶板采用商品混凝土，其标号及数量列于表4-14。地下室钢筋混凝土架空板及顶板（预应力混凝土迭合板）由制品厂加工，其数量、规格见表4-15。

4.地下室钢模、钢筋、预制构件等的水平与垂直运输，选用一台TD-60红旗塔吊；混凝土用工作半径为16米、生产率为每小时20立方米的泵车输送。浇灌顺序如图4-24所示。

（二）、主体结构

1.本工程采用大模板施工工艺，外模用外承式七夹板挂模，内模用定型钢模拼装，纵横肋筋及支撑均使用型钢制作。模板构造如图4-25所示。模板配置数量为内模配足一个标准层的$\frac{2}{3}$，外模配足一层，按照施工分段翻转使用。

2.主体结构施工每层分为三个施工段；第一段自 1 至 9 轴，第二段自 9 至17轴，第三段为18至24轴。每一标准层建筑面积计1010平方米，每施工段的实物工程量及计划用工数量如表4-16所示。

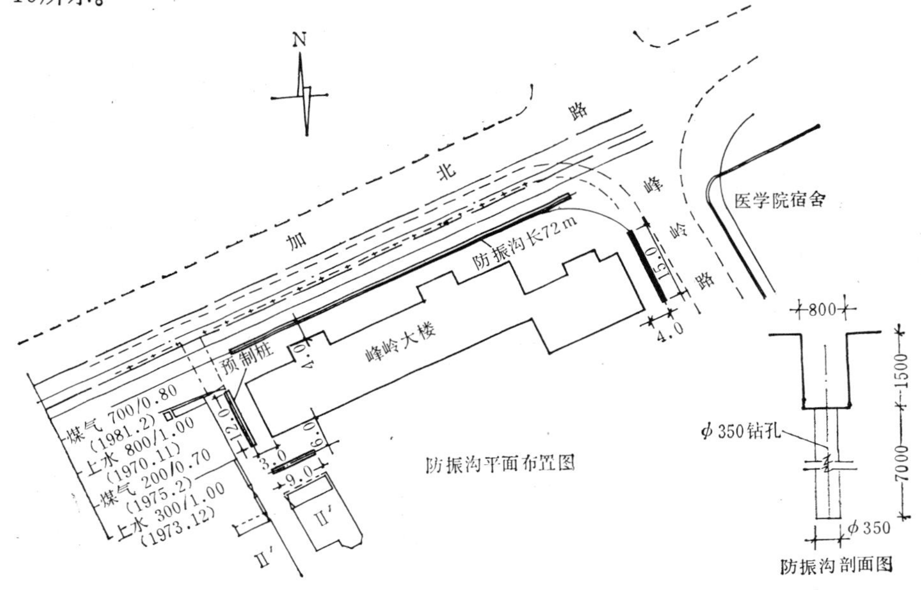

图 4-21 防震沟布置图

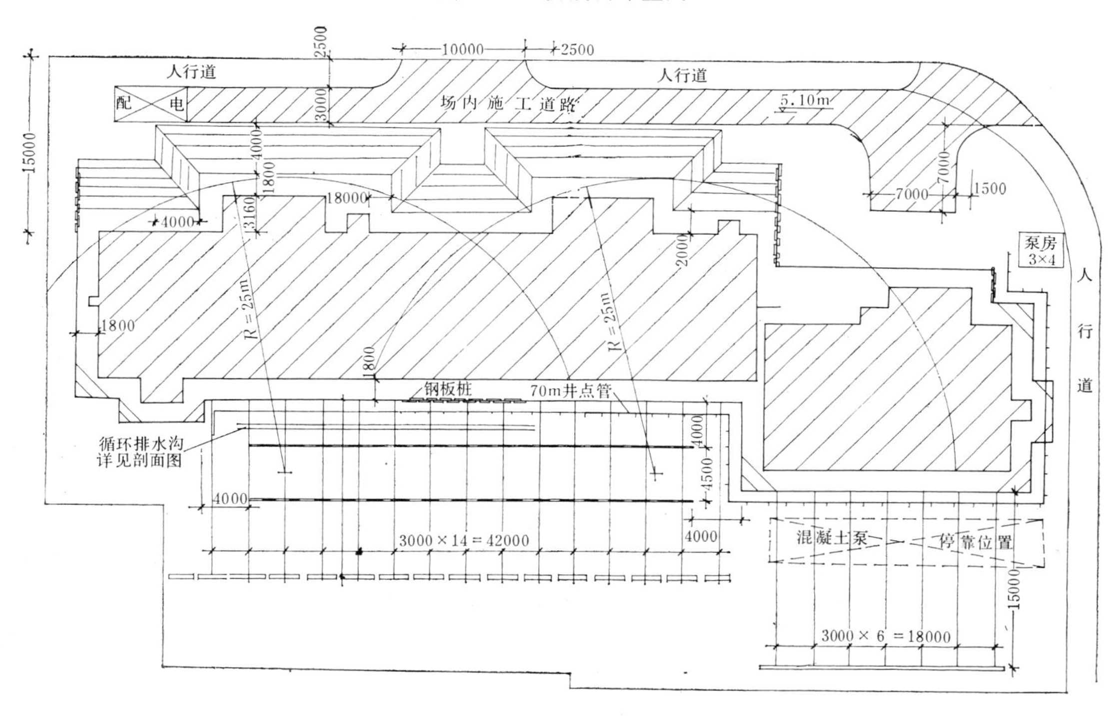

图 4-22 地下工程施工示意图

3.大模板的组装与拆除，应按先外模后内模的顺序进行。组装时先将大模板安放就位，然后通过调整地脚螺栓扶直，再用靠尺检查其垂直度，并在模板顶部安放固定卡具，控制墙身厚度尺寸。接着再紧固通过套管的穿墙螺栓。拆除时应先除去上口卡具、穿墙螺栓以及联结角模等，然后再将模板徐徐吊起，转至下一施工段安装。每一循环的工艺流程如图4-26所示。

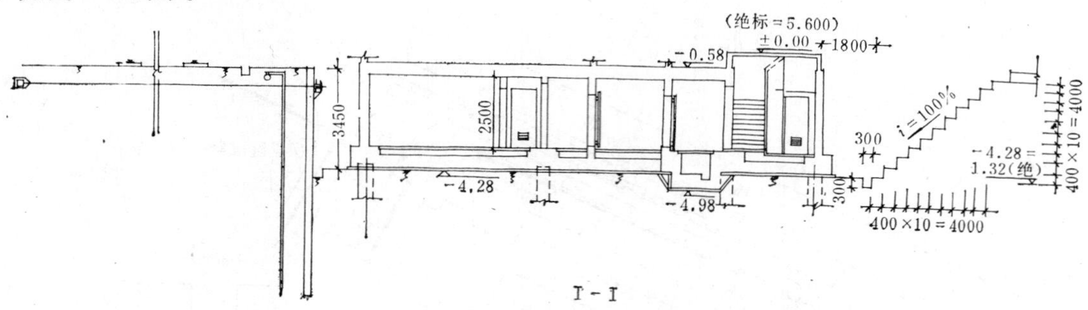

图 4-23 地下室施工剖面图

地下室混凝土用量　　表 4-14

部　位	混凝土标号	数　量(m^3)
垫　层	100#	116.23
底　板	300#	638.06
墙　板	300#	436.50
顶　板	300#	353.28
合　计		1544.07

地下室预制构件　　表 4-15

构件名称	型号规格	单位	重量(t)	数量
地下室底板架空板	YKB727-2	块	0.63	40
	YKB327-2	块	0.24	34
	YKB729-2	块	0.67	30
	YKB129-2	块	0.22	1
	YKB127-2	块	0.21	1
地下室顶板迭合板	YDB551	块	0.70	37
	YDB552	块	0.78	29
	YDB561	块	0.85	48
	YDB562	块	0.93	39

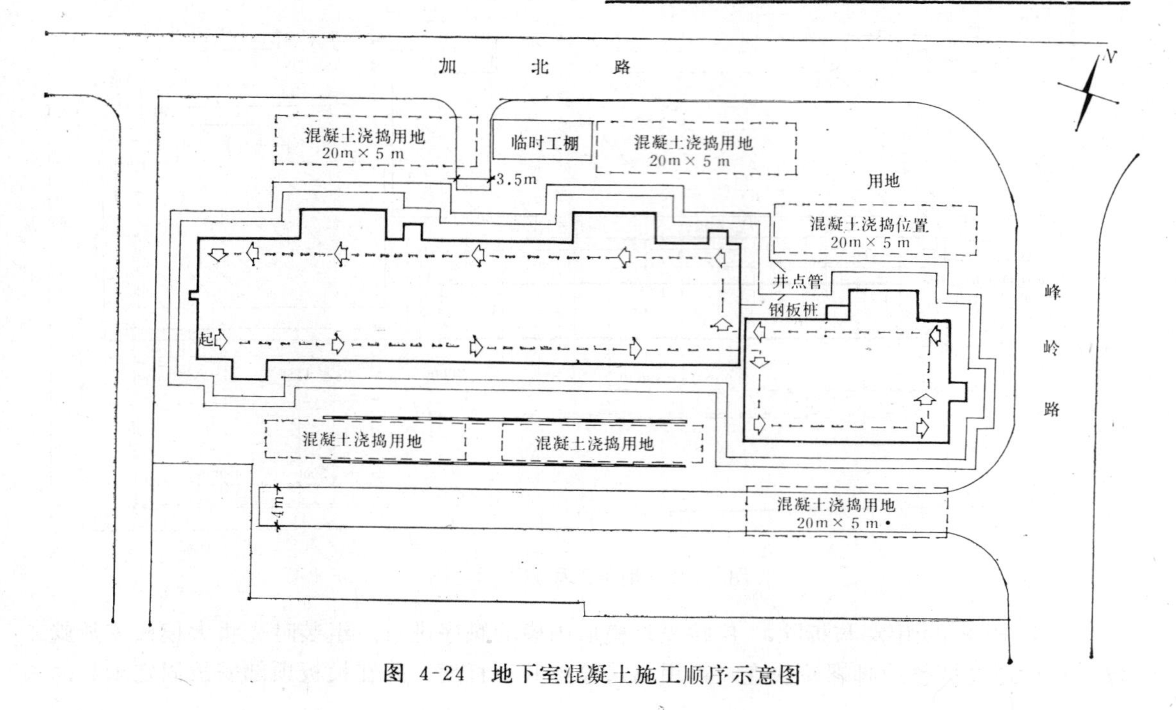

图 4-24 地下室混凝土施工顺序示意图

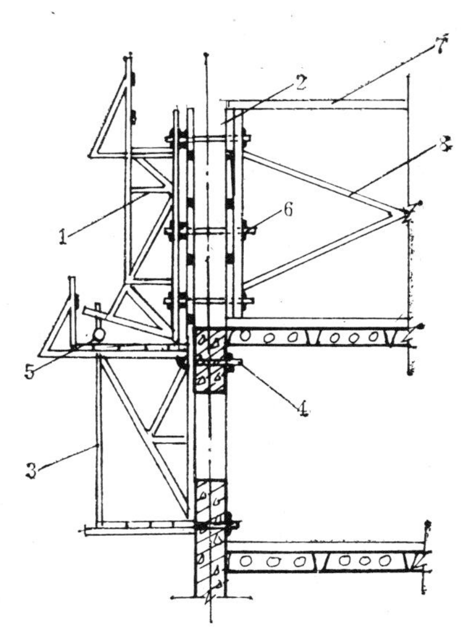

图 4-25　外承式大模板支设示意图

1—外墙外模；2—内模；3—外承架；4—穿墙卡具；5—地脚螺栓；6—穿墙螺栓；7—操作平台；8—剪刀撑

主体工程标准层实物量及用工量　　　　**表 4-16**

项 目 名 称	实物工程量		主 要 工 种 用 工			
	单　位	数　量	混凝土工	木　工	钢 筋 工	电 焊 工
1.浇捣混凝土	m^3	75	82			
2.钢模板安装	m^2	9.02		172		
3.绑扎钢筋	t	9.77			54	
4.其它用工						30
合　计			318			

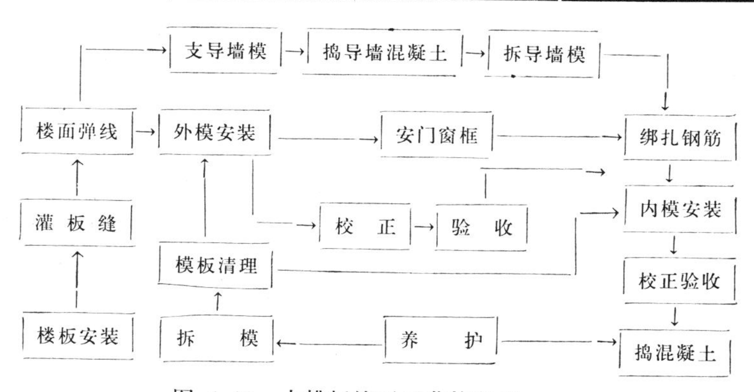

图 4-26　大模板施工工艺流程图

4.本工程东、北两面紧靠11万千瓦高压电线，施工机械只宜布置在建筑物的南面。考虑机械的性能与选型的经济性，决定采用行走式塔吊与附着式塔吊相结合的方案。即在结构工程开始阶段，先利用基础施工所设置的TD-60塔吊，并补充一台ZT120吨米塔吊作垂直和水平运输。当ZT120机不能行走时（约达到16层建筑物的一半高度），使其在5

轴部位附墙，拆除TD-60机，另增设一台Z80吨米塔吊在15轴部位附墙。考虑到施工后期塔吊拆除的需要，Z80吨米机采用行走式基座，机身为附墙式，在拆除时，可先将塔身降到45米高度以下，然后拆除附墙支撑杆，使塔吊向西移动4.8米。再将其把杆转至与墙面平行，继续降落塔身到可以拆除的高度。

TZ120吨米塔吊布置的附墙立面、平面及路轨示意图如图4-27、图4-28、图4-29所示。

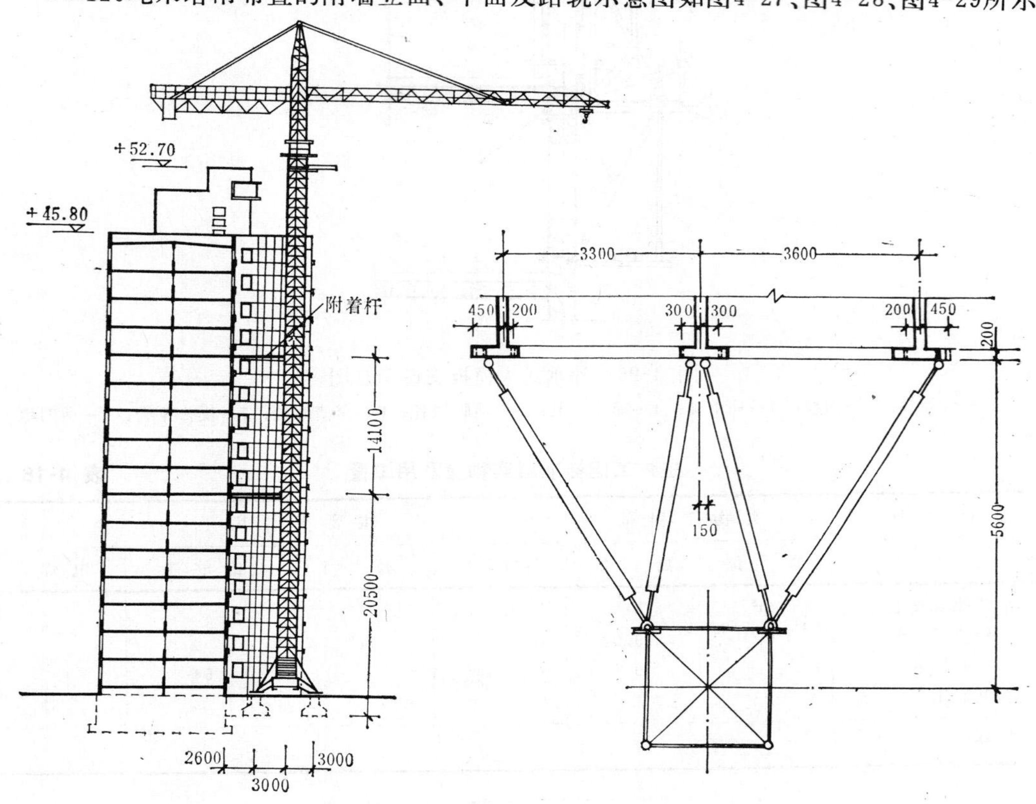

图 4-27 ZT-120塔吊布置示意图

图 4-28 ZT-120塔吊平面布置图

Z80吨米塔吊附墙平面及路轨铺设如图4-30所示。

5.在建筑物北面10轴部位安装一台人货两用电梯，型号为上海76-Ⅱ型施工电楼，高度46.6米。每二层设一道导轨架附墙连接，其结点采用现浇混凝土中预留埋件。电梯基础顶面比自然地面（即进入电梯的通道）落低50公分，地基回填土必须分层夯实，如图4-31。

（三）、装修工程

1.为了充分利用空间，组织装修工程与结构工程搭接施工，当结构施工完第八层时，内装修开始从第六层垂直向下，插入安装钢门窗，细石混凝土地面，内隔墙及内墙、平顶粉刷等的施工。然后再从第七层垂直向上，与结构施工进度保持二、三层的时间差。当结构到顶后，紧接着开始自上而下的外墙装饰工程。

2.本工程内墙采用珍珠岩打底刮糙，纸筋灰罩面，外刷“803”涂料，其操作方法如下：

①清扫墙面、处理油污、修补；平顶及门窗头角粉刷。

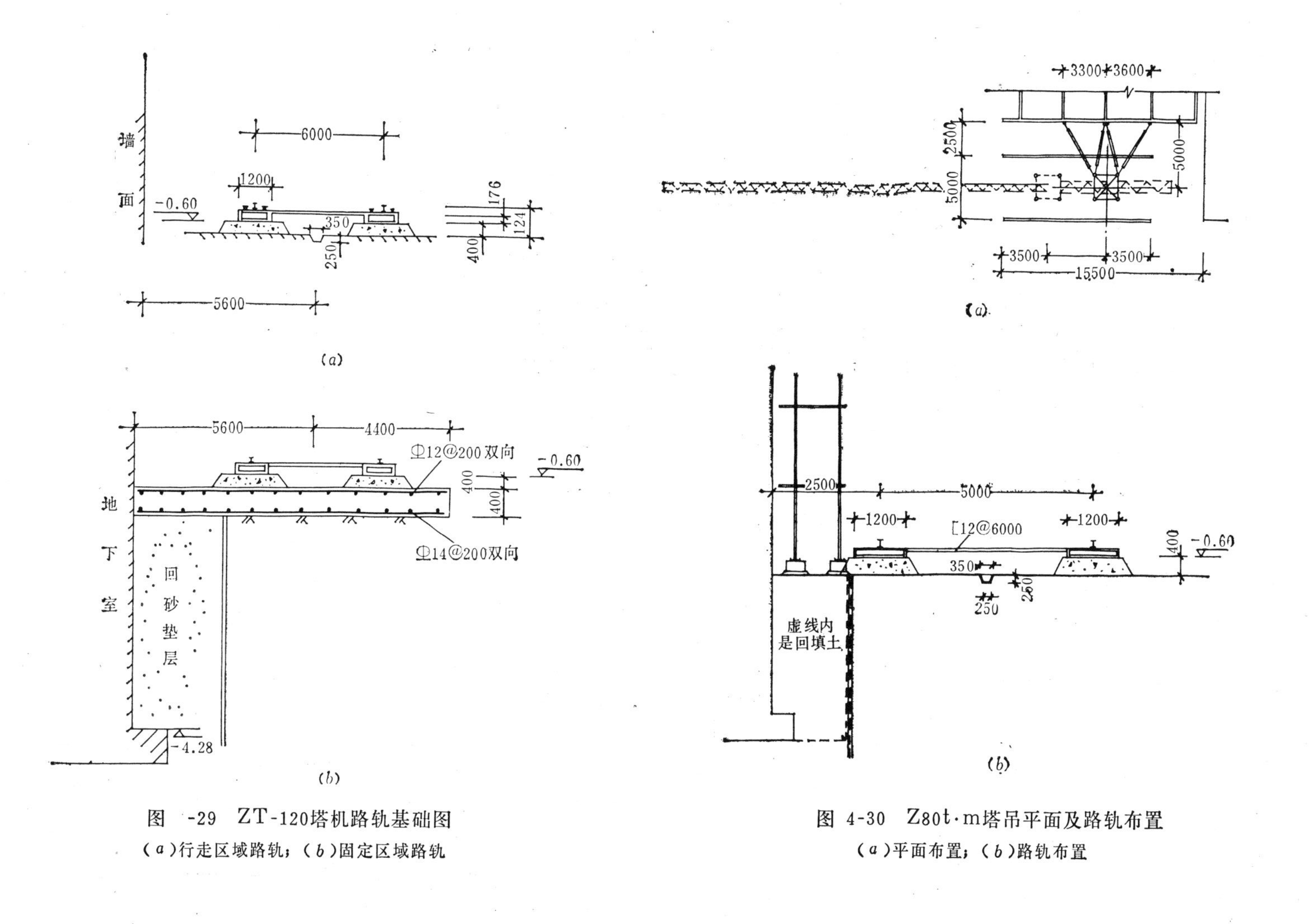

图 -29 ZT-120塔机路轨基础图

(a)行走区域路轨；(b)固定区域路轨

图 4-30 Z80t·m塔吊平面及路轨布置

(a)平面布置；(b)路轨布置

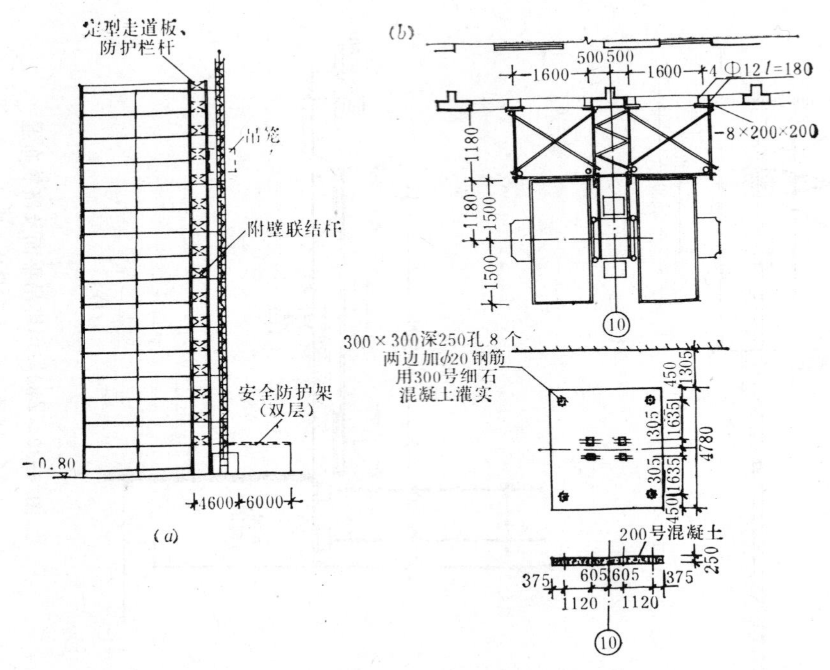

图 4-31 人货两用施工电梯示意图

（a）剖面；（b）平面；（c）基础图

②隔夜分三次冲水湿润墙面，每次相隔半小时左右。

③用口径4～6公分的喷枪，离墙面30～40厘米距离，自上而下自左而右垂直喷涂水泥砂浆约3毫米厚。要求表面均匀地形成颗粒状粗糙面层。砂浆级配为425#矿渣水泥:中粗黄砂:“107胶水”＝10:10:0.7（或1）。

④喷浆后2至3天，粉刷珍珠岩，厚度5毫米。

⑤纸筋灰粉面，干燥后刷“803涂料”。

3.外墙装修为玻璃马赛克贴面，基层应先做塌饼找平，然后按设计要求与马赛克规格，先弹线后粘贴。表面必须随时用木屑擦洗干净。材料进场要有专人负责挑选，按色泽规格分级分批检查。

4.装修阶段的垂直运输，设置两台重型附墙井架，一台位于北面2、3轴间，另一台位于北面15、16轴间。附墙井架平面及安装简图另附。

三、施工进度计划

（一）、控制性施工总进度

控制性施工总进度计划网络图编制的基本思想是，将主体结构施工与内部装修施工有机地搭接起来。为了保证外装饰的整体质量，在主体结构大模工艺施工结束后，紧接着进行外墙面的装修，如图4-32所示。

经计算可知，计划总工期308天，其中关键线路及关键工作项目如图中粗框节点所示。其余线路上的工作项目均有一定的总时差与局部时差。贯彻这一总进度计划必须注意以下各点：

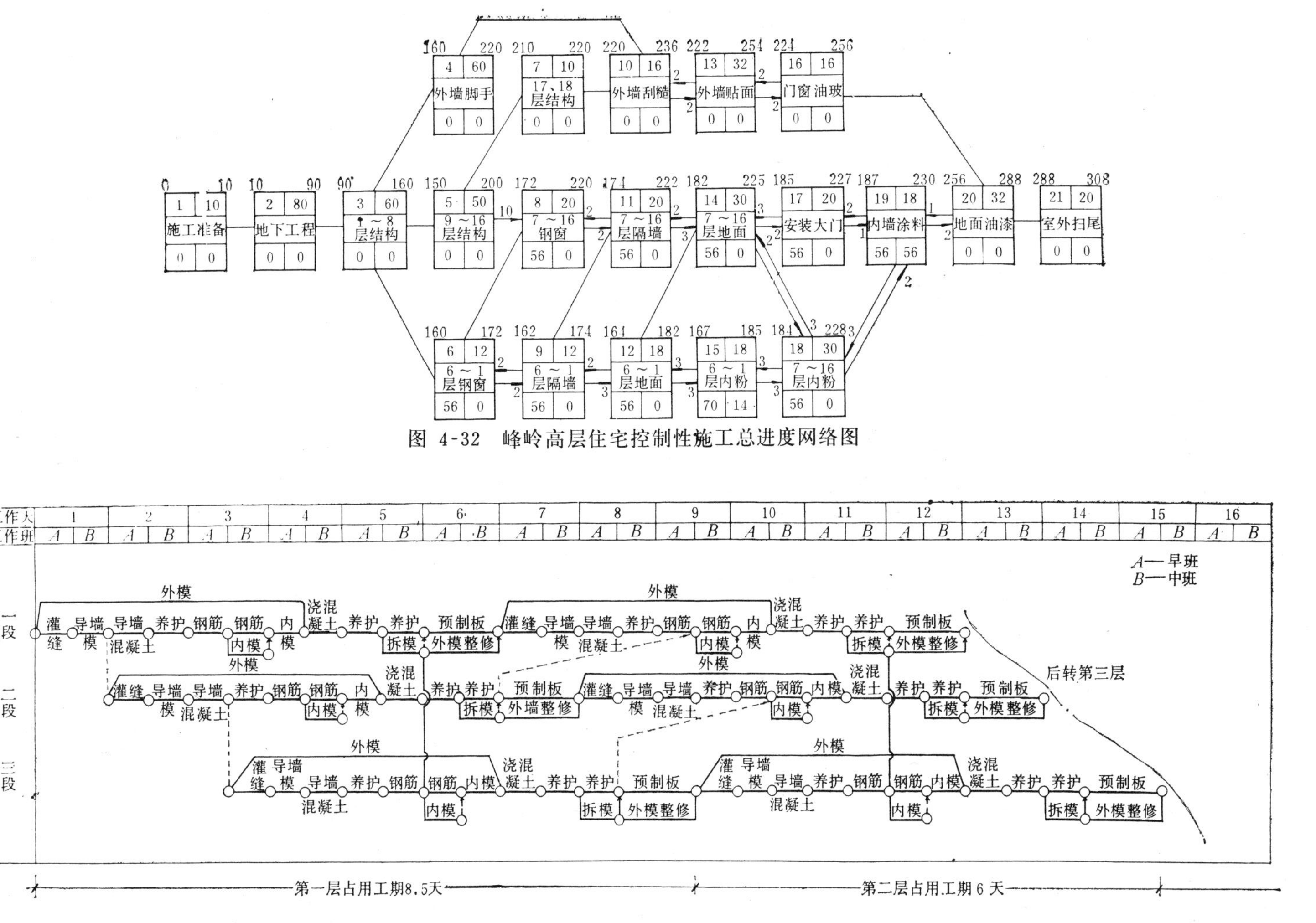

图 4-32 峰岭高层住宅控制性施工总进度网络图

图 4-33 主体结构标准层实施性生产网络图

1.抓好各关键工作项目的人力、物力安排，全力保证如期完成。

2.非关键线路的总时差一般只有56天左右，它为该线路上各工作所共有。因此，各非关键工作应以局部时差控制形象进度。只有对于劳动力紧缺的个别工种以及施工效率难以充分发挥的项目，如内部粉刷装饰等，才可适当使用部分总时差。

3.图4-32按各工作可间断的搭接施工进行计算，因此，对于从最早可能开始到最迟必须结束时间之差大于工作所需时间的非关键工作，施工中应加强日常生产调度，避免因工作间断造成窝工损失。

4.总进度中各工作项目，应按照最早可能开始与最早可能结束时间，编制详尽的实施性网络计划。即对应于总进度计划中的每一节点，应由该项目的施工负责人，编出详尽的网络计划，用以指导具体的施工活动，保证该工作项目的如期完成。

（二）实施性施工进度

图4-33为主体结构工程标准层大模工艺实施性进度网络图。为了便于进行工期分析，本网络计划采用双代号有时间座标的画法；每天两班制施工，其中第一层8.5天，第二层由于和第一层搭接施工，实际占用工期6天，第三层以上与第二层类同。由此可见，一至八层占用的工期为：

$$8.5+(8-1)\times 6=50.5<60（天）$$

九至十六层占用的工期为：

$$8\times 6=48<50（天）$$

因此，该实施性施工进度计划满足控制性总进度计划的要求。

其余各工作项目的实施性进度计划，也按同样方法编制，并检查工期是否满足总进度的要求。

四、主要劳动力、机械设备、建筑材料需要量

（一）主要劳动力一览表

主要工种劳动力计划表 表 4-17

工种名称	计划需要量(工日)	1984年									
		3	4	5	6	7	8	9	10	11	12
1.木　工	9498										
2.钢筋工	420										
3.混凝土工	1033										
4.瓦　工	989										
5.抹灰工	17506										
6.白铁工	303										
7.玻璃工	486										
8.油漆工	3490										
9.起重工	112										
10.其　它	1600										
合　计	35437										

（二）主要材料一览表

主要建材一览表　　表 4-18

材料名称(规格)	单位	计划数量	材料名称(规格)	单位	计划数量
1.钢　筋	吨	334.62	11.纸　筋	吨	278.59
2.水　泥	吨	2844.74	12.石　灰	吨	15.19
3.黄　砂	吨	4604.48	13.沥　青	吨	4.1
4.石　子(5～15)	吨	1398.26	14.油　毡	平方米	2251
5.石　子(5～40)	吨	5356.56	15.绿豆砂	吨	8.05
6.统一砖	千块	42.95	16.珍珠岩粉	立方米	1197.91
7.马赛克	平方米	8968.63	17.木　材	立方米	135.83
8.白磁砖	块	320.30	18.油　漆	公斤	3042.38
9.玻　璃	平方米	3688.86	19.纤维板	平方米	637
10.磨砂玻璃	平方米	258.72	20.红缸砖	块	4430

(三)主要施工机械设备一览表

施工机械、设备一览表　　表 4-19

施工机械、设备名称(规格)	单位	计划数量	使用时间	解决办法
1.TD-60塔吊	台	1	基础施工阶段	机械施工中队
2.春光号起重机	台	1	基础施工阶段	机械施工中队
3.挖土机(YW501)	台	1	基础施工阶段	机械施工中队
4.路基箱	块	12	基础施工阶段	机械施工中队
5.抽水泵(5.5千瓦)	只	3	基础施工阶段	本工程队
6.电焊机(配套)	套	2	基础施工阶段	本工程队
7.振动器(1.5千瓦)	只	5	基础施工阶段	本工程队
8.铜盘锯	台	1	基础施工阶段	本工程队
9.TZ120塔吊	台	1	结构施工阶段	公司机械施工队
10.Z80塔吊	台	1	结构施工阶段	公司机械施工队
11.混凝土搅拌机	台	1	结构施工阶段	本工程队
12.砂浆拌和机	台	4	结构施工阶段	本工程队
13.皮带运输机	台	2	结构施工阶段	本工程队
14.人货两用施工电梯	台	1	结构施工阶段	公司租赁
15.重型井架	只	2	装修施工阶段	公司租赁
16.卷扬机(0.5t)	台	2	装修施工阶段	本工程队
17.卷扬机(1.0t)	台	1	装修施工阶段	本工程队
18.柴油反斗车	辆		装修施工阶段	本工程队
19.墙体大模板	平方米	2344.40		本工程队
20.现浇平台模板	平方米	1208.63		本工程队
21.外墙钢管脚手	平方米	9152		公司租赁

五、施工平面图

(一)本工程施工场地狭小,施工平面布置应本着合理、紧凑、安全和节约施工用地的原则,分阶段设计。同时应加强平面布置的管理工作,提高施工场地利用率。

(二)施工准备阶段,及时搞好三通一平。场地四周用铅丝网篱笆围起,北面开一扇大门,东面开两扇大门,供施工运输卡车进出。施工临时道路利用永久道路路基。施工用水、用电分别从城市供水干管和供电干线引接(由甲方负责申请)。变电站设于场地西北角。如图4-34所示。

（三）基础和地下室工程完工后，搭设临时施工用房（如警卫室、办公室、医务室、工具间等）和混凝土搅拌机房和水泥仓库等。

（四）主体结构施工机械TZ120和Z80，及装修阶段的垂直运输设备沪76-Ⅱ人货两用施工电梯和重型附墙井架的布置如图4-34所示。

（五）为了缓和施工场地拥挤，对于大宗建筑材料，预制构件，钢管脚手架等，应按工程的进度要求，分期分批组织进场，避免过份集中，影响场地的周转使用。

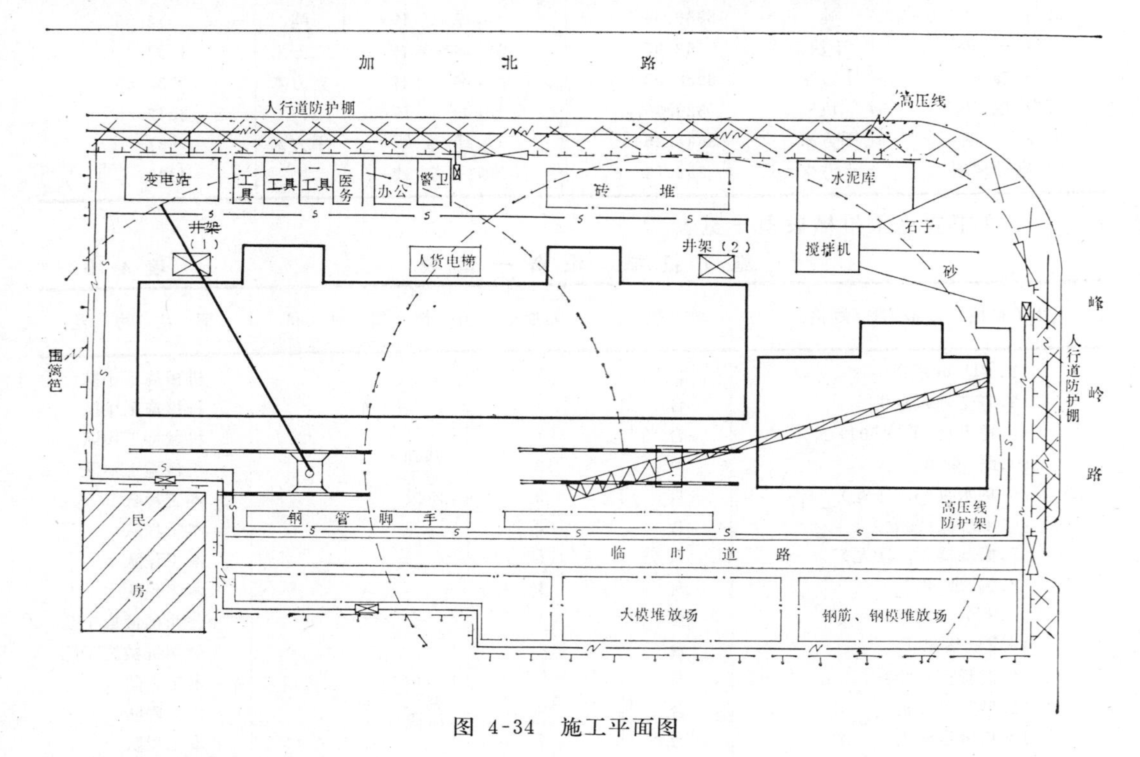

图 4-34 施工平面图

六、施工措施

（一）工程降低成本措施

按照本施工方案编制的施工预算（即施工计划成本）和施工图设计预算对比，各项目降低成本金额如表4-20所示。

成本降低金额（单位：元） 表 4-20

成本项目	施工图设计预算	施工预算	成本降低额	措施
1.人工费	231179	217309	13870	详见施工预算说明书（略）
2.材料费	1418874	1303946	114978	
3.构件费	1018846	936320	82526	
4.机械费	171826	185572	-13746	
5.其它直接费	217126	212784	4342	
6.间接费	299465	296770	2695	
	3357316	3152701	204615	

应及时收集、统计各分项工程施工实际成本资料，与施工预算的计划成本对比，分析费用节超原因，进一步采取降低成本措施，以此控制施工总成本，保证施工计划利润的实现。

（二）安全保证措施

1.进一步加强安全教育，严格执行安全生产的各项规章制度。现场设专职安全监督员，各作业班组要有专人负责安全管理，把日常安全管理监督与定期检查结合起来，及时排除各种可能的事故苗子，制止违章作业行为。

2.两台施工塔吊距离较近，应有专人负责作业指挥，信号要统一。严格控制回转范围。

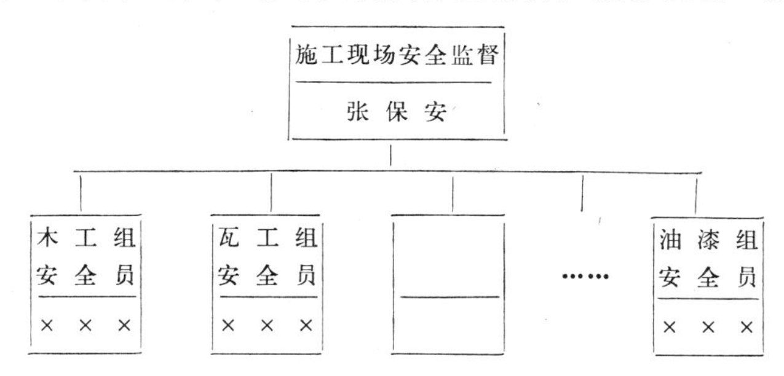

3.双排钢管脚手立杆（冲天）底座应安放较大垫块，防止不均匀沉降。每隔3.6米高度在纵墙方向的各轴线位置设置附墙拉结支撑。脚手架第一层应满铺海底竹笆作为隔离带，保护行人安全，二层以上张设安全网，并随建筑物高度增长而提升，第五、九、十三层各设一道固定安全网，其它各层扎防护拦杆。拆除脚手架时，周围应设围栏和警戒标志，专人看管，不得向外乱抛东西。（其它技术问题按照有关高层脚手施工规定执行）。

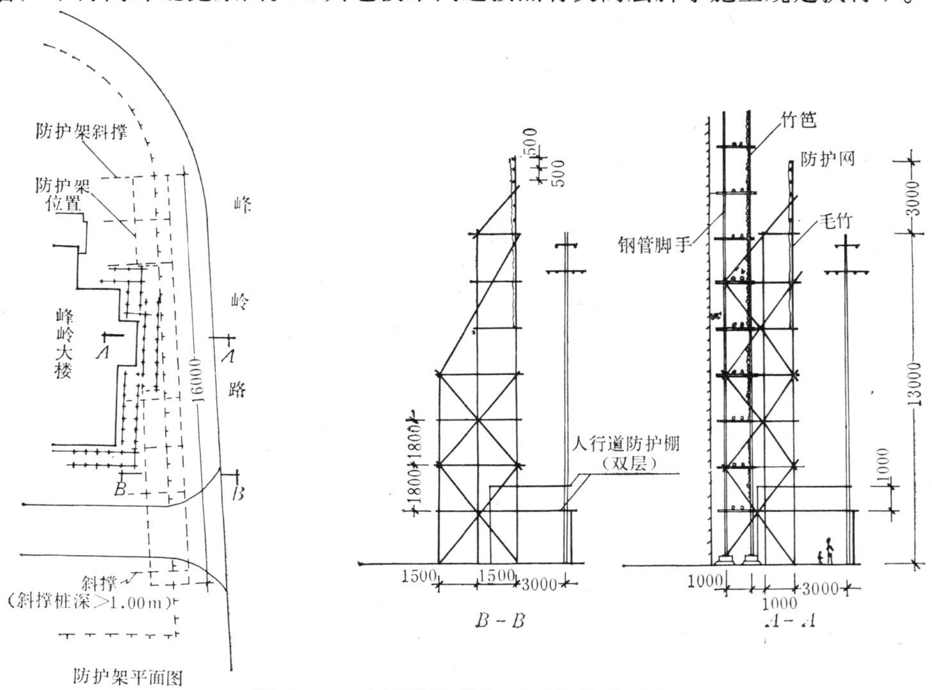

图 4-35 高压线防护架平面与构造示意图

4.施工塔吊及钢管脚手架均应有避雷与接地装置。临时供电线路如必须通过脚手架，应加木横档、磁瓶等绝缘措施，不得随意将电线绑扎在脚手架上。

5.加强施工现场“五口”（楼梯口、电梯口、井架口、门窗口及预留洞口）的管理，一定要设牢固的防护栏杆，或张拉安全网，或用木板临时封死，防止坠落。

6.施工人员要正确使用个人施工防护用品，遵守安全防护规定，进入现场须戴好安全帽；上操作岗位禁止穿高跟鞋、拖鞋或光脚；在没有防护设施的高空作业，必须系安全带。

7.装修阶段要特别注意防火，每层要设置防火装置，木材、刨花、包装纸盒等要有专人清理，非施工人员不得随意进入楼层。

8.东、西两面高压线防护架如图4-35所示。由甲方提请供电局、市容整顿办公室审查、批准后施工。

（三）质量保证措施，

1.推行施工质量管理责任制。严格贯彻技术交底，技术复核、自检互检、原材料检验和隐蔽工程验收等技术管理制度。

2.技术检查复核的基本内容见表4-21

3.随时做好建筑物的沉降观测。观测点埋件可焊在外墙板的钢筋上，如图4-36所示。在水准点建立后进行初测，以后每隔二层实测一次。

4.加强原材料的检验工作，要有专人检查进场的钢材、水泥等是否有质量保证书；做好混凝土设计配合比设计，每一台班应做一组试块。

技术复核主要项目 表 4-21

施工部位	技术复核、检查基本内容	负责人	施工部位	技术复核、检查基本内容	负责人
基础工程与地下室	①定位轴线尺寸，桩的数量和位置 ②模板尺寸、支设牢固程度 ③钢筋和预埋件的规格、数量、位置 ④混凝土标号、配合比		楼地面及楼梯	①标高 ②预埋件、预埋管道 ③楼梯模板、钢筋 ④混凝土标号、配合比	
主体工程	①中心线位置 ②门窗位置、尺寸 ③钢筋、预埋件规格数量位置 ④模板尺寸、支设质量、垂直度 ⑤混凝土标号、级配、坍落度		内、外装修工程	①墙面刮糙平整度、结实情况 ②操作工艺顺序 ③外墙面马赛克平整度、洁净度 ④阴角、阳角垂直度	

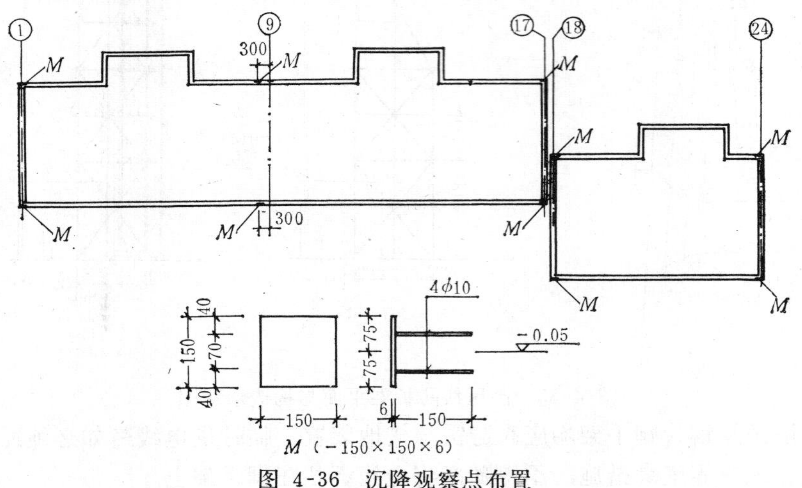

图 4-36 沉降观察点布置

第五章　施工组织总设计

第一节　内容与编制依据

施工组织总设计是以整个建设项目或民用建筑群为对象编制的，用以指导施工单位进行全场性的施工准备和有计划地运用施工力量，开展施工活动。施工组织总设计的主要内容包括：工程概况，施工部署和主要建筑施工方案、施工总进度计划、资源需要量计划、施工总平面图、技术经济指标等。

编制施工组织总设计一般需要下列资料：

1.初步设计或扩大初步设计；

2.国家或上级的指示和工程合同等文件，如要求交付使用的期限，推广新结构、新技术以及有关的先进技术经济指标等；

3.有关定额和指标，如概算指标、扩大结构定额、万元指标或类似建筑所需消耗的劳动力、材料和工期等指标；

4.施工中可能配备的人力、机具装备，以及施工准备工作中所取得的有关建设地区的自然条件和技术经济条件等资料。如有关气象、地质、水文、资源供应、运输能力等。

工程概况，是对建设项目的总说明、总分析，一般包括下列内容：

1.工程项目、工程性质、建设地点、建设规模、总期限、分期分批投入使用的工程项目和工期，总占地面积、建筑面积、主要工种工程量；设备安装及其吨数；总投资、建筑安装工作量、工厂区和居住区的工作量；建筑结构类型，新技术的复杂程度等。

2.建设地区的自然条件和技术经济条件。如气象、水文、地质情况；能为该建设项目服务的施工单位、人力、机具、设备情况；工程的材料来源、供应情况、建筑构件的生产能力、交通情况及当地能提供给工程施工用的人力、水、电、建筑物情况。

3.上级对施工企业的要求，企业的施工能力、技术装备水平、管理水平和各项技术经济指标的完成情况。

根据对上述情况的综合分析，从而提出本施工组织设计需要解决的重大问题。

第二节　施　工　部　署

施工部署是对整个建设项目施工进行的全面安排。也就是说，它是对带有全局性施工问题的总的规划。

由于建设项目的性质、规模和客观条件的不同，在施工部署中需要考虑的问题也有所区别。一般情况下，施工部署中所包含的主要内容有：确定建设项目的施工机构，明确各参加单位的任务分工，规划好为施工服务的全工地性的工程项目，确定各单位工程的施工顺序，以及拟定主要建筑物的施工方案等。

规划好有关全工地性的为施工服务的工程项目，不仅有利于顺利完成建筑施工任务，而且也直接影响到工程施工的技术经济效果。因此，要规划好施工现场的水、电、道路和场地平整的施工；在尽量利用当地条件和永久性建筑物为施工服务的情况下，合理安排施工和生活用的临时建筑物的建设；科学地规划预制构件厂和其它加工厂的数量和规模。

大型工业企业按照产品的生产工艺过程划分，一般有主体生产系统、辅助生产系统和附属生产系统。相应每一生产系统是由一系列的建筑物组成。因此，我们把组成每一生产系统的建筑工程分别称之为主体建筑工程、辅助建筑工程及附属建筑工程。

为了加速基本建设资金的周转，大型工业企业的建设通常要求分期交付投产使用。因为，每一生产系统一般均生产一定的产品，这些产品或是以商品的形式销售给用户，或是在下一生产系统中重新加工。为使在某一建设时期的工程或某建筑群完成后能立即生产出产品，必须合理地确定分期的工程项目或投产建筑群项目。

投产建筑群的基础是主体建筑工程。围绕主体建筑工程还要建起与之有关的辅助性和附属性建筑工程，以及为之服务的起全厂性作用的部门和各种联系。因此，在按交工系统安排施工进度时，应同时安排相关的其它建筑工程。并且，还应当论证建设工业企业分成若干个投产建筑群的技术可能性与经济合理性。

安排住宅区的施工程序时，除考虑住房外，还应考虑幼儿园、学校、商店和其它生活和公共设施的建设，以便交付使用后能保证居民的正常生活。

施工方案与施工部署的区别在于，施工方案是针对一个建筑物而言，是包括施工方法、施工顺序、机械设备和技术组织措施的总称。在施工组织总设计中，对主要建筑物施工方案的考虑，只需原则性的提出方案性问题，如哪些构件采用现浇，哪些采用预制；是现场就地预制，还是由预制构件厂生产；构件吊装采用什么机械；准备采用什么新工艺、新技术等。也就是对牵涉到全局性的一些问题作出比较原则的考虑。至于详细的施工方案和技术组织措施则到编制单位工程施工组织设计时再拟。

第三节　施工总进度计划

根据有关部门对工程项目的计划要求和施工条件，以拟建工程的投产和交付使用时间为目标，按照合理的施工顺序和日程安排的建筑生产计划，称之为施工进度计划。施工进度计划的种类是与施工组织设计相适应的，在施工组织总设计中有施工总进度计划。

施工总进度计划的编制是根据施工部署对各项工程的施工作出时间上的安排。换句话说，是施工部署在时间上的体现。施工总进度计划的作用在于确定各单位工程、准备工程和全工地性工程的施工期限及其开竣工日期，确定各项工程施工的衔接关系。从而确定：建筑工地上的劳动力、材料、半成品、成品的需要量和调配情况；附属生产企业的生产能力；建筑职工居住房屋的面积；仓库和堆场的面积；供水、供电和其它动力的数量等。

施工进度计划是施工组织设计中的主要内容，也是现场施工管理的中心内容。如果施工进度计划编制得不合理，将导致人力、物力的运用不均衡，延误工期，甚至还会影响工程质量和施工安全。因此，正确地编制施工总进度计划是保证各项工程以及整个建设项目按期交付使用、充分发挥投资效果、降低建筑工程成本的重要条件。

编制施工进度计划的基本要求是：保证拟建工程在规定的期限内完成；迅速发挥投资效果；施工的连续性和均衡性；节约施工费用。

一、施工总进度计划的编制方法和步骤

根据施工部署中建设分期分批投产顺序，将每一个系统的各项工程分别列出，在控制的期限内进行各项工程的具体安排。如建设项目的规模不很大，各系统的工程项目不多时，也可不先按分期分批投产顺序安排，而直接安排总进度计划。

关于编制施工总进度计划的方法和步骤，视具体单位和编制人员的经验多少而有所不同。一般可按下述方法来编制：

（一）计算各单位工程以及全工地性工程的工程量

按初步设计（或扩大初步设计）图纸并根据定额手册或有关资料计算工程量。可根据下列定额、资料选取一种进行计算：

1.万元、十万元投资工程量、劳动力及材料消耗扩大指标。在这种定额中，规定了某一种结构类型建筑，每万元或十万元投资中劳动力、主要材料等消耗数量。对照设计图纸中的结构类型，即可求得拟建工程分项需要的劳动力和主要材料消耗数量。

2.概算指标或扩大结构定额。这两种定额都是在预算定额基础上的进一步扩大。概算指标是以建筑物每一百立方米体积为单位；扩大结构定额则以每一百平方米建筑面积为单位。查定额时，首先查阅与本建筑物结构类型、跨度、高度相类似的部分；然后查出这种建筑物按定额单位所需的劳动力和各项主要建筑材料的消耗数量；从而便可求得拟计算建筑物所需的劳动力和材料的消耗数量。

3.标准设计或已建成的类似建筑物。在缺乏上述几种定额的情况下，可采用标准设计或已建成的类似建筑物实际所消耗的劳动力及材料，加以类推，按比例估算。但是和拟建工程完全相同的已建工程是比较少见的，因此在采用已建成工程的资料时，可根据设计图纸与预算定额予以折算、调整。

这种消耗指标都是各单位多年积累的经验数字，实际工作中常采用这种方法计算。

除房屋外，还必须计算主要的全工地性工程的工程量，例如场地平整，铁路、道路和地下管线的长度等，这些可以根据建筑总平面图来计算。

将按上述方法计算出的工程量填入统一的工程量汇总表中。

（二）确定各单位工程的施工期限

建筑物的施工期限，随着各施工单位的机械化程度、施工技术和施工管理的水平、劳动力和材料供应情况等不同，而有很大差别。因此，应根据各施工单位的具体条件，并考虑建筑物的类型、结构特征、体积大小和现场环境等因素加以确定。此外，也可参考有关的工期定额来确定各单位工程的施工期限。工期定额是根据我国各部门多年来的建设经验，在调查统计的基础上，经分析对比后制定的。

（三）确定各单位工程的开竣工时间和相互衔接关系

在施工部署中已确定了总的施工程序、各生产系统的控制期限及搭接时间，但对每一单位工程具体在何时开工，何时完工，尚未具体确定。经过对各主要建筑物的工期进行分析，确定了各主要建筑物的施工期限之后，就可以进一步安排各建筑物的搭接施工时间。安排各建筑物的开竣工时间和衔接关系时，一方面要根据施工部署中的控制工期，及施工单位的具体情况（施工力量、材料的供应、设计单位提供设计图纸的时间等）来确定；另一方面也要尽量使主要工种的工人基本上连续、均衡地施工，减少劳动力调度的困难。

如工业建设项目，一般先把主厂房的施工安排在比较好的季节，尽量避免冬、雨季施工。先由要求交付投产的期限减去设备安装和试车时间来确定土建的竣工时间；然后，根据主厂房的竣工时间从后往前推算确定其开工时间。主厂房的施工时间确定后，可以安排保证主厂房投产的其它配套建筑物的施工时间。对具有相同结构特征的建筑物或主要工种要安排流水施工。为减少临时设施，能为施工服务的永久性建筑物应尽早开工。同一时间安排的工程不宜太集中，尽量使劳动力和物资技术资源的使用能均衡。为此，可确定一些次要工程作为调剂工程，用以调节主要工程项目的施工进度。

（四）安排施工进度

总进度计划表的格式可以根据各单位的实际情况与编制经验来定。因为，总进度主要是控制性的，所以，没有必要搞得很细。如把计划编得过细，由于施工的多变，实施过程中情况变化，调整计划反而不便。为了简化总进度计划可将若干幢次要建筑物合并成一项。下面介绍一种施工总进度计划的表格型式。

施工总进度计划表

序号	单位工程名称	建筑面积（平方米）	结构型式	工作量（千元）	工作天数	施工进度表																				
						19××年												19××年								
						一季度			二季度			三季度			四季度			一季度			二季度			三季度		
						1	2	3	4	5	6	7	8	9	10	11	12	1	2	3	4	5	6	7	8	9

（五）总进度计划的调整与修正

施工进度安排好以后，把同一时期各项单位工程的工作量加在一起，用一定的比例画在总进度表的底部，即可得出建设项目的投资曲线。根据投资曲线可以大致地判断各个时期的工程量情况。如果在曲线上存在着较大的低峰或高峰，则需调整个别单位工程的施工速度或开竣工时间，以便消除低峰或高峰，使各个时期的工作量尽量达到均衡。并且，投资曲线也大致地反映不同时期的劳动力和物资的消耗情况。

在编制了各个单位工程的施工进度计划以后，有时还需要对施工总进度计划作必要的修正和调整。并且，在贯彻执行过程中，也应随着施工的进展变化及时作必要的调整。

有些建设项目的施工总进度计划是跨几个年度的。此时，还需要根据国家每年的基本建设投资情况，调整施工总进度计划

二、组织工业建设项目施工时，着重分析研究的几个问题

施工总进度计划是以某一工业建设项目或某一民用建筑群为对象编制的。不论何种类型的建设项目，任务一旦确定后，首先要通过分析研究来认识其施工对象，熟悉其具体特点。施工对象不同，其所处环境亦不同；而且，其所要求的生产条件和施工工艺亦不同。一般，工业建设项目比民用建筑群的组织工作更为复杂。因此，在组织工业建设项目

施工时，需要着重研究分析以下几个问题及其对安排进度的影响。

（一）拟建企业的生产工艺、设备安装与土建施工的关系。

现代工业企业的生产过程，大都是由若干个生产子系统组成的一个完整的大生产系统。各个生产子系统又是由若干个具体的生产环节（生产过程或工序）所组成。每个生产环节通常需用型式、构造不同的厂房或构筑物来容纳各种生产设备，并作为工人进行正常生产活动的场所和条件。因而，各个建筑物之间存在密切的联系和制约关系。缺少任何一个生产环节或某一环节产生故障，必将影响整个生产系统的正常运转。工业企业的生产工艺系统是串连各个建筑物的主动脉。

就工业企业生产的产品而言，可概括分为两种情况：一种情况是，除最终产品外，其生产子系统生产的中间产品还可作为商品直接提供给市场。如汽车制造企业，除生产不同类型、规格的汽车外，还可生产轮胎和其它零配件等直接销售给用户。另一种情况是，仅有最终产品，没有向市场提供的中间产品。如火力发电厂就是这种情况，它只提供电力。

组织施工的主要目的在于加速扩大再生产的速度，提高投资效益。为此，一方面要利用一切可能条件，努力提高劳动生产率，加快施工速度；另一方面还要组织在建工程分期投产，以尽可能迅速地增加国民经济的收益。如何合理地进行分期，并科学地安排全部工程与各期工程的施工顺序，首先必须以在建工程的生产工艺作为一个主要依据。

研究分析所建企业生产工艺的目的，在于认识其最终产品与中间产品情况，以及各建筑物之间的内在联系，以便进行工程施工的合理分期和正确排列各建筑物的施工顺序。

对于有中间产品作为商品销售的工业企业的分期施工问题，可按不同中间产品的投产顺序来划分。如汽车制造厂，凡是建成后能供施工用的车间可列入第一期工程中。属于这一类的车间有：修配车间、汽车库和一部分仓库等。同时，还可建造一些制品车间，此类车间可生产出无需再进行加工的竣制零件。诸如轮胎车间、模压工具车间、弹簧车间以及锻压车间的一部分。这类车间能在建设项目竣工前，生产出各种独立的零件产品，供专业装配工厂和汽车修理厂使用。此外，还可建造一部分主要动力用的构筑物和管网。第二期工程稍后于第一期工程进行施工，其中包括其余的制品车间和机械车间，前者如铸工车间、锻工车间等，其生产的产品需要进一步加工；后者是对前一类车间的产品再度进行加工。最后一期工程则包括所有其他车间和构筑物。各种管网、道路等全工地性工程，可在整个建设期间内进行施工；但要考虑到，当某一车间建成时，凡为保证该车间连续生产所需的全部构筑物和管网均应竣工。

对仅能提供最终产品的工业企业，则应按其生产能力与设备情况考虑分批施工，分期投产。如某火力发电厂共装备四台30万千瓦的发电机组，装机总容量为120万千瓦。在确定分期时，每期可为一台机组或两台机组。

分期投产方案确定后，还要合理安排各建筑物的施工顺序。首先，分批施工分期投产并不等于第一批建筑工程全部完工后才可以进行第二批工程的施工。一般，相邻两期工程的施工，可以有一定的搭接时间。其次，在确定各建筑物的施工顺序时，要综合考虑多种因素的影响。其中，工业企业的生产工艺流程是决定施工顺序的一个主要影响因素。因为，生产流程决定着各建筑物间的内在连系和其交工动用的顺序。

例如一火力发电厂，其工艺流程是以水为媒介，利用煤的燃烧，最终发出电力。从输入煤到输出电为一连续不可分割的整体，并无中间产品，其最终产品为电力，但有工业生产废料——粉煤灰。

火力发电厂的整个生产工艺过程分别由下列几个主要生产系统组成：锅炉运转所需的“输煤系统”和“水系统”；锅炉排出煤灰的“除灰系统”；自发电机经过室内配电装置、主控制室和室外变电装置输出电力的“配电系统”；另外，还有供给本厂设备运转的“厂用电系统”。上述各生产系统，均以锅炉和汽轮发电机为其中心联结点。只有当上述各生产系统建成并达到能够连续运转时，才能正式投入生产，发出电力。

生产工艺过程得以实现的必要物质条件，是基于不同功能要求的各种房屋和构筑物。因此，各建筑物之间在生产工艺上有着密切的内在联系。各生产系统包含与其功能相对应的一系列建筑工程：输煤系统，是由储煤场、卸煤装置、碎煤机室和输煤栈桥等建筑组成；水系统，是由水泵站、化学水处理室、工业水管沟、循环压力水管道和冷却塔等建筑组成；除灰系统，是由引风机室、除尘器基础、烟囱、烟道、灰浆泵房、除灰管道和储灰场等建筑组成；配电系统，是由集中控制室、单元控制室、室外变电装置架构、变压器基础和电缆隧道等组成。这些建筑工程系统之间的联结点是锅炉和汽机所在的主厂房。

除上述主要生产系统及其所属的建筑物外，尚有一系列附属性和辅助性建筑工程。如油系统、修配厂、材料库和生产办公楼等。

由上述情况可以看出，一个工业建设项目的投产运行，要求各建筑工程系统要按一定的次序交付使用。所以，生产工艺系统是决定施工顺序的主要因素之一。各生产系统投产运行的顺序亦即联动试运转的顺序。

火力发电厂的联动试运转顺序有着极其严格的制约关系。汽轮发电机的带负荷试运转是以锅炉和配电系统的完成试运转为前提；而锅炉的试运转又以输煤系统和水系统的完成为条件。此外，尚需完成除灰系统和厂用电系统的试运转。显然，试运转顺序又决定了设备安装的完成期限。各生产系统的设备安装工程量和繁简程度是不尽相同的，因而各生产系统投入安装作业的开始时间可根据具体情况的不同分别予以确定，但其最终投入试运转的时间应是肯定的。各生产系统不仅其设备安装作业所需的时间不等，且其在设备安装开始时对土建工程的要求亦各异。

火力发电厂主厂房进入安装的条件随厂房类型（露天、半露天或全封闭）、结构型式（独立结构或联合结构）及施工方案的不同而有所差异，但以不搞土建与安装在同一空间进行同时作业的施工大交叉，减少相互干扰并符合各专业施工验收规范的有关规定为原则。一般要求如下：

1.汽机间　汽轮发电机的安装应具有比较清洁的环境，室内主要部位（包括天棚）的粉刷已完成；零米以下基础、沟坑、地下室和毛地面已完成；设备基础、吊车梁、运转层和加热器平台已达到安装条件；围护结构（包括门窗）、屋面防排水已完成；入冬前要形成封闭建筑，达到保温条件。

2.锅炉间　厂房基础、主要的地下沟管道、设备基础及毛地面已完成（高于零米的辅机基础的交付安装条件由土建、安装双方商定）；厂房为露天式或联合式结构型式时，土建、安装的施工配合由双方按施工方案商定；厂房为独立封闭结构时，厂房结构、围护结构、屋面防水、排水系统应完成；单元集控室设在锅炉侧时，该部位土建、安装的协调施工应作周密安排。

3.煤斗除氧间　厂房结构吊装及各部位构件接头的施工完毕并达到设计强度要求；原

（粉）煤斗结构完成；机炉集控室、变送器小间、厂用电系统结构部分完成；屋面及电气间防水完成；除氧水箱、粗细粉分离器等大件设备的存放就位及各层间隔墙的施工交叉由土建、安装双方协商安排。

4.电系统交付安装的条件应符合电气专业施工验收规范的有关规定，一般应达到：室外升压站的基础、构架、地面完成；变压器基础的排油坑及坑内填石完成；集中控制室、单元控制室、厂用电室、变送器小间等电气建筑物的屋面（包括楼面）防水排水、室内粉刷、地面、吊天棚、门窗及锁具等的安设均应完成。

5.煤、灰、水等系统的辅助生产建筑交付安装一般应达到：零米以下的建筑物基础、设备基础、沟道、回填土及毛地面完成；围护结构、屋面防排水完成，楼梯、平台、栏杆尽量完成；室内粉刷、暖通、卫生设施及地面抹灰等工作，除由于进行设备安装将造成损坏的部位可预留外，应尽量先行完成。

6.修配厂、综合楼、试验室、仓库等附属生产建筑以一次竣工交付安装或使用为原则。

综上所述不难看出，根据各生产系统试运转结束时间可推算出土建工程与设备安装工程的结束时间，根据设备安装的结束时间可推算设备安装的开始时间，根据设备安装的开始时间可明确土建工程应达到的程度并据此推算出各建筑物的最迟开工时间。为了缩短工期，使土建工程与安装工程搭接施工是十分必要的。根据生产工艺与设备安装工程对土建工程的要求，虽然可以推算出各项工程的最迟开工时间，但在实际施工中，由于需要综合考虑其它各有关因素的影响，各项工程的实际开工时间往往早于其最迟开工时间。

（二）建设项目建筑总平面图及其对施工总进度的影响

工业企业建设项目的建筑总平面设计，应在满足有关规范（如防火规范）要求的前提下，使各建筑物的布置尽量紧凑。这不仅能节省占地面积，而且可以缩短各种管线、道路、围墙等的长途。但由于建筑物密集，从而会导致施工场地狭小，使场内运输、材料和构件堆放、设备拼装和施工机械布置等产生困难。为尽量减少这方面的困难，除采取一定的技术措施外，对相邻各建筑物的开工和施工顺序予以妥善安排，以避免或减少其相互干扰亦是重要手段之一。

另外，在工业建设项目中，虽然各建筑工程系统与各生产工艺系统是相适应的，但各建筑工程系统中的各个建筑物并不全是按系统集中布置在一起的。如各种管道工程需要纵横交错贯通全厂就是其中的一例。尽管各项工程的交工动用是以生产工艺的各建筑工程系统为单元，但就其组织施工来说，不可能完全是以生产工艺的各建筑工程系统为其施工单元。因为各建筑物的工程量大小、施工的繁简程度和受自然条件的影响等往往有很大差异，所以所需要的工期长短亦不同。因此，在生产运行时对各建筑物的交工动用时间和顺序上的要求，并不能等于对各单位工程的开工和施工顺序的要求。实际上有些工程错开其开工和施工时间是完全必要的。如火力发电厂主厂房的锅炉间及其外侧的除尘、引风、除灰、烟囱和烟道等建筑物的零米以下工程，按先深后浅相继一次施工完毕是适宜的。这既便于施工，又可节约费用。对于烟囱本身的施工，则应考虑高空作业与地面作业的关系，要与临近的烟尘系统的施工适当错开以保安全。由此可见，一个单位工程破土动工后，并不一定要连续施工到全部竣工。当完成到某一部位后暂停一定时间也是可以的，只要不影响其试车动用时间要求即可。这样，往往使推后施工的工程为其邻近先施工的工程提供较宽阔的施工场地。当然，有的工程位于厂区的边缘，其邻近处建筑物稀少，从平面关系看，对其开工和施工时间的安排则比较灵活。火力发电厂的卸煤装置就属于这种情况。总之，在安排施工总进度时，各建筑物的平面关系也是必须考虑的一项重要因素。

（三）建设项目各建筑工程的材料、结构构造特点、主要实物工程量和劳动量

认识各建筑物的结构构造特点和所用的材料，获得建筑工程的主要实物工程量和劳动量数据资料，也是确定分期分批施工和安排施工进度的重要依据。

施工进度的安排，必须考虑能得到劳动力、材料、构件和施工机械等各种资源的保证。因此，必须使各种资源的需要量同供应能力相适应。一般可以从施工进展速度的快慢来协调供需之间的关系，特别对于大型生产设备与施工设备的供应时间，往往并不单纯取决于主观要求。为了协调供需之间的关系，有时需要在施工顺序的安排上来协调两者之间的矛盾。

在协调资源供应与进度要求之间的关系方面，尚可在周密调查研究的基础上努力扩大资源的供应量、运输能力和储存能力，以保证施工速度尽可能加快。

工业建设项目除了具有在生产工艺和平面关系方面的联系与制约关系外，其共同特点是：地下构筑物和线型工程多，土方工程量大；从材料与结构类型上看，钢筋混凝土工程量大。土方工程不仅挖方量大，填方量亦大。而厂区内的地下工程，大部分不适宜于原挖原填。其原因之一是建筑物比较集中，施工场地狭小，很少有就近堆置回填土的可能性；即使有可能短时间堆存，也因地下工程多，且多为交错重叠布置，施工复杂和工期长，不可能堆置的旷日持久。所以，往往造成挖方、填方来回大搬家。其原因之二，是由于某些地下构筑物（如火力发电厂的卸煤装置）所挖出的土几乎全部必须运走。因此，在组织施工时应着眼于如何使土方的运输量尽可能地减少。比较有效的解决办法是在安排施工顺序时尽量使相邻工程之间的“挖”、“填”衔接，以减少土方的运输量。其次就现浇混凝土工程而言，地下工程多为大体积混凝土，地上工程则多为细小构件。从实物工程量来看，地下工程大于地上工程；从劳动量来看，地上工程又不一定比地下工程的少。而对一个建筑物来说，它的施工作业总是先地下后地上。因此，现浇混凝土工程的作业量，很可能出现时高时低的不均衡现象。所以，必须掌握各建筑物的实物工程量，在安排施工总进度时应尽可能使混凝土作业趋于均衡。

各建筑物所选用的材料、结构类型以及实物工程量的大小是决定施工方案与选择机械设备的主要依据。例如，钢结构与钢筋混凝土结构的不同，现浇钢筋混凝土与预制装配式钢筋混凝土结构的不同，大量现浇钢筋混凝土结构与小量现浇钢筋混凝土结构以及大规模土方工程与小规模土方工程的不同，其施工方案和机械设备的选择有较大的差异。施工方案和机械设备的不同，直接影响到施工能力和施工工期，从而也影响到施工进度的安排。

（四）自然条件对施工进度安排的影响

由于建筑施工是在建筑物所在地露天作业，所以不仅受到地形、地质和水文等条件的影响，还要受到季节气温条件的影响。有些影响因素早在工程设计和选择施工方案时已分别考虑过。但在安排施工顺序和施工进度时仍需慎重对待，特别是季节气候条件方面的影响。开挖较深的土方工程不宜在雨季施工，而高空作业的钢筋混凝土工程如在严冬季节施工亦不相宜。为此，在安排施工总进度时，就需要将某些工程有意识地避开对其不利的季节。

仍以火力发电厂为例，对位于江（河）岸边的水泵站施工应安排在冬季枯水位时期进行。虽然，冬季施工亦有其不利的一面，但与在较高水位或汛期进行施工相比，则在枯水季节施工更有利一些。对于卸煤装置，由于其土方工程量和钢筋混凝土工程量均较大，加上是构筑于较深的地下，为避免雨季降水的影响以及较少地受到地下水的影响，其大量土方工程的施工不宜在雨季施工。至于在冬季施工如何，要视当地的具体气温条件而论。如在严冬地区，在严冬季节开工动土也是不适宜的。对其地下的大量钢筋混凝土工程，如能排在正常季节施工，当然最理想。如仅就冬、雨季来比较，尚以冬季施工较为有利。至于钢筋混凝土烟囱，因基础较深，筒身施工系高空作业，因此，如有可能使基础施工躲开雨季，筒身施工避开冬季，这是最理想的安排方案。

在安排实际工程的进度时，既应考虑到季节条件的影响，又不能片面绝对化。正确的态度应该是，尽量避免不利条件，充分利用有利条件，实在难于避免者要有预见性地采取相应的技术措施。这样在施工中就可以争取主动。处理这一问题应从全局出发，以追求最大经济效益为目的。例如，为了缩短整个建设工期，采取适当的冬、雨季施工措施，虽然会增加一些施工费用，但从提前投产发挥投资效益上看，最终仍然是得大于失。

（五）保证重点，照顾一般与均衡施工

在安排施工进度时，要分清主次，抓住重点。所谓重点工程，常指那些对整个建设项目的进展或效益影响较大的工程子项。这些项目一般具有下列某些特点：工程量和劳动量大，施工工期长；结构构造复杂，工程质量要求高；设备安装工程量大且复杂；能为施工服务从而可以节约大型临时设施投资的项目；在平面位置上对其它建筑物的施工影响较大的项目。要把人力、物力、财力优先投到重点工程上，使其尽快建成。同时，注意照顾一般工程，使重点和一般工程很好地结合起来。使各期工程能按期或提前交付使用，并能使得全部工程任务逐月均匀地稳步增减，避免过分集中，避免人工、机具和物料的消耗出现突出的高峰和凹陷。因此，如何组织均衡施工，就成为一个重要问题了。所谓均衡施工，是指按施工计划的要求，在一定的时间内，生产相等或递增（减）数量的产品，不发生时松时紧的现象。组织均衡施工的目的，是为了确定经济合理的施工作业能力、施工准备和加工企业的规模，防止出现窝工浪费现象。对施工进度计划的均衡安排仅是事前的一个规划，在实际执行中还会由于一些不可预见的因素影响，而产生一些大小不同的变化。所以在具体实践中尚需根据具体情况的变化不断进行调整平衡。在制订计划时，是将重点工程同一般工程结合互相搭配进行安排的，这就为以后的调整工作提供了一定的机动性和灵活性。此外，还应注意到，如果为了提高投资效益，而缩短施工周期，提前交付投产使用，此时若对均衡施工要求过高，反而有可能造成因小失大的结果。

总之，设计一个工业企业建设项目的施工总进度计划时，需要研究分析的影响因素是多方面的。并且，各影响因素之间又往往存在着相互制约的关系。因此，需要进行深入的调查和详细的分析，根据实际情况拟定出不同的方案，通过技术经济比较择优选定。

图5-1是某电厂用时标网络图表示的施工总进度计划。该火力发电厂的装机容量为十万千瓦，由三个机组组成。网络图是按最迟时间绘制的。为表示清楚起见，图中只列出了几个主要建筑系统。

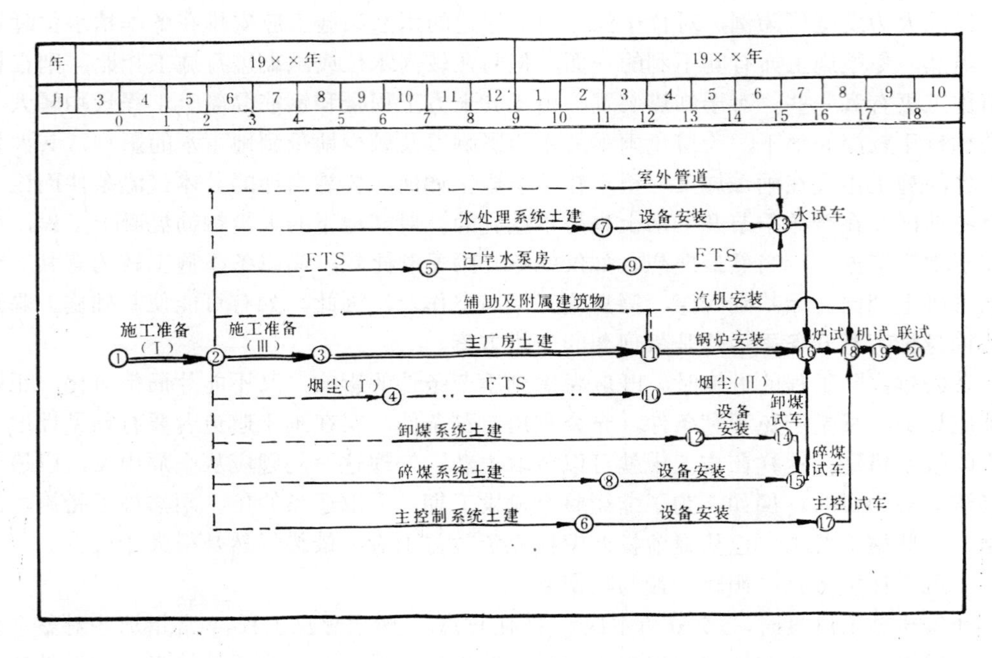

图 5-1

第四节　资源需要量计划

施工总进度计划编好后，就可据以编制下列各种资源需要量计划：

一、综合劳动力及主要工种劳动力计划

这是组织劳动力进场和计算临时房屋所需要的。编制的方法是：先根据工种工程工程量汇总表中分别列出的各个建筑物分工种的工程量，据此查预算定额，便可得到各个建筑物几个主要工种的工日数，再根据总进度计划表中各个建筑物的开竣工时间，按照一般施工经验可大致估计出在某一段时间里搞什么工作，便将定额中所查出某工种的工日数平均分摊在这段时间里，就可得到某一建筑物在某段时间里的平均劳动力数。同样方法可计算出各个建筑物的主要工种在各个时期的平均工人数。在总进度计划表纵座标方向将各个建筑物同工种的人数叠加起来并连成一条曲线，此即某工种劳动力曲线图。其它几个工种也用同样方法绘成曲线图。从而便可根据劳动力曲线图列出各主要工种劳动力需要量计划表。有了主要工种劳动力曲线图和计划表，就不难得到综合劳动力曲线图和计划表。

建设项目土建施工劳动力汇总表

序号	工种名称	劳动量（工日）	工业建筑及全工地性工程							居住建筑		仓库、加工厂等临时建筑	19××年				19××年	
			工业建筑			道路	铁路	上下水道	电气工程	永久性住宅	临时性住宅		一	二	三	四	一	二
			主厂房	辅助	附属													
	钢筋工																	
	木　工																	
	⋮																	

二、构件、半成品及主要建筑材料需要量计划

根据工种工程工程量汇总表所列各建筑物的工程量，查万元定额或概算指标等有关资料，便可得出各建筑物所需的建筑材料、半成品和构件的需要量。然后再根据总进度计划表，大致估计出某些建筑材料在某季度内的需要量，从而编制出建筑材料、半成品和构件的需要量计划。有了各种物资需要量计划，材料部门及有关加工厂便可据此准备所需的建筑材料、半成品和构件，并及时组织供应。

建设项目土建工程所需构件、半成品及主要建筑材料汇总表

序号	类别	构件、半成品及主要材料名称	单位	总计	运输线路	上下水工程	电气工程	工业建筑		居住建筑		其它临时建筑	需要量计划							
								主要	辅助及附属	永久性住宅	临时性住宅		19××年				19××年			
													一	二	三	四	一	二	三	四
	构件及半成品	钢筋																		
		钢筋混凝土及混凝土																		
		木结构																		
		钢结构																		
		砂浆																		
		细木制品																		
		⋮																		
	主要建筑材料	石灰																		
		砖																		
		水泥																		
		圆木																		
		钢材																		
		⋮																		
		⋮																		

施工机具需要量汇总表

序号	机具名称	简要说明（型号、生产率等）	数量	电动机功率（千瓦）	需要量计划							
					19××年				19××年			
					一	二	三	四	一	二	三	四

三、施工机具需要量计划

主要施工机械需要量可按照施工部署、主要建筑物施工方案的要求，根据工程量和机械产量定额计算出。至于辅助机械，可根据万元定额或概算指标求得。施工机具、需要量计划除为组织机械供应需要外，还可作为施工用电量，选择变压器容量等的计算依据。

第五节　施工总平面图

一、施工总平面图的内容与设计要求

全工地施工总平面图就是拟建工业企业建设项目或民用建筑群的施工场地总布置图。是施工部署在空间上的反映。

施工总平面图上除绘有已建的和拟建的永久性房屋和构筑物外，尚需绘有施工时所需设置的各项临时设施。诸如，附属生产企业、仓库、生活福利与行政管理用临时建筑物、临时给排水系统、电力网、通讯网、蒸汽和压缩空气管线、临时运输道路等。施工总平面图的范围，除包括建设项目所占有的地段外，还应包括施工时所必须使用的工地附近的某些地区。

许多规模巨大的建设项目，其建设工期往往很长，随着工程的进展，建筑工地的面貌将不断地改变。在此情况下，宜按不同阶段分别绘制若干张施工平面图。或者，根据工地的变化情况，及时对施工总平面图进行调整和修正，以便符合不同时期的要求。

设计施工总平面图时应满足以下主要要求：

（一）尽量减少用地面积，这样既可少占耕地，又便于施工管理。

（二）尽量降低运输费用，保证运输方便。为此，要合理地布置仓库、附属企业和运输道路，使仓库与附属生产企业尽量靠近需用中心。并且，要正确地选择运输方式。

（三）尽量降低临时工程的修建费用。为此，要充分利用各种永久性建筑物为施工服务。对需要拆除的原有建筑物也应酌情加以利用，暂缓拆除。此外，要注意尽量缩短各种临时管线的长度。

（四）要满足防火与技术安全的要求。为此，应将各种临建设施，尤其是易燃物仓库、加工厂（站）等布置在合理的位置上。设置消防站或必要的消防设施。临时建筑物与在建工程以及临时建筑物之间的距离应符合防火要求。为保证生产上的安全，在规划道路时应尽量避免交叉。

（五）要便于工人生产与生活。这主要在于正确合理地布置生活福利方面的临时设施。

二、设计施工总平面图所依据的资料

（一）厂址位置图、区域规划图、厂区地形图、厂区测量报告、厂区总平面图、厂区竖向布置图及厂区主要地下设施布置图等；

（二）全厂建设总工期、工程分期情况与要求；

（三）施工布署和主要建筑物施工方案；

（四）建筑施工总进度计划；

（五）大宗材料、半成品、构件和设备的供应计划及其现场储备周期，材料、半成品、构件和设备的供货与运输方式；

（六）各类临建设施的项目、数量和外廓尺寸等。

三、施工总平面图的设计步骤

全工地施工总平面图的设计步骤主要取决于大宗材料、构件、设备等由场外运入场内的方式。

（一）当大量的物资由铁路运入工地时

此时设计施工总平面应先着手解决铁路线由何处引入及如何布置。标准轨铁路的特点是转弯半径大，坡度限制严，而且铁路线对场区内部运输影响较大。因此，不能随心所欲地将铁路线引到任何地方。一般具有永久性铁路的大型工地，若将铁路引入工地中央，表面看来似乎经济。但这种作法将严重地影响工地内部运输。所以，为施工服务的铁路大多应靠近工地一边引入，或两边引入。仅当大型工地可以把全部建设项目分为若干个独立的工区进行施工时，铁路引入工地中央才可能是比较适当的。这种情况，对每一个工区讲，实际上仍然是在该区的边上。

确定了铁路专用线后，可开始规划各主要材料仓库及附属生产企业的位置。因为这类仓库和企业的材料是靠铁路运入的，所以其位置亦应靠近铁路线布置。此时，两者的布置要连系起来考虑，往往在布置仓库和附属生产企业时，发现有必要对原定铁路线位置进行适当的调整。对于附属加工企业和大型仓库的布置，主要考虑使原材料的运入和半成品、成品等的运出所消耗的运输费用最小；同时，要照顾到附属加工企业有良好的工作条件。有时会产生这样的情况：根据运输费最小得出的位置是在工地中央，而工地中央是不可能布置附属加工企业的，因为那是建筑物集中的地区。大多数情况下，是把加工厂集中布置在工地的边缘。这样，既便于管理，又能降低铺设道路、动力管线和给排水管道的费用。同时，也与引入的铁路沿工地边缘的布置方案相一致。

第三步是布置工地内部运输道路。工地内部运输道路是联系各加工厂、仓库同各施工对象之间的通道。当加工厂和仓库的位置选定后应着手研究物流图，要根据运输量的不同来区别主要道路和次要道路，然后进行道路的规划。为节约修筑临时道路的费用，以及使车辆行驶安全、方便，应尽量利用拟建的永久性道路，或先修永久性道路路基并铺设简易路面。主要道路应按环形线路布置；次要道路可布置成单行线，但应设置回车场。要尽量避免与铁路交叉。

第四步布置其它各种临时设施。如行政管理和生活福利等建筑的布置。

最后布置水、电、汽、通讯等管网。

（二）当各种物资由汽车运入工地时。

此时设计施工总平面图则应从布置仓库和附属生产企业开始。仓库的布置是比较灵活的。其次是布置场内运输道路。最后布置其它各种临时建筑和水、电、汽、通讯管网。

目前，凡是建设项目比较集中的大城市，一般均建立了建筑生产基地。在此情况下，工地只须建立少量的附属生产企业即可。

对于尚未建立建筑生产基地的新建城市或工矿区，工地自然需要建立附属生产企业。此时，最好由当地领导部门统一规划，全面安排，使所建一定规模的建筑生产企业服务于全地区。

如上所述，施工总平面图的布置虽有一基本程序，但实际工作中不能绝对化，需要在布置过程中瞻前顾后，综合考虑，反复修改，方能确定出一个较好的布置方案。有时，要设计出若干个不同的布置方案，通过分析比较确定出最佳方案。

图5-2是某发电厂2×10万千瓦工程施工区域划分图。本期为新建工程，土建、安装为两个专业施工队伍。

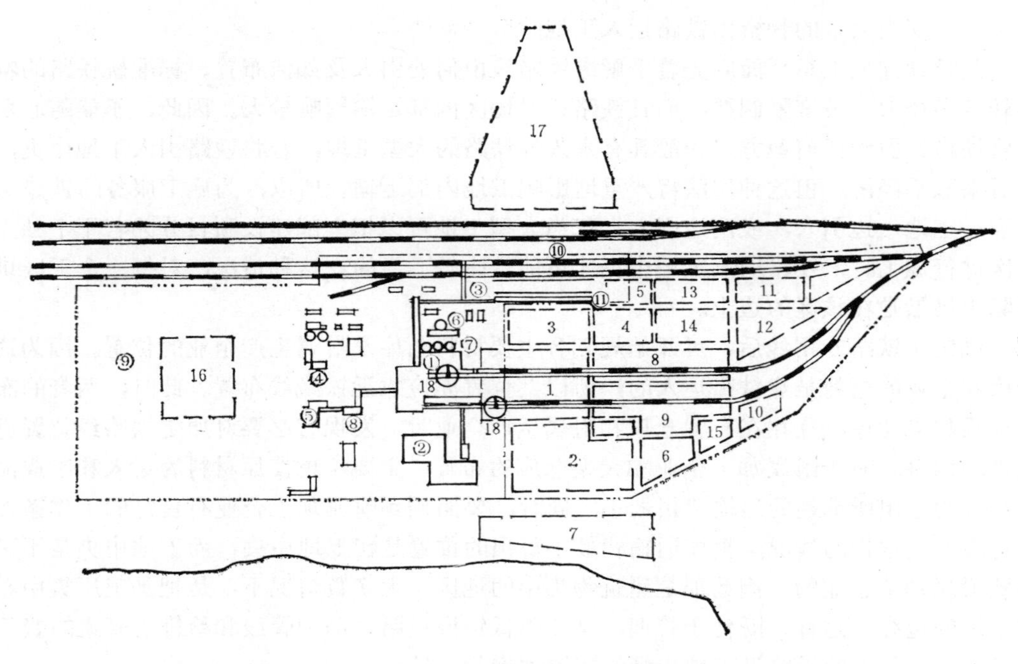

图 5-2　2×10万千瓦工程施工区域划分

1—大型构件预制场；2—中小型构件预制场；3—混凝土搅拌系统；4—模板作业区；5—输煤系统土建作业区；6—木工作业区；7—水工系统土建作业区；8—锅炉安装作业区；9—汽机安装作业区；10—制氧站；11—安装队材料区；12—安装队设备堆放区；13—安装队办公区；14—安装工地；15—安装队机动站；16—安装队生活区；17—土建队生活区；18—60吨塔式吊车

①主厂房；②升压站；③输煤建筑；④软化水室；⑤食堂；⑥烟筒；⑦引风除尘建筑；⑧办公楼；⑨电厂生活区；⑩卸煤装置；⑪回煤沟

四、供点设置和物资调配优化

（一）供点设置的选定

在建筑工地上需要设置材料仓库和加工厂等临时设施。通常，在布置这些临时设施时，工地内的运输道路基本上已先布置完毕；而需要供应的地方是由施工对象和某些临时设施的位置决定的。这样一来，问题就成为在道路固定和需要物资的地点（简称需点）固定的条件下如何选定供点的位置。

根据供点的生产能力和服务半径的大小不同，供点的数量有单点和多点布置两种情况。在建筑工地上供点设在哪里，其运费最少（即运输吨公里数最小），即位置最优，这可借助线性规划方法求出。下面仅介绍设单个供点情形。

1.道路无圈设一集中供点

例如，在一个有相当数量的全装配建筑工地内，可以设置一个生产钢筋混凝土预制构件的预制场。待该工地的房屋安装完毕，再将预制场转移到另一工地去。通常，工地内不具备较大的空地面积可专供一个集中的预制场使用，此时就需要临时占用某一个（或数个）拟建房屋的位置。施工时，如果利用永久性枝状道路的路基作为运输道路，则设置预制场就类似于线性规划中的场地选择问题。也就是收点固定、道路固定、发点待定一类的运输问题。这样一来，我们可以根据“小往大靠、端往内靠、支往干靠、大半设场”的法则来确定一集中供点的最优位置。

图5-3是一个全装配建筑工地各施工对象的位置与道路情况的示意图，图中数字分别表示各施工对象在此施工期间所需预制构件的吨数。根据预制场所需要的面积，设一集中供点时，必须占用一个施工对象的位置及其周围的空地。在此情况下，可以这样按照上述法则来选定预制场的最优位置：

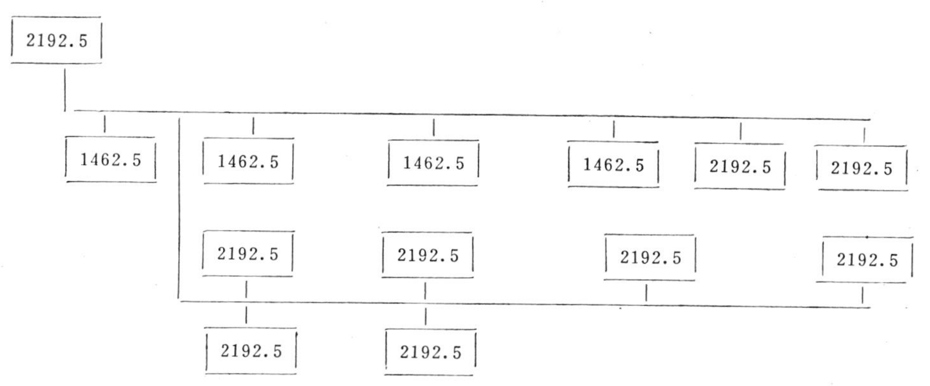

图 5-3　全装配建筑工地各施工对象所需构件数量图（单位：吨）

将图5-3进一步简化，如图5-4所示，圈内数字为需点编号，各需点所需构件的重量如圈旁所注数字，道路交叉点看作需量为零的点。

各需点总需要量的一半 $S_{半}=\frac{1}{2}(2192.5\times9+1462.5\times4)=12791.25$吨。⑧、⑫、①各端点的需要量均未达到总需要量的一半。按“小往大靠”，上面各端点都进一个点，变成图5-5；如此继续比各端点，最后变为图5-6。③、⑩两点需要量均未过半，仍旧前进一个点，此时点⑨超过总需要量的一半，即得出预制场的最优位置在点⑨处。如工地上无其他施工条件限制，我们就可以把预制场设在点⑨及其周围的空地上。

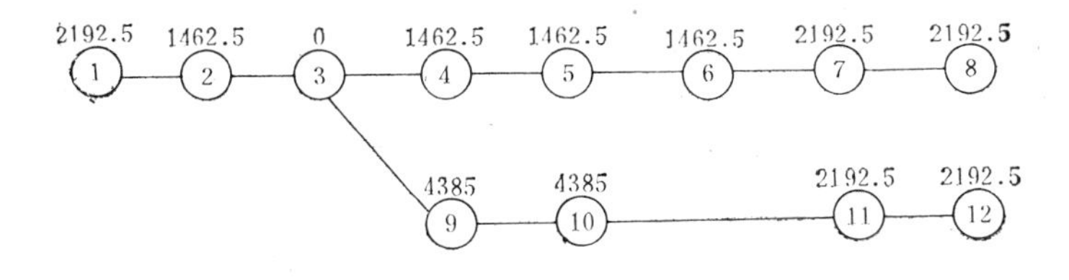

图 5-4　简化后的图

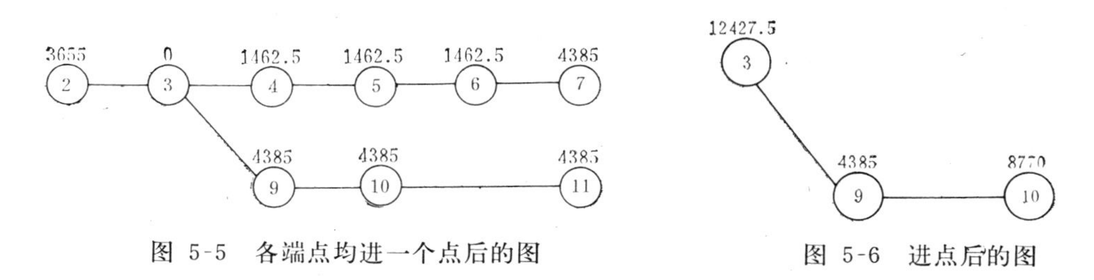

图 5-5　各端点均进一个点后的图

图 5-6　进点后的图

2.道路成圈设一集中供点

上述条件不变，仅道路为环状时，如何确定最优供点呢？根据数学证明，对于道路成圈设一供点情形，其最优位置一定在某个需点上。由于需点均可能设预制场，逐个比较其运输量（不走大半圈），其中运输量最小的那个点即为最优设场点，其表达式如下：

$$S(A_K)=\min\{S(A_i)\mid i=1、2、\cdots n\}$$

式中　A_i——第 i 个需点；

$S(A_i)$——在第 i 个需点设预制场时，从该点运构件到各需点的总运输量（吨公里）。

例如，全装配建筑工地的构件需要量和各需点的运距如图5-7所示。因为处在圈上的各点需要量之和为：$S_{圈}=8775+7312.5+5850=21937.5$吨，大于总需要量的一半：$S_{半}=\frac{1}{2}\times(8775+7312.5+5850+4437.5)=13187.5$吨， 所以供点一定要设在圈上。 这样可把点④的需要量合并到点③处（图5-8），然后再进行计算。

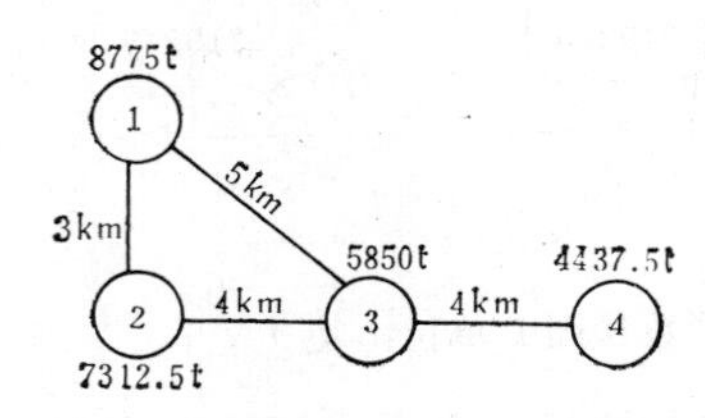

图 5-7　简化后的图

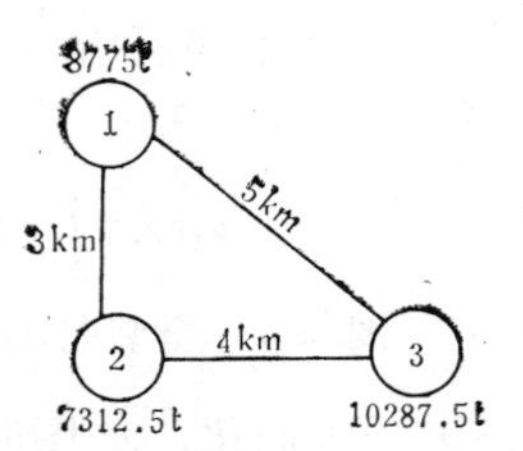

图 5-8　进点后的图

根据计算：

$$S(A_1)=10287.5\times5+7312.5\times3=73375\text{t}\cdot\text{km}$$
$$S(A_2)=8775\times3+10287.5\times4=67475\text{t}\cdot\text{km}$$
$$S(A_3)=8775\times5+7312.5\times4=73125\text{t}\cdot\text{km}$$

知道预制场设在点②及其周围为最优。

3.供点的几个组成部分分散布置在若干块空地上

有时，建筑工地上不允许设置的供点占用拟建房屋的位置上；但又无足够大的空地面积供设置一集中的供点。此时不得不把一个供点分成几个部分，分别布置在若干块空地上。当各块空地面积足够供点的每一组成部分单独布置时， 这就有许多组布置空地的组合方案；而每一方案中，除有些供点向施工对象运送物料或成品外，还有组成供点的各部分间的运送物料问题。我们需在多种布置方案中选取一种组合方案，其总运输量最小。

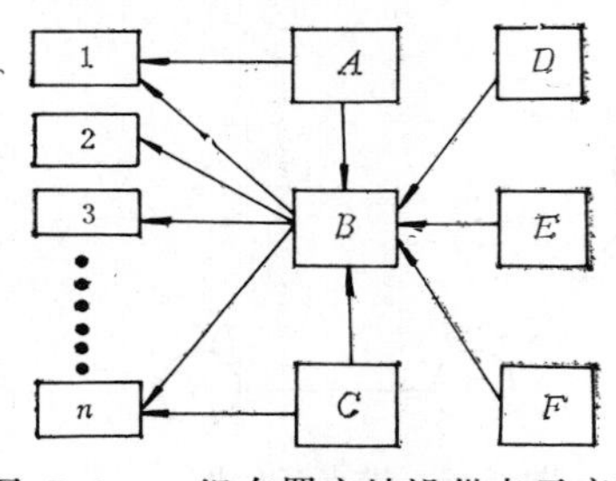

图 5-9　一组布置空地设供点示意图

如 A、$B\cdots F$ 代表供点，其中 B 又是需点，1，2，$\cdots n$ 代表各施工对象（需点），则 A、$B\cdots F$ 有多种布置方案，每一种布置供点方案的运输总量均不相同，我们的任务是，从中选定一种布置方案，其运输总量最小。图5-9所示是一组布置空地作供点的方案。

例如，工地上有四块空地，每块空地的面积均够分别布置构件制作、骨料堆放、水泥和钢筋存放、其它材料堆放等四个项目用；该工地各施工对象及空地间的距离如表 5-1 所示；各施工对象及各拟布置项目之间的供需数量如表5-2所示。下面介绍如何用矩阵方法来确定总运输量为最小的组合方案。

距　　离　（米）　　表 5-1

由 \ 至		施工对象 Z_1	Z_2	Z_3	Z_4	Z_5	空地 X_1	X_2	X_3	X_4
空地	X_1	110	200	360	340	450		310	250	390
	X_2	280	230	120	330	410	310		200	360
	X_3	360	180	360	120	210	250	200		185
	X_4	400	300	420	220	105	390	360	185	

由于需要布置的四个项目仅Y_2、Y_3、Y_4对Y_1有供应关系，故按$\overline{Y}_1$有可能布置在空地X_1或X_2、X_3、X_4的次序，按行将供需间的运距表示如矩阵$[D']$。

$$[D']=\begin{bmatrix}310 & 250 & 390\\ 310 & 200 & 360\\ 250 & 200 & 185\\ 390 & 360 & 185\end{bmatrix}$$

矩阵$[D]$表示每一空地至各施工对象的运距。

$$[D]=\begin{bmatrix}110 & 200 & 360 & 340 & 450\\ 280 & 230 & 120 & 330 & 410\\ 360 & 180 & 360 & 120 & 210\\ 400 & 300 & 420 & 220 & 105\end{bmatrix}$$

供　　需　　量　（吨）　　表 5-2

需 \ 供		构件 Y_1	骨料 Y_2	水泥、钢筋 Y_3	其它材料 Y
施工对象	Z_1	3655	50	10	8
	Z_2	6580	63	18	15
	Z_3	8775	78	22	24
	Z_4	4385	55	15	13
	Z_5	4385	55	15	13
布置点	Y_1		22220	8888	
	Y_2				
	Y_3				
	Y_4				

根据Y_2、Y_3、Y_4运给Y_1的三个重量数字，其可能的排列共有六种方案，用矩阵表示如$[W']$。

$$[W']=\begin{bmatrix}22220 & 22220 & 8888 & 8888 & 0 & 0\\ 8888 & 0 & 22220 & 0 & 8888 & 22220\\ 0 & 8888 & 0 & 22220 & 22220 & 8888\end{bmatrix}$$

矩阵$[W]$表示各布置点运给各施工对象的重量。

$$[W]=\begin{bmatrix}3655 & 50 & 10 & 8\\ 6580 & 63 & 18 & 15\\ 8770 & 78 & 22 & 24\\ 4385 & 55 & 15 & 13\\ 4385 & 55 & 15 & 13\end{bmatrix}$$

矩阵$[D']$与$[W']$相乘得到矩阵$[S']$。$[S']$中每一元素均表示某一种组合时布置点间的运输量，如第一行第一列的数字。9110200表示Y_2、Y_3、Y_4运给Y_1的运输量之和；

$[S']=[D'][W']=$

$$\begin{bmatrix}
\begin{matrix}9110200\\ Y_1Y_2Y_3Y_4\end{matrix} & \begin{matrix}10354520\\ Y_1Y_2Y_4Y_3\end{matrix} & \begin{matrix}8310280\\ Y_1Y_3Y_2Y_4\end{matrix} & \begin{matrix}11421080\\ Y_1Y_3Y_4Y_2\end{matrix} & \begin{matrix}10887800\\ Y_1Y_4Y_3Y_2\end{matrix} & \begin{matrix}9021320\\ Y_1Y_4Y_2Y_3\end{matrix}\\
\begin{matrix}8665800\\ Y_2Y_1Y_3Y_4\end{matrix} & \begin{matrix}10087880\\ Y_2Y_1Y_4Y_3\end{matrix} & \begin{matrix}7199280\\ Y_3Y_1Y_2Y_4\end{matrix} & \begin{matrix}10754480\\ Y_3Y_1Y_4Y_2\end{matrix} & \begin{matrix}9776800\\ Y_4Y_1Y_3Y_2\end{matrix} & \begin{matrix}7643680\\ Y_4Y_1Y_2Y_3\end{matrix}\\
\begin{matrix}7332600\\ Y_2Y_3Y_1Y_4\end{matrix} & \begin{matrix}7199280\\ Y_2Y_4Y_1Y_3\end{matrix} & \begin{matrix}6666000\\ Y_3Y_2Y_1Y_4\end{matrix} & \begin{matrix}6332700\\ Y_3Y_4Y_1Y_2\end{matrix} & \begin{matrix}5888300\\ Y_4Y_3Y_1Y_2\end{matrix} & \begin{matrix}6088280\\ Y_4Y_2Y_1Y_3\end{matrix}\\
\begin{matrix}11865480\\ Y_2Y_3Y_4Y_1\end{matrix} & \begin{matrix}10310080\\ Y_2Y_4Y_3Y_1\end{matrix} & \begin{matrix}11465520\\ Y_3Y_2Y_4Y_1\end{matrix} & \begin{matrix}7577020\\ Y_3Y_4Y_2Y_1\end{matrix} & \begin{matrix}7310380\\ Y_4Y_3Y_2Y_1\end{matrix} & \begin{matrix}9643480\\ Y_4Y_2Y_3Y_1\end{matrix}
\end{bmatrix}$$

数字下面的$Y_1Y_2Y_3Y_4$表示Y_1布置在X_1，Y_2布置X_2，Y_3布置在X_3、Y_4布置在X_4这样一种组合方案。第二行第一列的数字8665800表示Y_2布置在X_1、Y_1布置在X_2、Y_3布置在X_3、Y_4布置在X_4时，从Y_2、Y_3、Y_4运给Y_1的运输量之和。其余各元素可类推。

$$[S'']=[D][W]=\begin{bmatrix}8339400 & 89630 & 24470 & 22790\\ 6834100 & 78550 & 20680 & 18190\\ 7104450 & 75570 & 19710 & 18510\\ 8544525 & 89535 & 23515 & 22005\end{bmatrix}$$

矩阵$[D]$与$[W]$相乘得到矩阵$[S'']$。矩阵$[S'']$中第一行1～4列各元素表示按Y_1、Y_2、Y_3、Y_4次序某一个拟布置点布置在X_1时从该点给各施工对象的运输量之和。如第一行第二列的数字89630，即表示Y_2布置在X_1时从Y_2运给五个施工对象（$Z_1\sim Z_5$）的运输量之和。第二行1～4列的各元素表示按Y_1、Y_2、Y_3、Y_4次序排列，某个拟布置点布置在X_2时从该点运到五个施工对象（$Z_1\sim Z_5$）的运输量之和。其余各行可类推。

$$[S]=\begin{bmatrix}
\begin{matrix}8459665\\ Y_1Y_2Y_3Y_4\end{matrix} & \begin{matrix}8459975\\ Y_1Y_2Y_4Y_3\end{matrix} & \begin{matrix}8457655\\ Y_1Y_3Y_2Y_4\end{matrix} & \begin{matrix}8468125\\ Y_1Y_3Y_4Y_2\end{matrix} & \begin{matrix}8466835\\ Y_1Y_4Y_3Y_2\end{matrix} & \begin{matrix}8456675\\ Y_1Y_4Y_2Y_3\end{matrix}\\
\begin{matrix}6965445\\ Y_2Y_1Y_3Y_4\end{matrix} & \begin{matrix}6965755\\ Y_2Y_1Y_4Y_3\end{matrix} & \begin{matrix}6956145\\ Y_3Y_1Y_2Y_4\end{matrix} & \begin{matrix}6966615\\ Y_3Y_1Y_4Y_2\end{matrix} & \begin{matrix}6966135\\ Y_4Y_1Y_3Y_2\end{matrix} & \begin{matrix}6955975\\ Y_4Y_1Y_2Y_3\end{matrix}\\
\begin{matrix}7236765\\ Y_2Y_3Y_1Y_4\end{matrix} & \begin{matrix}7235785\\ Y_2Y_4Y_1Y_3\end{matrix} & \begin{matrix}7229475\\ Y_3Y_2Y_1Y_4\end{matrix} & \begin{matrix}7236645\\ Y_3Y_4Y_1Y_2\end{matrix} & \begin{matrix}7237455\\ Y_4Y_3Y_1Y_2\end{matrix} & \begin{matrix}7229305\\ Y_4Y_2Y_1Y_3\end{matrix}\\
\begin{matrix}8673345\\ Y_2Y_3Y_4Y_1\end{matrix} & \begin{matrix}8672055\\ Y_2Y_4Y_3Y_1\end{matrix} & \begin{matrix}8666055\\ Y_3Y_2Y_4Y_1\end{matrix} & \begin{matrix}8662755\\ Y_3Y_4Y_2Y_1\end{matrix} & \begin{matrix}8663565\\ Y_4Y_3Y_2Y_1\end{matrix} & \begin{matrix}8665575\\ Y_4Y_2Y_3Y_1\end{matrix}
\end{bmatrix}$$

对应于矩阵$[S']$中每一数字下所注布置点的排列次序(即Y的排列次序表示：第一个

设在X_1，第二个设在X_2，第三个设在X_3，第四个设在X_4），将矩阵[S'']中既不同行又不同列的各数值相加，得到矩阵[S]，矩阵[S]中每一元素表示，相应于[S']中每一数字下所注布置点的排列次序，从各个布置点运给各施工对象（$Z_1 \sim Z_5$）的运输量之和。

将矩阵[S']与[S]中相对应的各元素相加，得到矩阵[E]。矩阵[E]中每一数字代表一种组合方案的运输总量，即包括各布置点运给各施工对象的运输量同各布置点间运输量之和。

$$[E]=[S']+[S]=$$

$$\begin{bmatrix} 17569865 & 18814495 & 16767935 & 19889205 & 19354635 & 17477995 \\ Y_1Y_2Y_3Y_4 & Y_1Y_2Y_4Y_3 & Y_1Y_3Y_2Y_4 & Y_1Y_3Y_4Y_2 & Y_1Y_4Y_3Y_2 & Y_1Y_4Y_3Y_2 \\ 15631245 & 17053635 & 14155425 & 17721095 & 16742935 & 14599655 \\ Y_2Y_1Y_3Y_4 & Y_2Y_1Y_4Y_3 & Y_3Y_1Y_2Y_4 & Y_3Y_1Y_4Y_2 & Y_4Y_1Y_3Y_2 & Y_4Y_1Y_2Y_3 \\ 14569365 & 14435065 & 13895475 & 13569345 & 13125755 & 13317585 \\ Y_2Y_3Y_1Y_4 & Y_2Y_4Y_1Y_3 & Y_3Y_2Y_1Y_4 & Y_3Y_4Y_1Y_2 & Y_4Y_3Y_1Y_2 & Y_4Y_2Y_1Y_3 \\ 20538825 & 18982135 & 20131575 & 16239775 & 15973945 & 18309055 \\ Y_2Y_3Y_4Y_1 & Y_2Y_4Y_3Y_1 & Y_3Y_2Y_4Y_1 & Y_3Y_4Y_2Y_1 & Y_4Y_3Y_2Y_1 & Y_4Y_2Y_3Y_1 \end{bmatrix}$$

我们从[E]中可以看到，最小数字为13125755吨-米；其组合方案是，Y_4布置在X_1，Y_3布置在X_2，Y_1布置在X_3，Y_2布置在X_4，这就是最优的布置方案。如果施工条件有限制，不允许选此最优的布置方案；但总可以从[E]的数字中选定一个较优的方案来。

（二）物资调运方案的确定

有时，工地上可利用一些永久性建筑物作为施工用仓库等。这等于供点位置已经固定，剩下的是如何确定物资调运方案，使其运输量最小的问题。借助线性规划的理论，可以解决这一问题。

例如，从三个水泥仓库调运水泥给五个工地，已知各水泥仓库的库存量、各工地的水泥需用量和各仓库到各工地的距离，求运输量为最小的调运方案，其条件是供需平衡。原始数据如表5-3所示。

表 5-3

水泥仓库编号	到 工 地 的 运 距（公里）					各仓库水泥存量（吨）
	一号工地	二号工地	三号工地	四号工地	五号工地	
No. 1	4	1	3	4	4	60
No. 2	2	3	2	2	3	35
No. 3	3	5	2	4	4	40
各工地用水泥量(t)	22	45	20	18	30	135

按本例题意，可以列出下列的线性方程。

约束条件：

$$x_{11}+x_{12}+x_{13}+x_{14}+x_{15}=60$$

$$x_{21}+x_{22}+x_{23}+x_{24}+x_{25}=35$$

$$x_{31}+x_{32}+x_{33}+x_{34}+x_{35}=40$$

$$x_{11}+x_{21}+x_{31}=22$$

$$x_{12}+x_{22}+x_{32}=45$$
$$x_{13}+x_{23}+x_{33}=20$$
$$x_{14}+x_{24}+x_{34}=18$$
$$x_{15}+x_{25}+x_{35}=30$$
$$x_{ij}\geqslant 0 \quad (i=1,\ 2,\ 3;\ j=1,\ 2,\ 3,\ 4,\ 5)$$

目标函数：

$$F(x)=4x_{11}+x_{12}+3x_{13}+4x_{14}+4x_{15}+2x_{21}+3x_{22}+2x_{23}+2x_{24}+3x_{25}+3x_{31}+5x_{32}+2x_{33}+4x_{34}+4x_{35}\Longrightarrow \min$$

经过上机运算求得：

$x_{12}=45$，$x_{15}=15$，$x_{21}=2$，$x_{24}=18$，$x_{25}=15$，$x_{31}=20$，$x_{33}=20$ 总运输量为290吨公里。其调运方案见表5-4。

表 5-4

水泥仓库编号	调配方案(运距公里／调配量吨)					各仓库水泥存量(吨)
	一号工地	二号工地	三号工地	四号工地	五号工地	
No.1	4/0	1/45	3/0	4/0	4/15	60
No.2	2/2	3/0	2/0	2/18	3/15	35
No.3	3/20	5/0	2/20	4/0	4/0	40
各工地用水泥量(t)	22	45	20	18	30	135

第六节　施工组织总设计的技术经济评价

施工组织总设计是一项工作量比较大的工作。为了寻求最合理的方案，在设计时要考虑几个设计方案，并把它们进行比较，根据技术经济指标选出最好的设计方案。

施工组织总设计的技术经济指标，应该表示出设计方案的技术水平和经济性。一般需要反映的指标有：

1.施工工期　按施工总进度计划安排的，从建设项目开工到全部投产使用，共多少个月。

2.全员劳动生产率　可用下式求得：

$$\text{建筑安装企业全员劳动生产率(元/人·年)}=\frac{\text{每年自行完成的建筑安装施工产值}}{\text{全部在册职工人数}-\text{非生产人员平均数}+\text{合同工、临时工人数}}$$

3.非生产人员比例　即管理、服务人员数与全部职工人员数之比。

4.劳动力不均衡系数　即施工期高峰人数与施工期平均人数之比。

5.临时工程费用比

$$\text{临时工程费用比}=\frac{\text{全部临时工程费}}{\text{建筑安装工程总值}}$$

6.综合机械化程度

$$\text{综合机械化程度}=\frac{\text{机械化施工完成的工作量}}{\text{总工作量}}\times 100\%$$

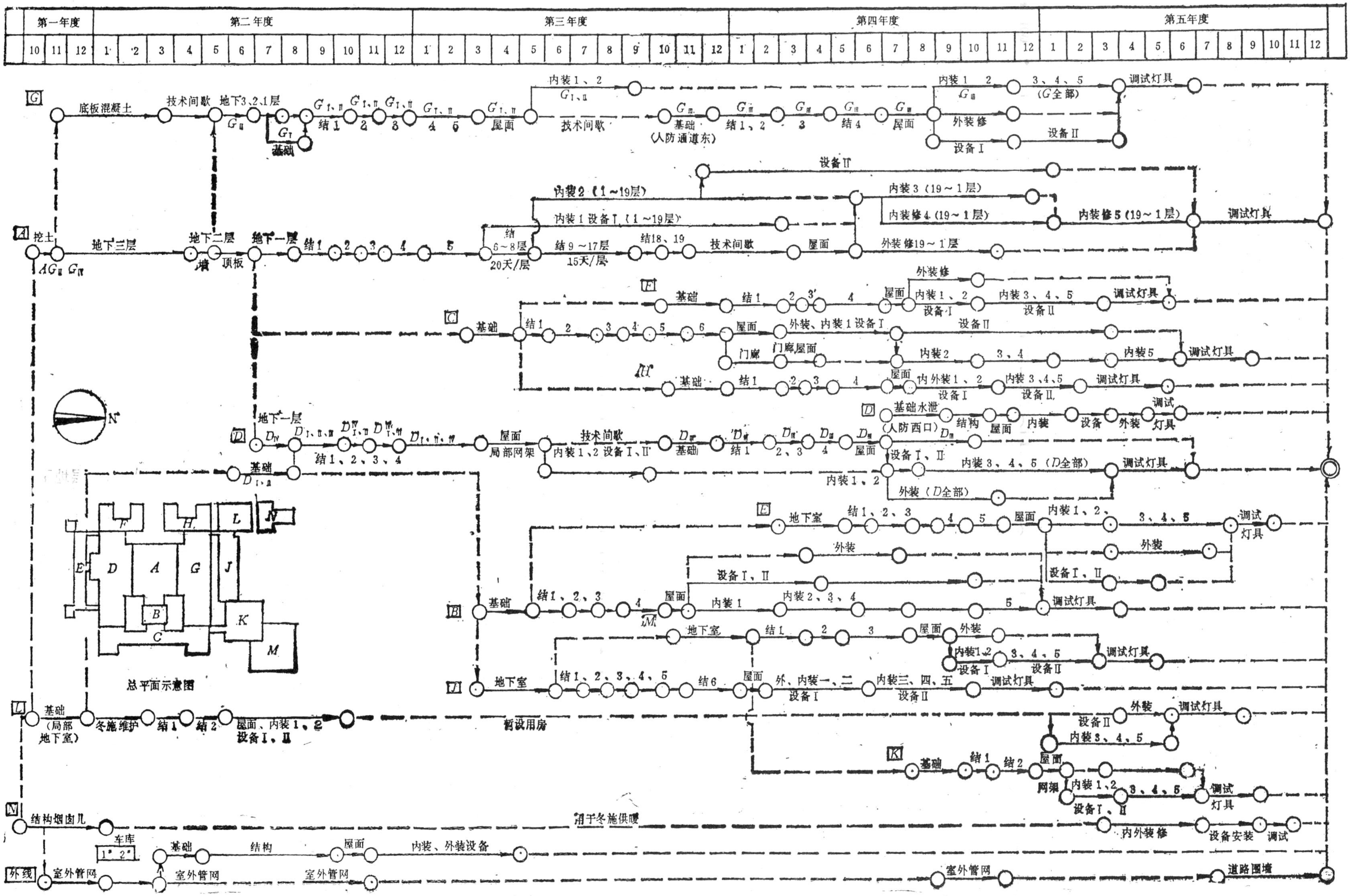

第一年度 第二年度 第三年度 第四年度 第五年度

10 11 12 1 2 3 4 5 6 7 8 9 10 11 12 1 2 3 4 5 6 7 8 9 10 11 12 1 2 3 4 5 6 7 8 9 10 11 12 1 2 3 4 5 6 7 8 9 10 11 12

G 底板混凝土 技术间歇 地下3、2、1层 $G_{Ⅱ}$ $G_{Ⅰ}$ 基础 $G_{Ⅰ、Ⅱ}$ 结1 2 3 4 5 屋面 内装1、2 $G_{Ⅰ、Ⅱ}$ 技术间歇 $G_{Ⅲ}$ 基础（人防通道东） 结1、2 3 结4 屋面 内装1 2 $G_{Ⅲ}$ 3、4、5（G全部） 外装修 设备Ⅰ 设备Ⅱ 调试灯具

A 挖土 $AG_{Ⅱ}$ $G_{Ⅳ}$ 地下三层 地下二层 墙 顶板 地下一层 结1 2 3 4 5 结6～8层 20天/层 结9～17层 15天/层 结18、19 技术间歇 屋面 内装2（1～19层） 内装1 设备Ⅰ（1～19层） 设备Ⅱ 内装3（19～1层） 内装修4（19～1层） 外装修19～1层 内装修5（19～1层） 调试灯具

F 基础 结1 2 3 4 屋面 外装修 内装1、2 设备Ⅰ 内装3、4、5 设备Ⅱ 调试灯具

C 基础 结1 2 3 4 5 6 屋面 外装、内装1 设备Ⅰ 设备Ⅱ 门廊 门廊屋面 内装2 3、4 内装5 调试灯具

H 基础 结1 2 3 4 屋面 内外装1、2 设备Ⅰ 内装3、4、5 设备Ⅱ 调试灯具

D 基础水泄（人防西口） 结构 屋面 内装 设备 外装 调试灯具

D 地下一层 $D_{Ⅳ}$ $D_{Ⅰ、Ⅱ、Ⅲ}$ $D_{Ⅰ、Ⅱ}^{Ⅳ}$ $D_{Ⅰ、Ⅱ}^{Ⅲ}$ $D_{Ⅰ、Ⅱ、Ⅲ}$ 结1、2、3、4 屋面 局部网架 技术间歇 内装1、2 设备Ⅰ、Ⅱ $D_{Ⅲ}$ 基础 结1 2、3 4 屋面 设备Ⅰ、Ⅱ 内装3、4、5（D全部） 内装1、2 外装（D全部） 调试灯具 基础 $D_{Ⅰ、Ⅱ}$

E 地下室 结1、2、3 4 5 屋面 内装1、2、 3、4、5 外装 设备Ⅰ、Ⅱ 调试灯具

B 基础 结1、2、3 4 M 屋面 外装 设备Ⅰ、Ⅱ 内装1 内装2、3、4 5 调试灯具

M 地下室 结1 2 3 屋面 外装 内装1、2 设备Ⅰ 3、4、5 设备Ⅱ 调试灯具

J 地下室 结1、2、3、4、5 结6 屋面 外、内装一、二 设备Ⅰ 内装三、四、五 设备Ⅱ 调试灯具

总平面示意图

L 基础（局部地下室） 冬施维护 结1 结2 屋面、内装1、2 设备Ⅰ、Ⅱ 暂设用房

设备Ⅱ 外装 内装3、4、5 调试灯具

K 基础 结1 结2 屋面 网架 内装1、2 3、4、5 设备Ⅰ、Ⅱ 调试灯具

N 结构烟囱儿 用于冬施供暖 内外装修 设备安装 调试

车库 1# 2# 基础 结构 屋面 内装、外装设备

外线 室外管网 室外管网 室外管网 室外管网 道路围墙

图 5-11 某图书馆工程施工总进度网络计划

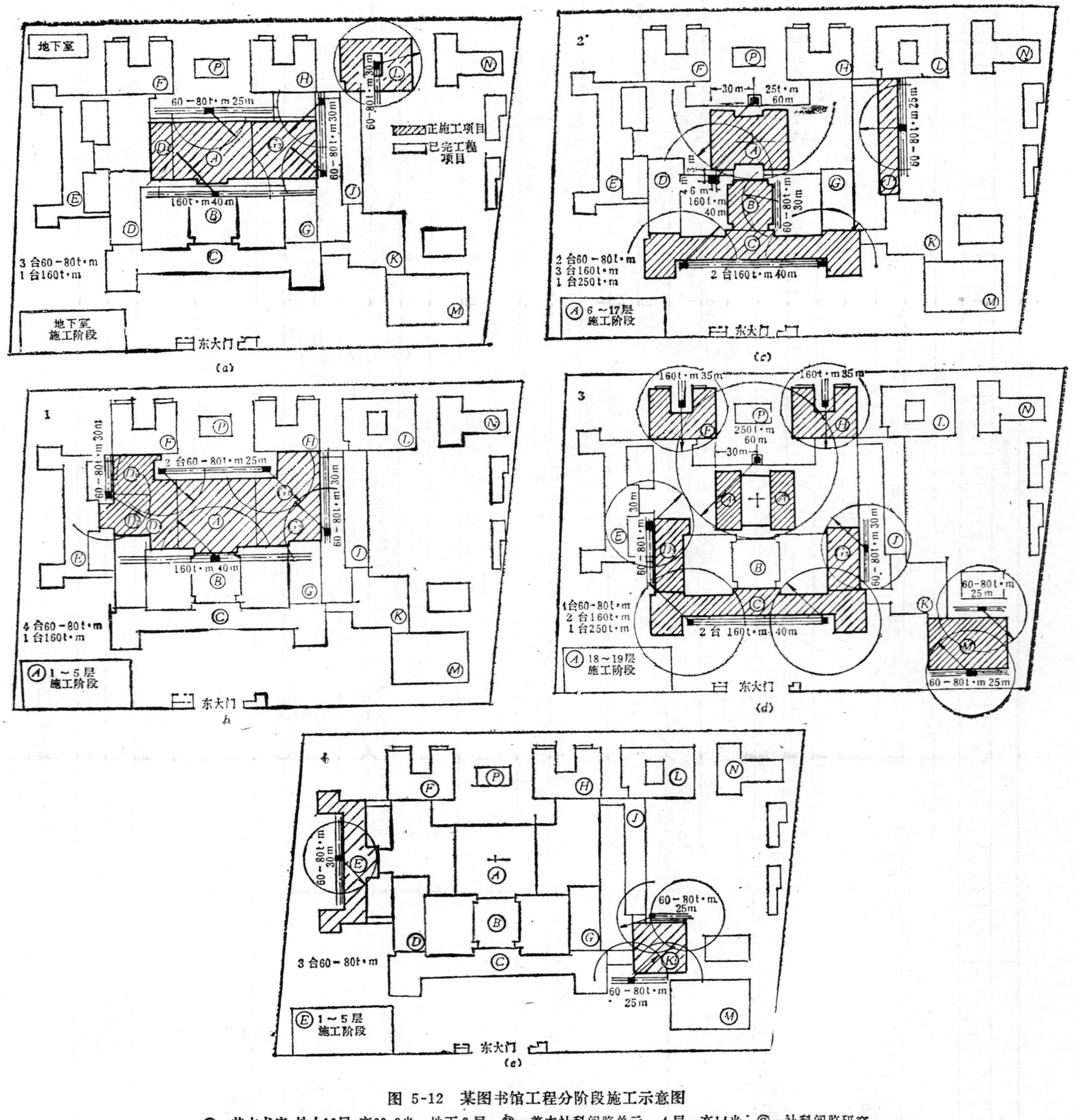

图 5-12 某图书馆工程分阶段施工示意图

Ⓐ—基本书库，地上19层，高63.9米，地下 3 层；Ⓑ—善本社科阅览单元，4 层，高14米；Ⓒ—社科阅览研究楼，5 层，门厅部分楼高32米，两翼23.6米；Ⓓ—目录出纳厅；地上 4 层，高15米，D_1有一层地下室；Ⓔ—自科阅览楼，地上 5 层，高27.8米，地下一层；Ⓕ—自科阅览单元，4 层，高15米；Ⓖ—报库视听资料楼，地上 4 层，高15米，地下 3 层；Ⓗ—资料阅览单元，4 层，高15米；Ⓙ—业务行政楼，6 层，高27.8米，地下室一层；Ⓚ—展览厅，2 层，高10.2米；Ⓛ—变电、冷冻、食堂 2 层，高10.2米，地下一层；Ⓜ—报告厅，3 层，高15.5米，地下一层；Ⓝ—锅炉房，2 层，高16米，混凝土烟囱45米左右。

7.工厂化程度（房建部分）

$$工厂化程度=\frac{预制加工厂完成的工作量}{总工作量}\times 100\%$$

8.装配化程度

$$装配化程度=\frac{用装配化施工的房屋面积}{施工的全部房屋面积}\times 100\%$$

9.流水施工系数

$$工人流动时间不均衡系数=\frac{流水施工固定期时间}{总工期时间}$$

$$工人流动数量不均衡系数=\frac{参加流水施工的最高工人数}{参加流水施工的平均工人数}$$

10.施工场地利用系数

$$施工场地利用系数K=\frac{\Sigma F_6+\Sigma F_7+\Sigma F_4+\Sigma F_3}{F}$$

式中 $F=F_1+F_2+\Sigma F_3+\Sigma F_4-\Sigma F_5$

F_1——永久厂区围墙内的施工用地面积；

F_2——厂区外施工用地面积；

F_3——永久厂区围墙内施工区域外的零星用地面积；

F_4——施工用地区域外的铁路、公路占地面积；

F_5——施工区域内应扣除的非施工用地和建筑物面积；

F_6——施工场地有效面积；

F_7——施工区内利用永久性建筑物的占地面积。

11.场内主要运输工作量

$$场内主要运输工作量Q=\Sigma W_1D_1+\Sigma W_2D_2+\Sigma W_3D_3+\Sigma W_4D_4$$

式中 Q——总运输工作量（吨-公里）；

W_1——各种建筑材料的重量（吨）；

D_1——各种建筑材料的各自平均运距（公里）；

W_2——各项设备重量（吨）；

D_2——各项设备的平均运距（公里）；

W_3——各类预制件的重量（吨）

D_3——各类预制件的各自平均距离（公里）；

W_4——组合件重量（吨）；

D_4——组合件的平均运距（公里）。

上列系一些主要指标。要对各项指标综合加以考虑，最后确定出比较满意的设计方案。

第七节 大型公共建筑施工组织设计简例

下面介绍的是某地一图书馆施工组织设计实例。现摘要说明其主要内容。

一、工程概况

某图书馆是一项具有纪念性的大型公共建筑。其主体工程具有近14万平方米的建筑面积。而且结构构造复杂，设计标准高，施工难度大。由于使用功能方面的需要，该工程十二个子项工程在平面布局上联成一体，以地下三层、地上十九层的基本书库为核心，其它子项则环绕基本书库分三环布置，从而为施工组织工作带来相当的复杂性。

该工程主要建筑和一般建筑均按抗震烈度为8度设防。但书库、阅览室等主要建筑则仍要适当加强。基本书库采用刚度较大的剪力墙外筒结构，结合承重和抗震、保温、隔热的要求，外墙在标高15.8米以上用200号轻混凝土，由防火墙作为抗震剪力墙，楼板采用现浇钢筋混凝土密肋板。各阅览室及管理用建筑采用现浇框架剪力墙结构体系或现浇框架体系。业务行政楼采用预制梁、柱、板和现浇剪力墙的装配整体结构。报告厅采用钢屋架轻屋面。

在设备方面，该工程具有如防火系统、闭路监视电视、电子计算存查书刊资料、照像复制、无线有线同声译意等较先进设备。

该工程有五种屋面做法，四种吊顶做法，十七种楼地面做法，另外内、外墙亦均有多种不同做法。故装修工程亦相当复杂。

二、进度安排

结合该工程的实际情况，影响其施工顺序与进度安排的主要因素是各子项工程在平面上的相互关系与各自的结构构造特点，故在安排施工进度时，首先抓住这一关键因素，在保证满足工期要求的前提下，尽量组织好均衡生产，以提高机械设备的利用率并控制各项临时设施的规模。

在各子项工程中，基本书库（*A*）为一地下三层地上十九层的大体型建筑，是本工程中工程量最大、工期最长的子项工程。其次，社科阅览研究楼（*C*）是本图书馆的主要出入口，结构复杂，柱网层高变化多，装修标准高，其施工期仅次于基本书库。此外，目录出纳厅（*D*）和报库视听资料楼（*G*）与基本书库（*A*）相邻处各有一层和三层地下室，在基础施工时应与基本书库地下部分统一安排。

从平面布局看，基本书库（*A*）位于中心部位，而社科阅览研究楼（*C*）则处在最外层。根据这一情况，在安排施工进度时主要考虑了两种方案：

第一方案是按中心开花逐步外扩的做法，其结构施工工期等于基本书库（*A*）+善本社科阅览单元（*B*）+社科阅览研究楼（*C*）。这是最不利的组合。因受平面条件的限制很难使*A*、*B*、*C*三项工程进行搭接平行施工。若用此方案并在原要求的总工期内完工，势必要靠增加人力与设备来缩短各子项的工期，这样将使施工作业出现很不均衡的情况。

第二方案则是尽量将善本社科阅览单元（*B*）和社科阅览研究楼（*C*）提前施工，使*B*、*C*的主体结构与基本书库（*A*）5层以上的主体结构平行施工，从而有效地争取了时间，经比较第二方案比第一方案可缩短工期7个月左右，且在均衡施工方面有很大改善。故最后选用了第二方案，其具体情况可见分阶段施工示意图与施工总进度网络计划（见图5-10、图5-11、图5--12）。

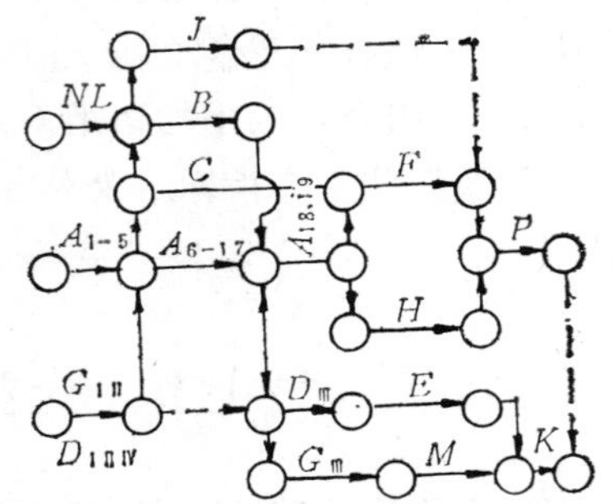

图 5-10　某图书馆工程结构施工顺序图

三、施工总平面图

图5-13所示的施工总平面图系第一阶段的施工情况。

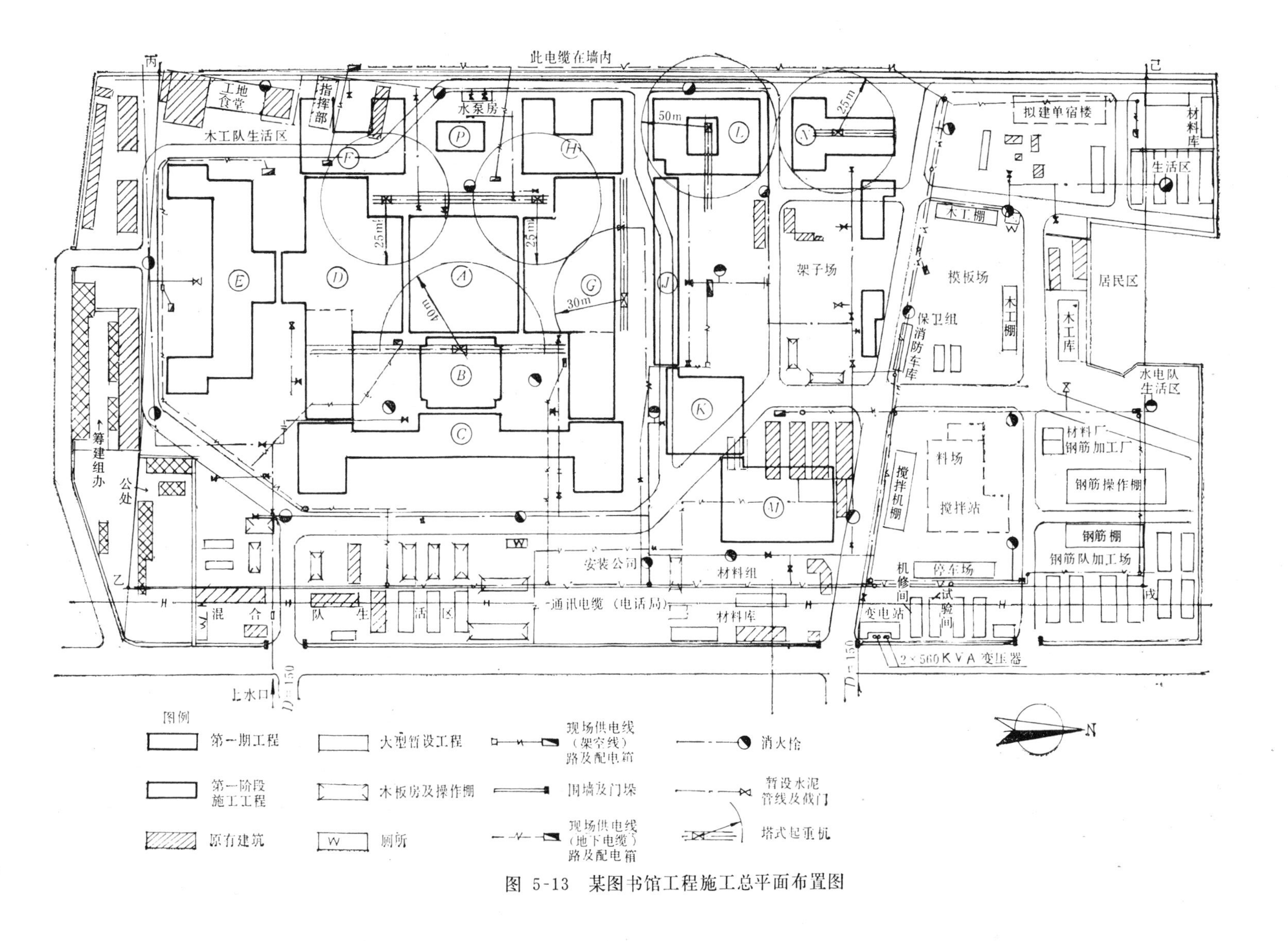

图 5-13　某图书馆工程施工总平面布置图

第六章　建筑工地业务组织

施工组织设计的基本任务之一就是为完成具体施工任务创建必要的生产条件。缺乏这种生产条件则施工任务难以开展，而且生产条件的完备程度对整个建设项目的施工能否顺利进展起着决定性的影响。所谓施工业务组织即对各种生产条件的组织，其涉及的方面是比较广泛的，需要解决的问题也是很繁杂的。就建筑工地而言，施工业务组织主要有：建筑生产企业的组织、运输业务组织、仓库业务组织，供水、供电和供应其它各类动力资源组织，行政、生活福利等临时设施的组织，以及施工调度和通讯组织。

第一节　运输业务的组织

由于建筑产品的庞大性，在其兴建过程中需要调运大量的建筑材料和其他物资。据统计，在工业建筑中每立方米建筑物的货运重量可达0.12～0.37吨；而在多层砖混结构居住建筑中每立方米建筑物的货运重量竟高达0.5吨。运输费用通常要占到建筑工程造价的20～30%（包括装卸费），有的高达40%。因此，合理组织运输业务，对节约运费、加速工程施工进度和降低工程成本具有重大意义。

运输业务可分为场外运输和场内运输两种。场外运输亦分两种：一是将货物由外地利用公路、水路或铁路运到工地；另一种是在本地区范围内的运输。场内运输，也就是货物在建筑工地内部的运输。它也包括两种情况：一是工地范围内各单位之间的运输，如从工地加工厂将其产品运至施工地点；另一种是将材料、半成品、成品等从堆放地点运至施工地点。

为减少或避免货物在运输过程中的损耗，在运输业务组织中应尽量减少倒运环节。

运输工作的组织主要包括：货运量的确定；运输方式的选择；运输工具需要量的计算；运输线路的规划以及装卸方式与设备的选择等。

一、确定货运量

运输总量应按工程实际需要测算。此外，对外部运入的物资还要考虑日最大运输量及按不同运输方式分别估算的最大运输密度。

建筑工地所需运输的主要货物有建筑材料、半成品、构件和建筑企业的机械设备等。此外，还有工艺设备、燃料、废料以及职工生活福利用的物资。可利用下式计算每日货运量：

$$q=\frac{\Sigma Q_i L_i}{T}\times K$$

式中　q——日货运量（吨公里）；

Q_i——各种货物的年度需用量，或整个工程的货物用量；

L_i——各种货物从发货地点到储存地点的距离（公里）；

T——工程年度运输工作日数（对于单位工程，则为单位工程的运输天数）；

K——运输工作不均衡系数，铁路运输可取1.5，汽车运输可取1.2。

二、运输方式的选择及运输工具需要量的计算

运输方式包括使用的不同运输工具和装卸车方法、堆集方法等。在施工中，主要有水路运输、铁路运输、公路汽车运输、马车运输等。

运输方式的确定，必须考虑到各种因素的影响，例如材料的性质，货物量的大小，超重、超高、超长、超宽的设备和构件以及外委加工件的形状及大小，运输距离及期限，现有运输设备条件,利用永久性道路的可能性,当地的地形和工地的情况等。

水路运输是最经济的一种运输方式，在可能条件下，应尽量利用水路运输。采用时应注意与工地内部运输配合，码头上是否有转运仓库和卸货设备。同时，还需考虑到洪水、枯水和每年正常通航期。

宽轨铁路运输的优点是运输量大，运距长，不受气候条件的限制。但其基建投资大，筑路技术要求严格。宽轨铁路运输适用于下述情况：当拟建工程需要铺设永久性专用线时；建筑工地必须从国家铁路线上运来大量物料时。

窄轨铁路比宽轨铁路投资少，技术要求也低。与宽轨铁路比，运输量小，运费高。一般多用于两个固定点之间的运输，但运距不宜过长，最好不要超过400米。

汽车运输在目前是应用最广的一种运输方式，特别是采用各种自卸式或专用汽车，可以缩短装卸时间。汽车运输的优点是：机动性大，操纵灵活，行驶速度快，转弯半径小，可在一定坡度上行驶，适于运送各类物料，可直接运送到使用地点。但是,其运输量较小，运输成本高，需要修筑较好的道路，并需经常进行保养。汽车运输特别适用于货运量不大，货源分散，或地区地形比较复杂不宜于铺设轨道以及城市和工业区内的运输。但应注意，在物料量大及运距较远的情况下，最好采用载重量较大的汽车。距离在1.5公里以上比较合理，在7公里左右最经济。在同一工地上，所选用的汽车类型不宜过多，以便于管理和维修。

马车运输适宜于较短距离（3～5公里）运送大量的货物。其使用灵活，对道路的要求较低，费用也比较低廉。

特种运输包括皮带运输机、架空索道、缆车道等。皮带运输机适用于运送大量的惰性材料。其优点是可以连续运输，生产率高，受地形的限制较小。架空索道适用于山区或丘陵地带。其优点是不受地形限制，可按最短的路线敷设索道，工作不受气候影响。但其造价较高，铺设索道的工作比较复杂，生产率较低。缆车道可在陡坡上拖运车辆，造价较低。但其运行速度不高，生产率较低。

在分析了运输距离、货流量、所运货物的性质及运输距离内的地形条件之后，再通过不同运输方式的成本比较，来选定经济合理的运输方式。

运输方式选定后，即可计算运输工具的需要量。每一工作班内所需的运输工具数量可用下式计算：

$$n = \frac{Q \times K_1}{q \times T \times C \times K_2}$$

式中 n——运输工具所需台数；

Q——最大年（季）度运输量；

K_1——货物运输不均衡系数；

q——运输工具的台班产量；

T——全年（季）的工作天数；

C——日工作班数；

K_2——车辆供应系数。

三、运输道路的规划

可为施工服务的场外铁路专用线、场外公路或码头等永久性工程应先期建成投入使用，以解决场外运输问题，一般不再设场外临时施工铁路、公路或码头。

（一） 铁路运输

当材料主要由铁路运输时，场内铁路运输线路的布置可根据建筑总平面中永久性铁路专用线布置主要运输干线，再按施工需要布置某些铁路支线。

施工铁路按《工业企业标准轨距铁路设计规范》(TJ12—74)的三级铁路标准进行设计。施工铁路直线段的中心线与建筑物的距离在无路堤路堑时应满足下列要求：

1.距办公室及加工厂等房屋的凸出部分，在面向铁路侧有出入口时应不小于6米，无出入口时不小于3米；

2.距卸货站台、仓库、设备材料堆置场的距离可尽量接近铁路建筑限界；

3.卸货站台边缘距铁路中心线的最小尺寸在高于轨面1.1～4.8米部分为1.85米；

4.距公路最近边缘距离应不小于3.75米(指同一标高上)；

5.与地下平行管线边缘之间的距离不小于3.5米。

厂内的货物装卸线一般应设在平直道上，在困难条件下也可设在不大于2.5‰的坡道上及半径不小于500米的曲线上。条件特殊困难时非主要卸货线可设在半径不小于200米的曲线上。必要时可设简易卸货站台。

除岔枕采用木枕外，施工铁路应采用预应力混应土轨枕。塔式吊车、门座吊车、龙门吊车等各种有轨起重机械应采用钢筋混凝土轨枕，轨枕的断面及配筋应通过计算确定。

场内道路与铁路尽量减少交叉。必须交叉时应注意：尽量采用正交，必须斜交时其交叉角不小于40度；交叉点不宜设在铁路线群、道岔区、卸车线及调车作业频繁的区间；交叉道口处的铁路一般应为平坡，道口两侧公路的平道长度应不小于13米，连接平道的道路纵向坡度一般应不大3％，困难地段不大于5％；道口应加铺砌层，铺砌宽度应与公路宽度相同；主要道口应设置有人管理的落杆等安全设施。

（二）公路运输

当材料主要用汽车运输时，应首先布置仓库及加工厂的位置，并将场内道路与场外公路接通。场内施工公路干线的位置宜尽量与正式工程永久性道路的布置一致。主要施工区及货运量密集区均应设置环形道路。各加工区、堆场与施工区之间应有直通道路连接，消防车应能直达主要施工场所及易燃物堆场。

对公路运输的规划应先抓干线的修建，布置道路时，需注意下列几个问题：

1.临时道路与地下管网的施工程序及其合理布置

修好永久性道路的路基，作为施工中临时道路使用，一般可以达到节约投资的目的。但是，如因地下管网的图纸尚未下达，必须采取先施工道路，后进行管网施工时，临时道路则不应完全按永久道路的位置来布置，要尽量布置在无管网地区或扩建工程范围的地段上。因为，地下管线一般是沿着厂内永久道路铺设，如埋置较深，当开挖管沟时会破坏临时道路，影响工地运输。

2.保证运输的通畅

道路应有两个以上进出口。厂内干线要采用环形布置。主要道路采用双车道，宽度不应小于 6 米，路肩宽1～1.5米。次要道路可用单车道，宽度不小于3.5米，路肩宽0.7米，场内施工区公路在交通频繁、通行大型吊车或大型平板车（≥60吨）时，其主要干道路面宽度不宜小于 8 米。每隔一定距离设会车或调头回车地方。公路两侧应有排水沟。弯道半径一般取15米，特殊情况下不小于10米，行驶60吨平板车的公路不小于18米。纵向坡度一般不大于 4 %，特殊地段（或山区）可取 8 %。会车视距不小于30米。

3.施工机械行驶路线的设置

道路养护费用的多少主要取决于规划是否恰当。一个大型工业工地，在干线上行驶的各种车辆和机械十分频繁。如事先不作出具体的安排和拟定妥善的管理办法，由于施工机械的行驶将损坏路面，这不仅会增加养路工作量，而且会引起交通堵塞而影响施工。因此，在全工地性的道路规划中应专设施工机械行驶路线。

此外，应及时疏通道路边沟，并尽量利用自然地形排水。在永久性排水渠道或新的排水沟未建成前，不应破坏原来自然的排水方向。否则如遇厂区排水不畅，易使道路积水，影响路基，均会增加养护工作及其费用。

4.公路路面结构的选择

根据经验，凡厂外与省、市公路相联的干线，可以一开始就建成混凝土路面，这是因为两旁多层住宅工程，管网较少。同时，也由于是按照城市规划建筑的，变动不大。所以路面修成后遭到破坏的可能性较小。而围绕厂区的环厂道路以及厂内的道路，在施工期间，应选择碎石级配路面。因为，厂区内外的管网、电缆和地沟较多，即使是有计划地密切配合施工，在个别地方，路面亦难免不遭破坏。假如采用碎石级配路面，修补也较方便。

（三） 水路运输

现场采用水路运输时，应了解江、河、湖、海的季节性水位变化情况与通航期限，并采取相应的水路运输措施。如必须设临时码头时。其型式、大小、构造按施工运输量和使用年限的实际需要设计，并应满足低水位时运输和装卸的要求。水运码头宜设置专用的装卸机械。码头与厂区连通的公路在码头附近应设回车道。

第二节 生产企业的组织

努力简化现场施工工艺，尽量扩大作业空间从而争取作业时间是组织施工的基本原则之一。也是发展建筑业的主要途径。因而必须组织相应的各种生产、加工企业。若工程所在地区已具有某些能为工程施工服务的原有企业，显然可以大量减少这方面的组织工作。若当地原有企业的生产能力不能满足需要，则协助原有企业加以扩建，一般这也是经济合理的。

建筑生产企业的类型主要有：混凝土搅拌站、砂浆搅拌站、钢筋混凝土构件预制厂、钢筋加工厂、木材加工厂、金属结构加工厂、施工机械的管理维修厂以及必要时尚需组织地方材料的开采和加工企业等。

建筑工地生产企业的组织主要是根据工程所在地区的实际情况与工程施工的需要，首先确定需要设置的企业类型；然后再分别就各不同企业逐一确定其生产规模、产品的品种、生产工艺、厂房的建筑面积、结构型式和厂址的布置，以及确定原材料和产品的储存、运输和装卸等问题。

建筑工地生产企业所需设备的数量要根据工程施工对某种产品的加工量来确定。在求得了对某种产品所需的日加工量后，即可根据生产工艺所要求的设备类型和其日生产率确定所需的各种设备数量。

建筑工地生产企业面积的大小，取决于设备的尺寸、工艺过程、建筑设计及保安与防火等的要求。通常可参考有关经验指标等资料加以确定。

建筑工地生产企业的厂房结构型式应根据地区条件和使用年限长短而定。使用年限短的宜采用简易结构，如用油毡或草屋面的竹木结构；使用年限长的可用瓦屋面的砖木结构或装拆式的活动房屋等。

建筑工地附属生产企业所需的面积确定后，可根据建筑总平面图对各生产企业进行布置。其布置的内容应包括：原料仓库、厂房、成品仓库、内外运输系统及管理用房等。布置的原则应保证生产流水线在整个企业内不发生逆流现象，并尽可能减少运输线路的交叉；生产企业的位置应设在便于原料运进和成品运出的地方；在满足运输要求的条件下，使工地的运输费最少。布置时，必须遵守有关技术规范及定额的要求和规定（包括卫生、防火、劳动保护及安全技术）。

混凝土搅拌站可采用集中与分散布置相结合的方式。集中设置可以提高机械化、自动化程度，从而节约劳动力。由于集中搅拌，统一供应，可以保证重点工程和大型建筑物的施工需要；同时，由于管理专业化，混凝土质量容易得到保证，而且生产能力容易得到充分发挥。但集中搅拌也存在一些不足之处，如混凝土的运输，由于集中供应，一般运距较远，要备有足够的运输工具。此外，大型工地的建筑物类型多，所需混凝土品种的标号也多，要在同一时间同时供应几种标号的混凝土，调度比较困难。并且，集中供应也不易适应施工情况的变化。

砂浆搅拌站以分散布置为宜。一般工业建筑工地的砌筑工程量不大，很少采用三班连续作业，如集中搅拌砂浆，不仅会造成搅拌站的工作不饱满，而且会增加运输上的困难。所以，砂浆搅拌站采用分散设置较好。

钢筋加工采取分散还是集中布置，要根据工地实际情况，通过技术经济分析比较加以确定。对需要进行冷加工、对焊、点焊的钢筋骨架和大片钢筋网，宜设置中心加工厂，集中加工后直接运到工地。这样，可以有效地发挥加工设备的效能，满足工地的需要，保证加工质量，降低加工成本。但集中加工也存在加工厂成批生产与工地需要成套供应的矛盾，这就需要加强加工厂的计划管理以及与工地的施工需要紧密配合。

木材联合加工厂是否集中设置，要视木材加工的工作量和加工性质而定。如锯材、标准门窗、标准模板等加工量大时，设置集中的木材联合加工厂较好。这样，设备可以集中，生产可以机械化和自动化，从而可减少劳动力，提高生产效率，保证产品质量和降低生产成本。同时，残料锯屑还可以综合利用。至于非标准件的加工和模板修理等工作，一般是在工地设置临时作业棚进行加工。有时，一个大型建设工地需要设置木材联合加工厂，但其规模不宜过大。如建设区有河流通过时，其设置点最好靠近码头。因原木多用水运，运到后即可锯割成材和加工，再将加工品直接运到工地，以减少二次搬运，节省时间与运输费用。

第三节　仓库业务的组织

在建筑工程的施工过程中，工地上需运进并存储较多的建筑材料、半成品和成品。因此，如何正确地组织仓库业务，使之与运输工作密切配合，保证物料不受损失且便于使用，是组织好工地施工的一个重要任务。良好的仓库业务组织工作应表现在：物料贮存量和损耗最少，储存期最短，装卸及运输费用最低；同时，又能保证材料，半成品和成品有足够的储备量供使用。

设计仓库时，应遵守有关定额和技术规范的要求和规定，并应尽量利用永久性建筑物为施工服务，以节省建造临时仓库的数量。

根据建筑工程规模、施工场地的条件、所用运输方式等情况的不同，一般可设置下列几种仓库：

1.转运仓库　它是设置在货物转运地点的仓库。例如，当物资由水路运输转为铁路或汽车运输时，往往在码头附近设置转运仓库，以便使物资能作短时间的贮存。

2.中心仓库　它是用于储存供整个工地范围所需物料的仓库。如果铁路支线直接通到工地，中心仓库和转运仓库可合二为一。根据情况的不同，这种仓库可设在工地内，亦可设在工地外。

3.工地仓库　此种仓库设于某项工程附近，专为该工程服务的。

4.附属生产企业仓库　附属生产企业仓库有原料仓库与成品仓库两种，前者储存本企业有待加工的各种原材料；后者则储存本企业所生产的各种产品。

按保管材料的方法不同，建筑工地上临时性仓库可分为下列几种：

1.露天仓库　用于堆放不因自然气候影响而损坏质量的材料。例如，石料、砖瓦和装配式钢筋混凝土构件等的堆场。

2.库棚　用于储存防止雨雪阳光直接侵蚀的材料。例如，油毛毡、镶面陶瓷砖、细木作零件和沥青等的仓库。

3.封闭式仓库　用于储存防止大气侵蚀而发生质变的建筑物品、贵重材料以及细巧容易损坏或散失的材料。例如，储存水泥、石膏、五金零件及贵重设备、器具和工具等的仓库。

仓库业务的组织工作一般包括：确定各种物料的储存量；确定仓库的面积及外形尺寸；选择仓库的结构型式；确定材料的装卸方法；选定仓库的位置。

一、建筑材料储备量的确定

建筑工地仓库中材料储备的数量，既应保证工程连续施工需要，又要避免储备量过大，造成材料积压，使仓库面积扩大而投资增加。因此，应结合具体情况确定适当的材料储备量。一般对于施工场地狭小、运输方便的工地可少储存一些；对于加工周期长、运输不便、受季节影响的材料可多储存些。

对经常或连续使用的材料，如砖、瓦、砂、石、水泥、钢材等可按储备期计算：

$$P = T_c \frac{Q_i \times K_i}{T}$$

式中　P——材料的储备量（米^{3}或吨等）；

T_c——储备期定额（天）（见表6-1）；

Q_i——材料、半成品等总的需要量；

T——有关项目的施工总工作日；

K_i——材料使用不均匀系数（见表6-1）。

计算仓库面积的有关系数　　**表 6-1**

序号	材料及半成品	单位	储备天数 T_c	不均衡系数 K_i	每平方米储存定额 P	有效利用系数 K	仓库类别	备注
1	水泥	吨	30～60	1.3～1.5	1.5～1.9	0.65	封闭式	堆高10～12袋
2	生石灰	吨	30	1.4	1.7	0.7	棚	堆高2米
3	砂子(人工堆放)	立方米	15～30	1.4	1.5	0.7	露天	堆高1～1.5米
4	砂子(机械堆放)	立方米	15～30	1.4	2.5～3	0.8	露天	堆高2.5～3米
5	石子(人工堆放)	立方米	15～30	1.5	1.5	0.7	露天	堆高1～1.5米
6	石子(机械堆放)	立方米	15～30	1.5	2.5～3	0.8	露天	堆高2.5～3米
7	块石	立方米	15～30	1.5	10	0.7	露天	堆高1.0米
8	预制钢筋混凝土槽	平方米	30～60	1.3	0 20~0.30	0.6	露天	堆高4块
9	型板梁	平方米	30～60	1.3	0.8	0.6	露天	堆高1.0～1.5米
10	柱	立方米	30～60	1.3	1.2	0.6	露天	堆高1.2～1.5米
11	钢筋(直筋)	吨	30～60	1.4	2.5	0.6	露天	占全部钢筋的80%，堆高0.5米
12	钢筋(盘筋)	吨	30～60	1.4	0.9	0.6	封闭库或棚	占全部钢筋的20%，堆高1米
13	钢筋成品	吨	10～20	1.5	0.07～0.1	0.6	露天	
14	型钢	吨	45	1.4	1.5	0.6	露天	堆高0.5米
15	金属结构	吨	30	1.4	0.2～0.3	0.6	露天	
16	原木	立方米	30～60	1.4	1.3～15	0.6	露天	堆高2米
17	成材	立方米	30～45	1.4	0.7～0.8	0.5	露天	堆高1米
18	废木料	平方米	15～20	1.2	0.3～0.4	0.5	露天	废木料约占锯木量的10～15%
19	门窗扇	立方米	30	1.2	45	0.6	露天	堆高2米
20	门窗框	立方米	30	1.2	20	0.6	露天	堆高2米
21	木屋架	立方米	30	1.2	0.6	0.6	露天	
22	木模板	平方米	10～15	1.4	4～6	0.7	露天	
23	模板正理	平方米	10～15	1.2	1.5	0.65	露天	
42	砖	千块	15～30	1.2	0.7～0.8	0.6	露天	堆高1.5～1.6米
25	泡沫混凝土制件	立方米	30	1.2	1	0.7	露天	堆高1米

注：储备天数根据材料来源、供应季节、运输条件等确定。一般就地供应的材料取表中之低值，外地供应采用铁路运输或水运者取高值。现场加工企业供应的成品、半成品的储备天数取低值，工程处的独立核算加工企业供应者取高值。

对于量少、不经常使用或储备期较长的材料，如耐火砖、石棉瓦、水泥管、电缆等，可按储备量计算（以年度需用量的百分比储备）。

对于某些混合仓库，如工具及劳保用品仓库、五金杂品仓库、化工油漆及危险品仓库、水暖电气材料仓库等，可按指数法计算（平方米/人或平方米/万元等）。

对于当地供应的大量性材料（如砖、石、砂等），在正常情况下由汽车运输时，为减少堆场面积，应适当减少储备天数。

二、各种仓库面积的确定

确定某一种建筑材料的仓库面积，与该种建筑材料需储备的天数、材料的需要量以及仓库每一平方米能储存的定额等因素有关。而储备天数又与材料的供应情况、运输能力以及气候等条件有关。因此，应结合具体情况确定最经济的仓库面积。

确定仓库面积时，必须将有效面积和辅助面积同时加以考虑。所谓有效面积，是材料本身占有的净面积，它是根据每平方米仓库面积的存放定额来决定的。辅助面积是考虑仓库中的走道以及装卸作业所必需的面积。仓库总面积一般可按下列公式计算：

$$F=\frac{P}{q\times K}$$

式中 F——仓库总面积（米^2）；

P——仓库材料储备量；

q——每米^{2}仓库面积能存放的材料、半成品和制品的数量；

K——仓库面积利用系数（考虑人行道和车道所占面积）（见表6-1）

仓库面积的计算，还可以采取另一种简便的方法，即按指数计算法：

$$F=\varphi m$$

式中 φ——指数（米^2/人或米^2/万元等）（见表6-2）；

m——计算基础数（生产工人数或全年计划工作量等）（见表6-2）。

按系数计算仓库面积表 **表 6-2**

序号	名称	计算基础数 (m)	单位	系数 (φ)
1	仓库(综合)	按全员(工地)	米^2/人	0.7～0.8
2	水泥库	按当年水泥用量的40～50%	米^2/吨	0.7
3	其它仓库	按当年工作量	米^2/万元	2～3
4	五金杂品库	按年建筑安装工作量计算	米^2/万元	0.2～0.3
		按在建建筑面积计算	米^2/百米^2	0.5～1
5	土建工具库	按高峰年(季)平均人数	米^2/人	0.1～0.20
6	水暖器材库	按年在建建筑面积	米^2/百米^2	0.2～0.4
7	电器器材库	按年在建建筑面积	米^2/百米^2	0.3～0.5
8	化工油漆危险品库	按年建筑安装工作量	米^2/万元	0.1～0.15
9	三大工具库	按在建建筑面积	米^2/百米^2	1～2
	(脚手、跳板、模板)	按年建筑安装工作量	米^2/万元	0.5～1

在设计仓库时，除确定仓库总面积外，还要正确地决定仓库的长度和宽度。仓库的长度应满足装卸货物的需要，即要有一定长度的装卸前线。装卸前线一般可按下式计算：

$$L=nl+a(n+1)$$

式中 L——装卸前线长度（米）；

l——运输工具的长度（米）；

a——相邻两个运输工具的间距（火车运输时a取1米；汽车运输时，端卸a取1.5米，侧卸a取2.5米）；

n——同时卸货的运输工具数。

三、布置仓库应注意的几个问题

仓库的面积确定后，还需决定仓库的结构型式，然后按建筑总平面图选定最合适的布置位置。仓库位置的选定要作方案比较，论证其技术上的可能性和经济上的合理性。布置仓库时，应注意以下几个问题：

1.仓库要有较宽广的场地；

2.地势较高而平坦；

3.位置距各使用地点适中，以便缩短运输距离；

4.交通运输方便，能通达铁路与公路；

5.尽量利用永久性仓库，减少临时建筑面积；

6.如为铁路运输时，总仓库要铺设装卸线（最好铺设在仓库与仓库之间，轨面标高低于仓库地坪一米），以便火车运到材料立即入库，不必倒运；

7.要注意技术和安全防火的要求。如砖堆不能堆得太高；块石等堆放在沟边时要保持一定的距离，避免压跨土壁；易燃材料仓库应布置在拟建房屋的下风向，并需设消防器材；危险品仓库应设在工地边缘和人少又易保卫的地方等。

第四节　办公及生活临时设施的组织

在工程建设期间，必须为施工人员修建一定数量供行政管理与生活福利用的建筑。这类建筑有以下几种：

1.行政管理和辅助生产用房。其中包括办公室、传达室、消防站、汽车库以及修理车间等；

2.居住用房，其中包括职工宿舍、招待所等；

3.生活福利用房，其中包括浴室、理发室、食堂、商店、邮局、银行、学校、托儿所等。

对行政管理与生活福利用临时建筑物的组织工作，一般有以下几个内容：

1.计算施工期间使用这些临时建筑物的人数；

2.确定临时建筑物的修建项目及其建筑面积；

3.选择临时建筑物的结构型式；

4.临时建筑物位置的布置。

一、确定使用人数

在考虑临时建筑物的数量前，先要确定使用这些房屋的人数。建筑工地上的人员分为职工和家属两大类。

（一）职工

1.生产人员

生产人员中有：直接生产工人，即直接参加施工的建筑、安装工人（必要时，还应考虑生产设备安装和其他协作单位的工人）；辅助生产工人，如附属生产企业、机械动力维修、运输、仓库管理等方面的工人，一般占直接生产工人的30～60%；其它生产人员，如学徒工、企业内部从事科研、设计的技术人员等，一般占直接生产工人的5～10%。

直接生产工人数可用下式求得：

$$\text{年(季)度平均在册直接生产工人}=\frac{\text{年(季)度总工作日}(1+\text{缺勤率})}{\text{年(季)度有效工作日}}$$

$$\text{年(季)度高峰在册直接生产工人}=\text{年(季)度平均在册直接生产工人}\times\text{年(季)度施工不均衡系数}$$

2.非生产人员

非生产人员中有：行政管理人员，如从事企业管理的干部、政工和行政人员；服务人员，如从事食堂、文化福利和维修等工作的人员。

对非生产人员，国家有规定比例，如表6-3所示。

非生产人员比例表（占职工总数%）　　表 6-3

序　号	企　业　类　别	非生产人员比例（%）	其中		折算为占非生产人员比例（%）
			管理人员	服务人员	
1	中央省市自治区属	16～18	9～11	6～8	19～22
2	省辖市、地区属	8～10	8～10	5～7	16.3～19
3	县（市）建筑企业	10～14	7～9	4～6	13.6～16.3

注：1.工程分散，职工人数较大者取上限；
2.新辟地区、当地服务网点尚未建立时应增加服务人员5～10%；
3.大城市、大工业区服务人员应减少2-4%。

3.其他人员

其他人员中包括：脱离岗位学习和病休六个月以上的人员，总公司一级直属勘察、设计、科研等工作人员。这些人员一般不在建筑工地生活，计算临时房屋时一般不考虑。

（二）家属

职工家属的人数与建设工期的长短有关，也与工地同建筑企业的生活基地的远近有关。应根据工地所在地区的具体情况来定，如建筑工地在城市或其郊区，则所需家属用房应少些；而边远工程、工期较长的工程所需家属用房应多些。一般，应通过典型调查、统计后得出适当的比例数作为规划临时房屋的依据。如无现成资料，家属人数可按职工人数的10～30%估算。

二、确定临时建筑的面积及其位置

人数确定后便可计算临时建筑所需的面积：

$$S = N \times P$$

式中　S——建筑面积（米^2）；

N——人数；

P——建筑面积指标（见表6-4）。

尽量利用建设单位的生活基地和施工现场及其附近已有的建筑物，或提前修建可以利用的其它永久性建筑物为施工服务。对不足的部分再考虑修建一些临时建筑物。临时建筑物要按节约、适用、装拆方便的原则进行设计。要考虑当地的气候条件、施工工期的长短来确定临时建筑物的结构型式。通常有帐棚、装拆式房屋或利用地方材料修建的简易房屋等。有时，大型工业建设项目的施工年限较长，如采取分期分批施工和边建设边生产时，则基建进展到一定时期，建设单位的生产工人就陆续进厂。因此，利用永久性的生活基地为土建施工长期服务的可能性很小。所以，当建设项目的建设年限在3～5年以上的工地，需要设置半永久性或永久性的基建生活基地，作为城市卫星城的一部分。当基建工程完成，基建队伍转移时，可以移交给建设单位或地方房管部门。

为了职工使用方便起见，食堂、浴室、诊疗所等可设置在工地内部；传达室、办公室、消防站、汽车库等主要应设置在工地内，或建造在与施工工地相毗邻的地带。

行政、生活福利临时建筑面积参考指标（米²/人） **表 6-4**

序号	临时房屋名称	指标使用方法	参考指标	序号	临时房屋名称	指标使用方法	参考指标
一	办公室	按使用人数	3～4	3	理发室	按高峰年平均人数	0.01～0.03
二	宿舍			4	俱乐部	按高峰年平均人数	0.1
1	单层通铺	按高峰年(季)平均人数	2.5～3.0	5	小卖部	按高峰年平均人数	0.03
2	双层床	(扣除不在工地住人数)	2.0～2.5	6	招待所	按高峰年平均人数	0.06
3	单层床	(扣除不在工地住人数)	3.5～4.0	7	托儿所	按高峰年平均人数	0.03～0.06
三	家属宿舍		16～25米²/户	8	子弟校	按高峰年平均人数	0.06～0.08
四	食堂	按高峰年平均人数	0.5～0.8	9	其它公用	按高峰年平均人数	0.05～0.10
	食堂兼礼堂	按高峰年平均人数	0.6～0.9	六	小型	按高峰年平均人数	
五	其它合计	按高峰年平均人数	0.5～0.6	1	开水房		10～40
1	医务所	按高峰年平均人数	0.05～0.07	2	厕所	按工地平均人数	0.02～0.07
2	浴室	按高峰年平均人数	0.07～0.1	3	工人休息室	按工地平均人数	0.15

第五节 供水及供能业务的组织

一、建筑工地的供水

为了满足建筑工地在生产上、生活上及消防上的用水需要，在建筑工地内应设置临时供水系统。

由于修建临时供水设施要消耗较多的投资，因此，在考虑工地供水系统时，必须充分利用永久性供水设施为施工服务。最好先建成永久性供水系统的主要构筑物，此时在工地仅需铺设某些局部的补充管网，即可满足供水要求。如永久性供水设施不能满足工地要求时，才设置临时供水设施。

建筑工地供水组织一般包括这些主要内容：计算整个工地及各个地段的用水量；选择供水水源；选择临时供水系统的配置方案；设计临时供水管网；设计各种供水构筑物和机械设备。

（一）供水量的确定

建筑工地的用水，包括生产（一般生产用水和施工机械用水）、生活和消防用水三个方面。其计算方法如下：

1.一般生产用水

$$q_1=\frac{K_1\times\Sigma Q_1N_1K_2}{T_1\times b\times 8\times 3600}$$

式中 q_1——生产用水量（升/秒）；

Q_1——最大年（季）度工程量；

N_1——施工用水定额（表6-5）；

K_1——未预计的施工用水系数（1.05～1.15）；

T_1——年（季）度有效工作日；

K_2——用水不均衡系数（表6-6）；

b ——每日工作班数。

施工用水(N_1)参考定额 表 6-5

序号	用水对象	单位	耗水量N_1(升)	备注
1	浇注混凝土全部用水	米^3	1700～2400	
2	搅拌普通混凝土	米^3	250	实测数据
3	搅拌轻质混凝土	米^3	300～350	
4	搅拌泡沫混凝土	米^3	300～400	
5	搅拌热混凝土	米^3	300～350	
6	混凝土养护(自然养护)	米^3	200～400	
7	混凝土养护(蒸汽养护)	米^3	500～700	
8	冲洗模板	米^2	5	
9	搅拌机清洗	台班	600	实测数据
10	人工冲洗石子	米^3	1000	
11	机械冲洗石子	米^3	600	
12	洗　砂	米^3	1000	
13	砌砖工程全部用水	米^3	150～250	
14	砌石工程全部用水	米^3	50～80	
15	粉刷工程全部用水	米^2	30	
16	砌耐火砖砌体	米^2	100～150	包括砂浆搅拌
17	洗　砖	千块	200～250	
18	洗硅酸盐砌块	米^3	300～350	
19	抹　面	米^2	4～6	不包括调制用水
20	楼地面	米^2	190	找平层同
21	搅拌砂浆	米^3	300	
22	石灰消化	吨	3000	

施工用水不均衡系数 表 6-6

	用水名称	系数
K_2	施工工程用水 生产企业用水	1.5 1.25
K_3	施工机械运输机械 动力设备	2.00 1.05～1.10
K_4	施工现场生活用水	1.30～1.50
K_5	居民区生活用水	2.00～2.50

2.施工机械用水

$$q_2=\frac{K_1\times\Sigma Q_2N_2K_3}{8\times3600}$$

式中 q_2——施工机械用水量(升/秒);

Q_2——同一种机械台数(台);

N_2——该种机械台班用水定额(表6-7);

K_3——施工机械用水不均衡系数。

3.施工现场生活用水

$$q_3=\frac{P_1\times N_3\times K_4}{b\times8\times3600}$$

式中　q_3——施工现场生活用水量（升/秒）；

P_1——施工现场高峰人数（人）；

N_3——施工现场生活用水定额，视当地气侯、工种而定（表6-8）；

K_4——施工现场生活用水不均衡系数（表6-6）；

b——每日用水班数。

施工机械(N_2)用水参考定额　　表 6-7

序号	用水对象	单位	耗水量N_2	备注
1	内燃挖土机	升/台·米^3	200～300	以斗容量立方米计
2	内燃起重机	升/台班·吨	15～18	以起重吨数计
3	蒸汽起重机	升/台班·吨	300～400	以起重吨数计
4	蒸汽打桩机	升/台班·吨	1000～1200	以锤重吨数计
5	蒸汽压路机	升/台班·吨	100～150	以压路机吨数计
6	内燃压路机	升/台班·吨	12～15	以压路机吨数计
7	拖拉机	升/昼夜·台	200～300	
8	汽车	升/昼夜·台	400～700	
9	标准轨蒸汽机车	升/昼夜·台	10000～20000	
10	窄轨蒸汽机车	升/昼夜·台	4000～7000	
11	空气压缩机	升/台班·(米^3/分钟)	40～80	以压缩空气机排气量米^3/分计
12	内燃机动力装置(直流水)	升/台班·马力	120～300	
13	内燃机动力装置(循环水)	升/台班·马力	25～40	
14	锅驼机	升/台班·马力	80～160	不利用凝结水
15	锅炉	升/小时·吨	1000	以小时蒸发量计
16	锅炉	升/小时·米^2	15～30	以受热面积计
17	点焊机25型	升/小时	100	实测数据
	50型	升/小时	150～200	实测数据
	75型	升/小时	250～350	
18	冷拔机	升/小时	300	
19	对焊机	升/小时	300	
20	凿岩机01-30(CM-56)	升/分	3	
	01-45(TN-4)	升/分	5	
	01-38(KΠM-4)	升/分	8	
	YQ-100	升/分	8～12	

生活用水量(N_4)参考定额　　表 6-8

序号	用水对象	单位	耗水量N_4	备注
1	工地全部生活用水	升/人·日	100～120	
2	生活用水(盥洗生活饮用)	升/人·日	25～30	
3	食堂	升/人·日	15～20	
4	浴室(淋浴)	升/人·次	50	
5	淋浴带大池	升/人·次	30～50	
6	洗衣	升/人	30～35	
7	理发室	升/人·次	15	
8	小学校	升/人·日	12～15	
9	幼儿园托儿所	升/人·日	75～90	
10	病院	升/病床·日	100～150	

4.生活区生活用水

$$q_4 = \frac{P_2 N_4 K_5}{24 \times 3600}$$

式中 q_4——生活区生活用水量（升/秒）；

P_2——生活区居民人数；

N_4——生活区每人每日生活用水定额（表6-8）

K_5——生活区每日用水不均衡系数。

5.消防用水

q_5应根据建筑工地大小及居住人数确定（表6-9）。

消 防 用 水 量 **表 6-9**

序 号	用 水 名 称	火灾同时发生次数	单 位	用 水 量
1	居民区消防用水			
	5000人以内	一 次	升/秒	10
	10000人以内	二 次	升/秒	10～15
	25000人以内	二 次	升/秒	15～20
2	施工现场消防用水			
	施工现场在25公顷以内	一 次	升/秒	10～15
	每增加25公顷递增			5

6.总用水量（Q）

（1）当$(q_1+q_2+q_3+q_4) \leqslant q_5$时，则 $Q = q_5 + \frac{1}{2}(q_1+q_2+q_3+q_4)$

（2）当$(q_1+q_2+q_3+q_4) > q_5$时，则 $Q = q_1+q_2+q_3+q_4$

（3）当工地面积小于5公倾，而且$(q_1+q_2+q_3+q_4) < q_5$时，则$Q = q_5$

（二）水源的选择及临时供水系统

1.水源的选择

建筑工地临时供水水源的确定，可以有两种方案：

（1）利用现有的城市供水或其他工业供水系统，这时必须注意其供水能力能否满足最大用水量，如果供水能力不能满足时，可以利用一部分作为生活用水，而生产用水可以利用地面水或地下水，采用这种方案，可以少建或不建临时供水系统；

（2）尽量先修建永久性的供水系统，至少是供水的外部中心设施，如水泵站、净化站、升压站、以及主要干线等。但这时需注意某些类型的工业企业，可能有部分车间投入生产后耗水量很大，不易同时满足施工用水和部分车间投入生产的用水量。因此，必须事先充分估计到，要有解决措施，以免影响施工用水。

2.选择水源应注意的问题

（1）水量要充足可靠；

（2）水质能适合饮用和施工用水的要求，对于饮用水的质量应符合当地卫生机关的规定。对于施工用水，如水质含有侵蚀性的或大量酸质及油质的沼泽水，工业污水及含有硫化氢的矿物水，均不得用来拌和混凝土和砂浆。用于蒸汽、运输、锅炉以及冷却机械的用水，不得含有大量固体悬浮杂物及对锅炉有侵蚀性的杂物，例如油质、游离酸及氯化镁、氯化钙等化合物。水的硬度，对火管式锅炉不得超过25度，对水管式锅炉不得大于10度，对汽车不得大于15度；

（3）取水、输水、净水设施要安全经济；

（4）施工、运输、管理、维护方便。

3.临时供水系统

所谓临时供水系统，就是指取水设施、净水设施、贮水构筑物（水塔、蓄水池）、输水管和配水管等。

取水设施一般由进水装置、进水管及水泵组成，取水口距河底（或井底）一般为250～900毫米。在冰层下部边缘的距离也不得小于250毫米。给水工程所用的水泵有：离心泵、隔膜泵及活塞泵三种。所选用的水泵要有足够的抽水能力和扬程。对于水泵应具有的扬程，可按下列公式计算：

（1）将水送至水塔时的扬程为：

$$H_p=(Z_t-Z_p)+H_t+a+h+h_s$$

式中 H_p——水泵所需的扬程（米）；

Z_t——水塔处的地面标高（米）；

Z_p——水泵轴中心的标高（米）；

a——水塔的水箱高度（米）；

h——从泵站到水塔间的水头损失（米）；

h_s——水泵的吸水高度（米）；

H_t——水塔高度（米）。

水头损失包括沿程水头损失和局部水头损失，即

$$h=h_1+h_2$$

式中 h_1——沿程水头损失（米）；

$$h_1=i\times L$$

h_2——局部水头损失（米）；

i——单位管长水头损失（毫米/米）；

L——计算管段长度（公里）。

在实际工作中，不详细计算局部水头损失 h_2，而只是按沿程水头损失的15～20%估计即可，故有 $h_2=(1.15\sim1.2)\,h_1=(1.15\sim1.2)\,i\times L$

（2）水直接送到用户时，其扬程为：

$$H_p=(Z_y-Z_p)+H_y+h+h_s$$

式中 Z_y——供水对象（即用户）最大的标高（米）；

H_y——供水对象最大标高处必须的自由水头。一般为8～10米。

4.贮水构筑物

一般可用水池、水塔或水箱。在临时供水时，如水泵房不连续抽水，便需设置贮水构筑物。其容量的大小，以每小时消防用水量来决定，但也不得小于10～20立方米。贮水构筑物的高度，与供水范围、供水对象的位置及贮水构筑物本身的位置有关。可用下式确定

$$H_t=(Z_y-Z_t)+H_y+h$$

式中符号同上。

5.管径计算

在经过上述一系列计算后，根据工地总需水量，便可计算管径，其计算公式如下：

$$D=\sqrt{\frac{4Q\times 1000}{\pi v}}$$

式中 D——配水管直径（毫米）；

Q——用水量（升/秒）；

v——管网中的水流速度（米/秒）。

为了减少计算工作，也可采用简明查表的方法。

根据管径尺寸和压力大小来选择临时给水管道。一般，干管用钢管或铸铁管，支管用钢管。

（三）配水管网的布置

在规划施工用水的临时管网时需注意：

1.尽量利用永久性管网

利用永久性管网是最经济的方案。但是，往往由于供水管网的布置图纸比土建图纸到达迟而难于做到。施工单位为了加快建设速度，土建图纸一到即需开工；而水电道路等施工准备工作又必须预先作好。因此，只好铺设临时管网自成一套供水系统。但是，临时管网的工程量大，投资多。所以，规划时如能利用永久管网为施工服务就应力争做到。不过要具备以下条件：

（1）要求设计单位尽快提出厂区的永久性管网图纸，最迟在施工准备期间到达，以便安排提前施工；

（2）永久管网（特别是干线）的管材和配件已基本具备，能保证施工上的需要。否则，应当规划一套临时施工供水系统。并在铺管时密切配合整个工程的土方平整和道路修筑；同时，应注意避开永久性的生产下水道、电缆沟等的位置。

2.临时管网布置应与土方平整统一规划

如不这样，会因挖土使铺设的管道暴露于地面，甚至可能被挖断；或因填土而深埋于地下，拆除再重新埋置，造成返工浪费。

3.用水量要估计准确

规划时应全面考虑各分区的用水量，水压等各方面的数据，而且要留有一定余地，以免施工中情况稍有改变，将造成供水不足，影响生产和生活。

4.布置方式便于使用

通常有环状和枝状两种布置方式。前者是管道干线围绕施工对象环形布置；后者是布置一条或若干条干线，从干线到各使用地点用支线联结。也可两者结合布置。究竟采用哪种布置方式为宜，主要看建筑物和使用地点的情况和供水的需要而定。图6-1为三种临时供水管网布置图。一般常采用枝式，因为这种布置的总长度最小。其缺点是其中某一点发生故障时，有断水的危险。从连续供水的要求上看，环式布置最为可靠，但这种方案所铺设的管网总长度较大。混合式可以兼有以上两种方案的优点，总管采用环式，支管采用枝式，这样对主要用水地点能保证有可靠的供水条件。这一点对消防要求高的地区尤为重要。

二、建筑工地的供电

在建筑工地施工中广泛地使用电能，并且随着施工机械化和自动化程度的不断提高，用电量也将逐渐增多。所以，确定电能需要量及选择满足需要的电源和合理的电网系统具有重要的意义。

建筑工地临时供电组织工作主要包括：确定用电点及用电量；选择电源；确定供电系统的型式和变电所的功率、数量及位置；布置供电线路和决定导线断面。

（一）用电量计算

建筑工地用电，主要是保证施工中动力设备和照明用电的需要。计算用电量时应考虑：全工地所使用的起重机、电焊机、其它电气工具及照明设备的数量；整个施工阶段中同时用电的机械设备的最高数量；各种机械设备在工作中同时使用情况以及内外照明的用电情况。其总用电量可按下式计算：

$$P = 1.05 \sim 1.10\left(K_1 \frac{\Sigma P_1}{\cos\varphi} + K_2 \Sigma P_2 + K_3 \Sigma P_3 + K_4 \Sigma P_4\right)$$

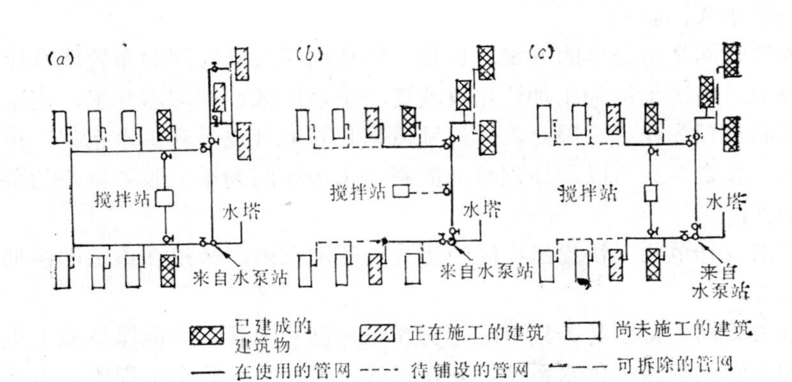

图 6-1　各种布置形式的临时配水管网

(a)环式管网；(c)枝式管网；(b)混合式管网

式中　P——供电设备总需要容量（千伏安）；

P_1——电动机额定功率（千瓦）；

P_2——电焊机额定容量（千伏安）；

P_3——室内照明容量（千瓦）；

P_4——室外照明容量（千瓦）；

$\cos\varphi$——电动机的平均功率因数（在施工现场最高为0.75～0.78，一般为0.65～0.75）；

K_1、K_2、K_3、K_4——需要系数，参见表6-10。

（二）电源选择

工地临时用电电源通常有以下几种情况：

1.完全由工地附近的电力系统供给；

2.工地附近的电力系统只能供给一部分，工地需增设临时电站以补不足；

3.工地位于新开辟的地区，没有电力系统，电力完全由临时电站供给。

需要系数（K值）　　表 6-10

用电名称	数量	需要系数				备注
		K_1	K_2	K_3	K_4	
电动机	3～10台 11～30台 30台以上	0.7 0.6 0.5				如施工上需要电热时，将其用电量计算进去。式中各动力照明用电应根据不同工作性质分类计算
加工厂动力设备		0.5				
电焊机	3～10台 10台以上		0.6 0.5			
室内照明				0.8		
主要道路照明 警卫照明 场地照明					1.0 1.0 1.0	

至于采用哪种方案，要根据具体情况进行技术经济比较后确定。一般是将附近的高压电通过设在工地的变压器引入工地，这是最经济的方案，但事前必须将施工中需要的用电量向供电部门申请批准。

变压器的功率可按下式计算：

$$P = K\left(\frac{\Sigma P_{max}}{\cos\varphi}\right)$$

式中　P——变压器的功率（千伏安）；

K——功率损失系数，可取1.05；

ΣP_{max}——各施工区的最大计算负荷（千瓦）；

$\cos\varphi$——功率因数。

根据计算所得的容量，可以从变压器产品目录中选用相近的变压器。

（三）布置配电线路和确定导线断面

配电线路的布置可分枝状、环状和混合式三种，要根据工程量大小和工地使用情况决定选择哪一种方案。一般3～10千伏的高压线路采用环式；380/220伏的低压线采用枝式。

配电线路的计算及导线断面的选择，应满足下列要求：

（1）导线应有足够的力学强度；

（2）导线在正常的温度下，能持续通过最大的负荷电流而本身的温度不超过规定值；

（3）电压损失应在规定的允许范围以内，能保证电气设备正常工作。

导线断面可先用负荷电流来选择，然后，再用电压及力学强度进行校核。

1.按机械强度选择

导线必须保证不致因一般机械损伤而折断。在各种不同敷设方式下，导线按机械强度要求所必需的最小断面可参考有关资料。

2.按允许电流选择

导线必须能承受负载电流长时间通过所引起的温升。

三相四线制线路上的电流可按下式计算：

$$I=\frac{P}{\sqrt{3}\times V\times\cos\varphi}$$

二线制线路可按下式计算：

$$I=\frac{P}{V\times\cos\varphi}$$

式中 I——电流值（安培）；

P——功率（瓦）；

V——电压（伏）；

$\cos\varphi$——功率因数，临时网路取0.7～0.75。

制造厂根据导线的容许温升制定了各类导线在不同敷设条件下的持续允许电流值，选择导线时，导线中通过的电流不允许超过此值。

3.按容许电压降选择

导线上引起的电压降必须限制在一定限度之内。配电导线的断面可用下式求得：

$$S=\frac{\Sigma P\times L}{c\times\varepsilon}\%$$

式中 S——配电导线断面面积（毫米^2）；

P——负载电功率或线路输送的电功率（千瓦）；

L——送电线路的距离（米）；

ε——容许的相对电压降（即线路电压损失）（%）。照明电路中容许电压降不应超过2.5～5%，电动机电压降不得超过±5%，临时供电可降低到8%；

c——系数，视导线材料、送电电压及配电方式而定。

按以上三项要求，择其断面最大者为准，并从有关资料中选用稍大于所求得的线芯断面即可。通常导线断面先根据负荷电流的大小选择，然后，再以机械强度和允许的电压损失值进行核算。

三、压缩空气与热能的供应

在建筑工地中有不少机具是以压缩空气为动力。如铆钉枪、灰浆泵、喷漆器、风钻等。因此，在工地上往往要建立移动式或固定式的空气压缩机站。

压缩空气的供应方式，一般采用分散式，即气体分别取自几个固定式或移动式的压缩空气机站。压缩空气的输气管长度一般不大于500米，过长则不够经济。

建筑工地的供热主要用于临时建筑的采暖。冬季施工、混凝土养护等方面。

从当地热电站或在建工程的永久性锅炉系统中取得热能是比较理想和经济的方案。否则，只能在工地上自建临时供热系统。建筑工地的供热大都是采用较为经济的蒸汽系统。

第六节 调度及通讯业务的组织

建筑工地的调度工作是实现正确施工的指挥手段，是组织施工中各个环节、各专业、各工种协调动作的中心。它的主要任务是监督、检查计划和工程合同的执行情况，协调总、分包及各施工单位之间的协作配合关系，及时地、全面地掌握施工进度，采取有效措施处理施工中出现的各种矛盾，克服薄弱环节，促进人力、物资的综合平衡，保证施工任务的顺利完成。

建筑工地施工调度工作的主要内容有：检查作业计划执行中存在的问题，找出原因，并积极采取措施予以解决；督促检查各有关部门对材料、劳动力、施工机具、运输车辆及构件等的供应；督促检查施工现场道路、水、电及动力的使用情况，建立正常的施工秩序；迅速准确地传达公司领导对施工所作的各项决定，发布调度命令，并督促、检查执行情况；做好天气预报，以便及时做好防寒、防暑、防雨、防汛及防风措施；定期召开施工现场调度会议，并检查会议决议的执行情况。

做好调度工作须要有强有力的调度系统。公司、工区、施工队以及有关生产部门都要建立生产调度机构。此外，还必须建立健全调度工作制度，如调度值班制度、调度会议制度和调度报告制度等。做好调度工作既要抓施工动态，又要抓施工动向。施工动态是调度工作的重要依据，抓动态就是对当时施工、工作情况作深入的了解，以便采取相应的措施加以解决。抓动向就是要从生产动态所反映出来的具体问题和其原因中，找出带倾向性和全局性的问题，从而采取有效措施，从根本上加以解决。这样可以提高调度工作的预见性和计划性。

除上述一些措施外，做好施工调度工作还要建立调度通讯系统。调度通讯是解决工地领导人和调度人员与施工人员直接联系的技术手段。通过调度通讯，以便传递和接收施工中的有关信息。调度通讯系统包括：通讯枢纽、调度机构用的通讯设备，调节、整理、传递作业信息的自动化装置；线路构筑物以及有关的附属设备等。

调度通讯使用的器材设备主要有：电话机、集线器、交换台；电报和传真电报机；扩声和传声装置；录音装置，无线电系统；工业电视系统和电子计算机等。

电话通讯是施工调度中的主要工具。对不能或难以通过电话进行通讯联系的情况，可以组织无线电通讯。对重要的指示和需要多次传递的信息应进行录音。利用工业电视可观察建筑施工的进程，以便对各施工过程进行全面的监督。必要时，对大型工地亦可利用电报通讯来接收和传递调度管理的文件信息。

布置调度通讯网时，要考虑调度机构与有关施工单位的分布情况，在技术经济分析的基础上选择最佳的方案。

第七章　工程的实施、管理和竣工验收

第一节　施工组织设计的贯彻

建设工程施工组织的全过程，包括施工组织设计文件的编制（计划），施工组织设计的贯彻、执行（实施）和实施过程的检查、调整三环节。施工组织设计文件或施工设计文件的编制，为指导施工部署，组织施工活动提供了计划的依据。为了实现计划的预定目标，还必须按照施工组织设计文件所规定的各项内容，认真实施，并随主、客观条件的不断变化，及时收集施工实绩，经常检查分析实际情况与计划目标的差异，找出原因，不断完善和调整计划方案，保证工程建设始终保持着良好的进展状态。因此，工程建设的施工组织，包含着编制施工组织设计文件（事先计划）的静态过程和贯彻执行，检查、调整的动态过程，如图7-1所示。

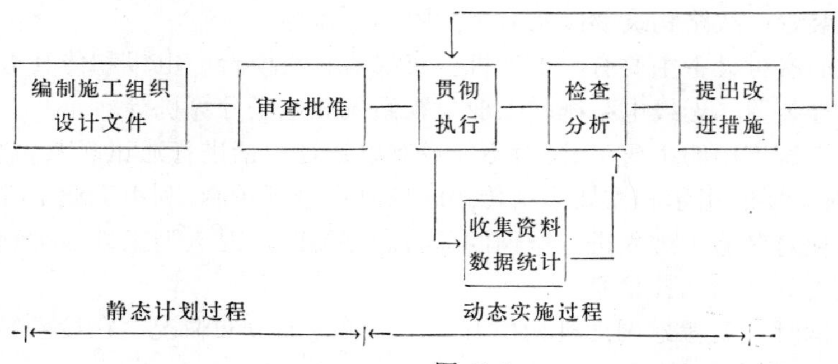

图 7-1

贯彻执行施工组织设计，必须做好以下几方面的工作。

1.加强领导，严格审批程序

（1）工业建设项目的施工组织总设计，应由建设项目的主管部门（或其委托的工程承包公司）召集设计总负责单位的主任工程师、施工总包单位的主任工程师，建设单位工程负责人，进行审查，取得一致意见，然后由主管部门批准下达。

（2）交工系统或独立建筑群的施工总设计，应由总承包单位的主任工程师召集设计部门，各分包单位，专业施工机构的主任工程师会审后，由总承包单位主任工程师批准下达。

（3）单位工程的施工设计视工程复杂程度，可由承担该单位工程的建筑安装机构（工区、工程队）技术负责人或上一级机构（公司）的主任工程师审查批准。

2.搞好施工组织设计交底

经过批准的施工组织设计文件，应由负责编制该文件的主要负责人，向参与施工的有关部门和有关人员进行交底，说明该施工组织设计的基本方针，分析决策过程，实施要点，以及实现施工计划总目标和各个子目标的关键性技术问题和组织问题等。

3.协调施工组织设计与企业各类计划的关系。

一个建筑安装机构，可能同时承担着若干工程项目的施工任务，因此，通常是以年季度施工技术财务计划及月、旬作业计划来安排企业的生产活动。在安排这些计划的时候，应以各有关工程项目的施工组织设计文件为依据，按照施工组织设计文件所规定的施工顺序，进度要求，技术物资的需要等等，进行企业生产能力的配备、劳动力和物资资源的分配，通过综合平衡，确定企业年季度施工技术财务计划和月、旬作业计划的内容和各项技术经济指标，从而把施工组织设计所规定的目标纳入企业生产计划的轨道。

4.建全组织管理系统，保证施工管理信息畅通

施工组织设计的贯彻执行，重点是对施工进度、工程质量和施工成本进行控制。只有健全组织管理系统，才能保证信息的畅通，从施工的开始阶段，就要随时收集工程实施的有关信息，并正确地反馈到负责施工设计，成本管理、质量管理和进度管理的各个部门，定期进行分析比较。根据变化了的情况，及时对工程的施工管理提出新的符合实际情况的对策。

第二节　工程进度管理

网络计划的编制过程，综合分析了施工条件、施工方法和主客观的各种影响因素，明确了计划的管理目标——计划总工期和各阶段形象进度，施工的经济性问题也在选择施工方案过程中作了考虑，体现在以最佳施工设计方案为依据编制的施工预算中。因此，在网络计划的实施过程，包括施工现场生产活动在内的一切施工业务，都必须围绕着这一目标，创造条件忠实执行计划，以便整个施工过程能够保持良好的状态并如期达到应该完成的目标。但是随着工程的进展，实际施工进度会不断发生各种各样的变化，因此，进度管理显得十分重要。

一、进度管理的主要内容

（一）定期收集施工成果和数据，预测施工进度的发展变化趋势，实行进度控制。进度控制的周期应根据计划的内容和管理目的来确定，一般说在建筑工程的开工与准备期间，有些假定条件还不很明确，进度的检查和分析周期可以短一些；一旦施工进入正常和稳定状态，许多施工条件已经明朗化，检查分析的周期可以适当放长，可以半个月或者一个月进行一次。但绝对不能等到工程结束再对网络计划的执行情况做出评价。

（二）随时掌握各施工过程持续时间、总时差的变化情况以及设计变更、修改等引起施工内容的增减；施工内部与外部条件的变化等，及时分析研究，采取相应措施与对策。

在一般情况下，施工过程的进度都有推迟的倾向，为了防止拖延工期和出现赶工现象等，各项工作尽可能提前安排，在施工的初期使工程的进度比预定的快，一旦在施工期间发生不可预知的事故，对于确保计划总工期的实现，有比较充分的机动时间。

外部条件，如材料、构件、设备等的供应，往往是影响施工单位工期比较多的因素，因此必须采取相应措施，通过协议和合同实行监督。

（三）及时做好各项施工准备，加强作业管理和调度，在各施工过程开始之前，应对施工技术物资供应，施工环境等做好充分准备；作业管理应该以不断提高劳动生产率为目标，采取减轻劳动强度，提高施工质量，节省施工费用，缩短作业时间的技术组织措施；

并做好各项作业的技术培训与指导工作。

二、进度管理的方法

在图7-2所表示的施工网络图中，可以知道根据各工作的持续时间所计算的事件时间参数和工作的时差，总工期为130天，关键线路为⓪→①→④→⑦→⑧→⑨。以该网络计划作为初始方案进行施工。

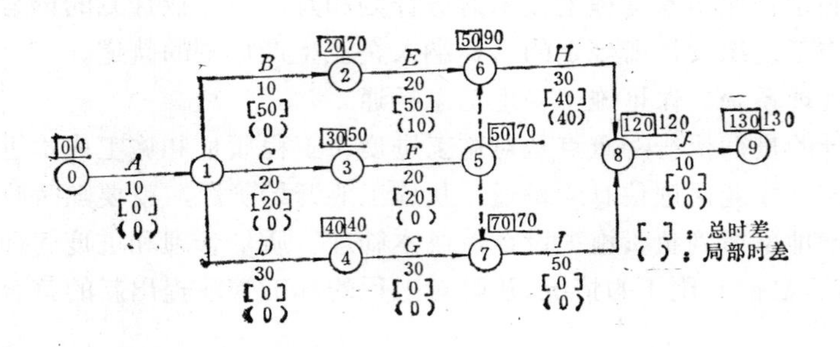

图 7-2

进入施工管理的实施阶段，如果对网络计划进行跟踪，在第35天剩下的工作变成图7-3所示。

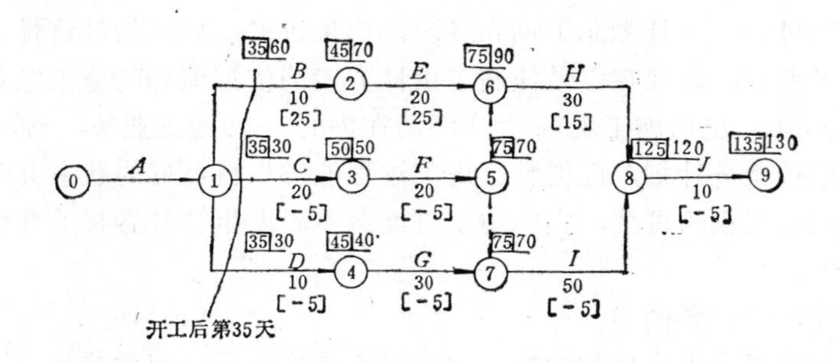

图 7-3

在图7-3中可以看出，总工期为135天，相对于130天而言，推迟了5天。从图上出现总时差（TF）为－5的情况也可知道工期要延长5天。为了保证按130天的工期进行施工，必须消除负的总时差。而具有负总时差的线路为①—③—⑤—⑦—⑧—⑨和①—④—⑦—⑧—⑨二条。为此，一般有两种处理方法：

（一）如果要考虑工作的费用率和可能缩短的持续时间，可以采用最低成本加快法，在二条关键线路上分别选择费用率最低的工作，缩短相同的持续时间（详见第四章第二节）

（二）如果不考虑费用问题，在图7-3中，可选择二条线路中公共的部分，如工作I或J，缩短其持续时间。

图7-4表示两条线路的公共部分工作I缩短5天后，相对于初始网络计划的关键线路变为：

⓪-①—③—⑤—⑦—⑧—⑨和

⓪-①—④—⑦—⑧—⑨两条。

由此可知，进行总工期控制的主要方法是：

1.在进度计划检查的时刻，在网络图上对余下的工作，计算出各结点的最早可能开始时间。

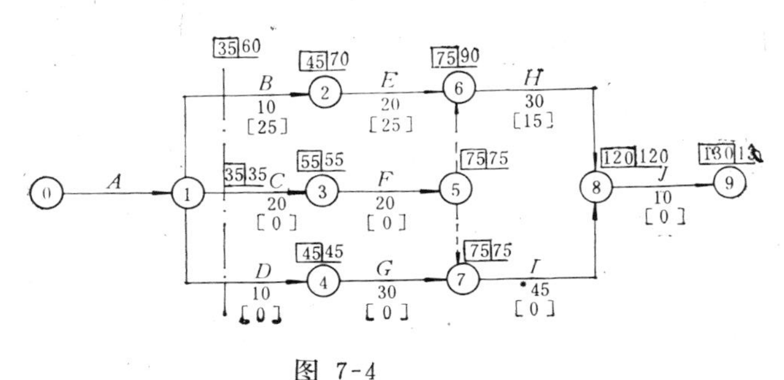

图 7-4

2.与规定工期相比，如果出现推迟的情况，应按照规定工期计算各结点的最迟必须开始时间，通过缩短负总时差的工作，进行网络计划的时间修正。

第三节 工 程 成 本 管 理

一、工程成本管理的概念

工程的成本管理是指在施工活动中进行工程成本的计划和控制。经济合理的施工组织设计，是工程成本计划的依据。也就是说，工程承包单位应以最经济合理的施工组织设计文件为依据，编制施工预算文件，作为工程的控制成本，保证在工程的实施中能以最少的消耗取得最大的效益。

工程预算成本－施工预算成本＝施工利润

我国目前实行的工程设计预算造价或工程投标承包价格，所包含的费用有工程直接费、间接费和法定利润。工程预算成本即直接费和间接费的总和。

每一施工单位在承包工程施工任务时，都应该预先有明确的利润目标，只有这样才能维持企业的生存和发展，才能为社会作出贡献。因此，工程的控制成本可表达为：

工程预算成本－计划利润＝施工预算成本（即控制成本）

由此可知，施工组织设计的过程，包括选择施工方案、安排施工进度，施工平面布置、拟定施工技术组织措施等，实际上也是工程成本计划与利润计划的协调和平衡过程。首先应该按照工程的建筑结构特点、施工条件等确定一个相对经济合理的施工组织设计方案，然后以此为依据编制相应的施工预算成本，求得可能实现的施工利润，再将它与计划的利润值相比较；如果不能满足利润计划的要求，则应对施工组织设计方案进行再分析，局部地改善原有施工组织设计方案，或从根本上用新的方案代替原有方案，直至达到消耗最小、利润最大的目标。

二、工程成本管理的步骤

成本管理的全过程包括，工程承包后，从按照最经济的施工组织设计编制施工预算开始，到工程施工结束进行竣工决算、编制成本管理资料、报告书等一系列工作。其大致步骤如下：

1.按照以最少消耗取得最大利润的原则，编制经济合理的施工组织设计文件。

2.以经济合理的施工组织设计为依据，编制施工预算成本。

3.在工程施工中随时收集实际发生的成本数据和工程的施工形象进度。

4.计算实际成本。

5.将实际成本与施工预算成本逐项进行对比。

6.对实际成本进行评价,分析其与施工预算成本差异的原因,预测施工结果损益情况。

7.提出改善施工或变更施工组织设计的措施。

8.按照修正后的施工组织设计，修正施工预算。

9.根据修正后的施工预算进行实际成本的管理和控制。

10.用实际成本的综合报告，确定标准成本，供今后承包工程和进行同类工程施工组织设计参考。

三、工程成本管理的要求

1.工程管理人员要充分理解成本管理的重要性、施工利润与工程成本的关系。

2.要严格执行施工组织设计所规定的各项措施，克服各种浪费现象。广泛采纳各级人员对于降低工程成本所提出的各种合理建议。

3.提高干部和工人的成本观念。管理干部应经常对其下属人员进行成本管理必要性的教育，同时还应对各分包施工单位进行工程成本管理的指导和监督。

4.健全工程成本管理的制度，根据工程的规模和内容，明确成本管理的工作职责和权限，保证成本信息与施工实绩数据及时按规定渠道反馈。

5.严格设计变更签证手续，既要正确审核工程内容的数量增减，也要注意设计变更对施工组织设计所产生的影响，以及由此而来的施工成本的变化。

6.随时注意建筑市场材料价格的变化，掌握市场信息，采取必要的应变措施。

7.按照施工组织设计的进度计划安排施工活动，克服和避免盲目突击赶工现象，消除赶工造成工程成本激增的情况。

第四节　工程质量管理

一、工程质量管理的方法

工程质量管理的一般方法和步骤如下：

1.决定质量特征和质量标准

工程质量特征是指对最终建筑产品的功能和使用要求产生影响的技术标准，如钢筋混凝土构件的质量特征有：外形尺寸、密实度、表面平整度、抗压强度等。一般应选择在施工初始阶段就能进行测定并能够尽早得到结果的因素，作为质量特征。质量标准是指国家颁发的建筑安装工程施工及验收规范以及质量评定及检验标准所规定的各项质量特征值。各建筑企业为了提高企业社会信誉，也可参照国家规范和标准规定的质量特征值制定企业内部的质量标准，作为工程质量管理的依据。

质量标准是综合考虑了建筑产品的性能要求和施工成本而制定的,离开成本讲质量,只能是一种主观的愿望，而不是客观的现实。反之，在一定成本下，达不到规定的质量标准，则是对社会对用户不负责任的表现。

质量和成本的关系如图7-5所示。

2.决定遵守质量标准的作业标准。作业标准是指规定的作业方法和作业顺序等，在建筑施工中就是要遵守施工组织设计所规定的施工方法和施工顺序。

3.按作业标准开展施工活动，取得数据。

4.制作直方图检查质量特征值的分布，在满足质量标准的条件下，画出工程管理图（即质量控制图），用以控制施工过程质量变化情况。

5.在管理图中发现质量特征值数值分布出现异常情况时，查找原因，防止再发生异常，以维持施工过程的稳定。

6.随着时间的推移，每当测定点数超过20个或时间经过一个月，应根据最近的数据返回步骤5，重新作直方图和管理图。

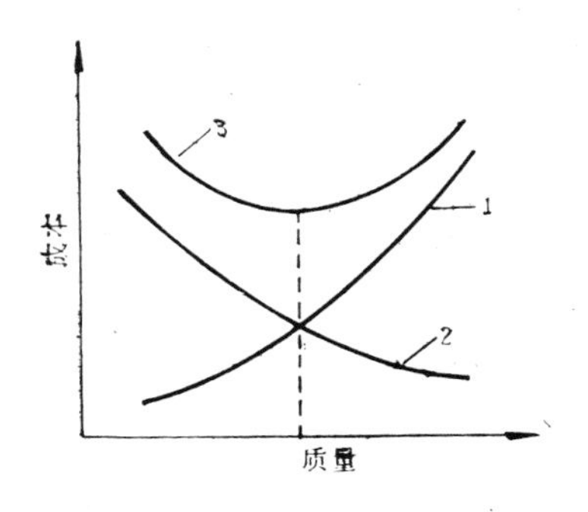

图 7-5

1—材料费、人工费、质量管理费曲线；2—不合格产品损失费曲线；3—生产总成本曲线

二、直方图的应用

直方图是工程质量管理统计分析的常用工具之一，它可以一目了然地反映出工程质量特征值的分布情况。绘制直方图的一般步骤如下：

1.尽可能多地收集最近的数据（质量特征值数据），如表7-1。

数　据　　表 7-1

№	x_1	x_2	x_3	x_4	x_5
1	36	34	34	35	31
2	39	33	36	31	34
3	35	34	35	34	38
4	38	33	33	39	35
5	38	39	32	31	30
6	41	37	36	36	38
7	37	36	36	29	40
8	37	35	35	33	37
9	36	35	33	40	31

2.求数据中的最大值x_{max}和最小值x_{min}。可先求每列的最大值与最小值，再求出全体的最大值与最小值，如表7-2所示。

每列的最大值与最小值　　表 7-2

各列最大最小	x_1	x_2	x_3	x_4	x_5
x_{max}	41	39	36	40	40
x_{min}	35	33	32	29	30

全部数据的最大值与最小值：$x_{max}=41$，$x_{min}=29$，

3.求全体数据的极差R。

$$R = x_{max} - x_{min} = 41 - 29 = 12$$

4.确定数据的分组组数与组距C。

$$R \div (\text{组数}) = C'$$

取C'的整数倍作为组距C。组数可参考表7-3选用。

数据分组参考表 **表 7-3**

数据个数 n	组数
50以下	7～8
100以内	10
500左右	10～15
1000以上	20

本例$n = 45$，故可分8组。

$C' = R \div 8 = 12 \div 8 = 1.5$

取组距$C = 2.0$

5.确定组界。

第一组的下界 $= x_{\min} -$（测定精度的0.5）$= 29 - 0.5 = 28.5$

第一组的上界 = 下界 + 组距 $= 28.5 + 2 = 30.5$（亦即第二组下界）。

依此类推，可确定每一组的上下界值，如表7-4所示。

6.清点数据，统计落入各组的数据个数（即频数）。一般用划符号卌或用“正”字表示，如表7-4。

频数分布表 **表 7-4**

分组	代表值	x_1	x_2	x_3	x_4	x_5	频数
28.5～30.5	29.5				/	/	2
30.5～32.5	31.5			/	//	//	5
32.5～34.5	33.5		////	///	//	/	10
34.5～36.5	35.5	///	///	卌	//	/	14
36.5～38.5	37.5	////	/			///	8
38.5～40.5	39.5	/	/		//	/	5
40.5～42.5	41.5	/					1

7.以横座标为质量特征，纵座标为频数作直方图。取纵横比为1:1或1:06，如图7-6所示。

直方图的使用要注意观察以下几点：

①质量特征值是否满足质量标准？

②分布的位置是否适当？

③分布的宽度，离散情况如何？

④是否存在二个以上的分布高峰？

⑤分布的左右两侧是否出现峭壁形？

⑥是否出现离散的孤岛形分布？

从图7-7所示的各种直方图可以知道：

图（a）数据分布与质量标准的上下界限有一定的宽余，工程处于良好的管理状态。

限（b）数据分布虽然都在质量标准的上下界限之内，但几乎没有宽余，施工稍有偏差，就可能导致超出标准界限，应予以重视。

图（c）分布呈双峰形，表示施工中存在异常情况。

图（d）数据分布超出标准的下限值，要采取适当措施，改进作业，提高质量特征的平均值。

图（ e ）分布超越上下限，质量不能满足要求，要检查原因。

图（ f ）分布左侧呈峭壁，不正常，可能有隐瞒或删除某些统计数据的情况。

图（ g ）分布离下限标准值太大，过于安全，但偏近于上限，要调整作业情况。

图（ h ）分布离上、下限标准值都较大，表示作业中过于粗活细做，或选料用料过于精细，有浪费情况。

图（ i ）出现离散的孤岛形分布，要分析追究原因，可能由于两个熟练程度不同的班组混杂作业。

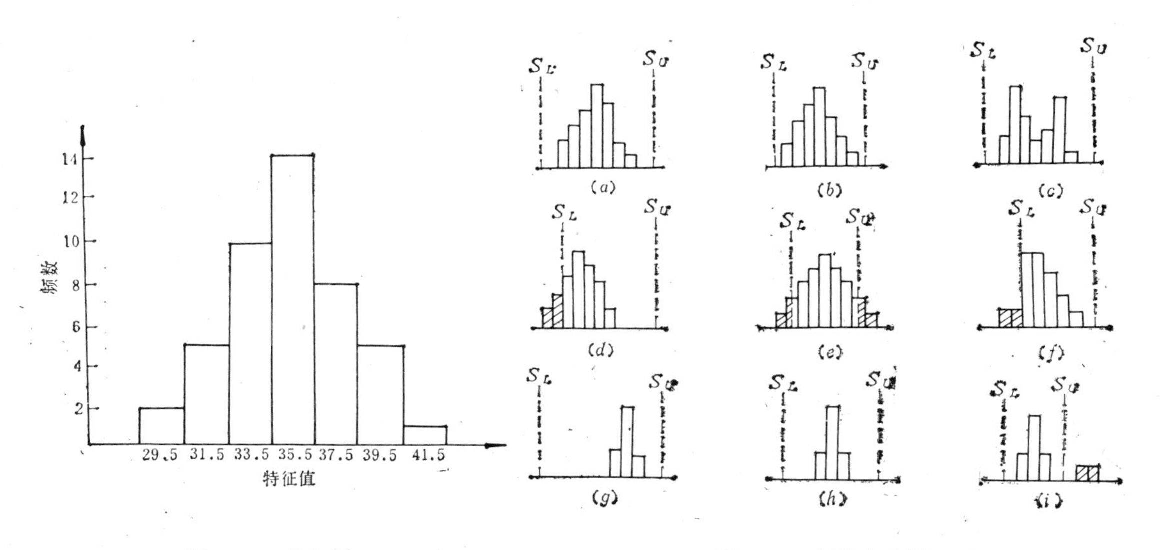

图 7-6　直方图

图 7-7　各种直方图

S_L……下限标准值，S_u……上限标准值

通常在绘制直方图进行观察分析之前，可根据下式判断直方图是否满足质量标准的要求：

$$\frac{|S_\mu(\text{或}S_L)-\bar{x}|}{\sigma}\geqslant 3$$

【例】由表7-1及表7-4求平均值$\bar{x}$和标准偏差σ，确定是否满足质量标准。设$S_L=25$。

表中取频数最大的数据中心值35.5为x_o，作如下变换计算u_i：

$$u_i=\frac{x_i-x_o}{C}$$

由表7-5得

$$\overline{u_i f_i}=\frac{\Sigma u_i f_i}{n}=\frac{-5}{45}=0.11$$

$$\bar{x}=x_o+C\cdot\overline{u_i f_i}=35.5-2\times(-0.11)=35.28$$

$$\sigma=C\sqrt{\frac{1}{n-1}\left[\Sigma u_i^2 f_i-\frac{(\Sigma u_i f_i)^2}{n}\right]}$$

$$=2\sqrt{\frac{1}{44}\left[85-\frac{(-5)^2}{45}\right]}$$

$$=2.77$$

$$\frac{|S_L-\bar{x}|}{\sigma}=\frac{|25-35.28|}{2.77}=3.71>3$$

计算表（求表7-1的$\bar{x}$和σ）　　表 7-5

x_i	f_i	u_i	u_if_i	u_i^2f
29.5	2	-3	-6	18
31.5	5	-2	-10	20
33.5	10	-1	-10	10
35.5	14	0	(-26)	(48)
37.5	8	1	8	8
39.5	5	2	10	20
41.5	1	3	3	9
			(21)	(37)
合　计	45		-5	85

由此可知质量特征值分布相对于标准的下限值有充分的宽余，能满足要求。

三、管理图的应用

管理图又称为控制图，是工程质量管理中用以判断分析施工过程是否处于质量稳定状态的有效工具。根据工程质量特性的不同，管理图又分为计量值管理图与计数值管理图两大类。这里仅介绍常用的$\bar{x}-R$计量值管理图（即平均值与极差管理图）的应用方法，其它形式管理图，读者可参阅有关专著。

$\bar{x}-R$管理图，按以下步骤绘制，现结合示例说明。

1.初始数据准备。一般分组测定，按不同的施工时间和地点，每组测3～5个数据，如表7-6的左边部分。

2.计算各组平均值$\bar{x}$。平均值的精度一般应比数据的精度大两位。

$$\bar{x}=\frac{\Sigma x_i}{n}$$

计算结果列于表7-6。

初始数据与$\bar{x}$、R　　表 7-6

测定值 / 月、日	x_1	x_2	x_3	x_4	x_5	$\bar{x}$	R
6/6日午前	36	34	36			35.3	2
午后	39	35	36			36.7	4
6/7日午前	35	38	37			36.7	3
午后	33	35	35			34.3	2
6/8日午前	37	33	35			35.0	4

3.计算各组极差R。

$$R=x_{max}-x_{min}$$

4.计算总平均值 $\bar{\bar{x}}$。

$$\bar{\bar{x}} = \frac{\Sigma \overline{X}_i}{k}（k 为组数）$$

$$= (35.3 + 36.7 + 36.7 + 34.3 + 35.0)/5 = 35.6$$

5.计算平均极差$\bar{R}$。

$$\bar{R} = \frac{\Sigma R}{k}（k 为组数）$$

$$= (2 + 4 + 3 + 2 + 4)/5 = 3.0$$

6.确定管理图的中心线与上下限管理线。

（1）$\bar{x}$管理图

中心线　$CL = \bar{\bar{x}} = 35.6$

上限值　$UCL = \bar{\bar{x}} + A_2\bar{R}$

$= 35.6 + 1.023 \times 3.0 = 38.7$

下限值　$LCL = \bar{\bar{x}} - A_2\bar{R} = 32.5$

（2）R管理图

中心线　$CL = \bar{R} = 3.0$

上限值　$UCL = D_4\bar{R} = 2.575 \times 3.0 = 7.7$

下限值　$LCL =$ 在 0 的位置画实线

其中D_4、A_2见表7-7。

质量管理系数表　　**表 7-7**

n	A_2	D_4	D_3	d_2	d_3	E_2
2	1.880	3.267	0	1.128	0.853	2.660
3	1.023	2.575	0	1.693	0.888	1.772
4	0.729	2.282	0	2.059	0.880	1.457
5	0.577	2.115	0	2.326	0.864	1.290
6	0.483	2.004	0	2.534	0.848	1.184
7	0.419	1.924	0.076	2.704	0.833	1.109
8	0.373	1.864	0.136	2.847	0.820	1.059
9	0.337	1.816	0.184	2.970	0.808	1.010
10	0.308	1.777	0.223	3.078	0.797	0.975

7.画管理图。通常$\bar{x}$图画在上方，R图画在下方。图中用实线表示中心线，用虚线表示上下界限线。每组数据平均值$\bar{x}$在图中用打点方法标出；R的平均值用打×符号标出，如图7-8所示。然后再用线段将各点连接起来。

8.判断稳定状态

如果在管理图上所打的点全部落在上下界限线范围之内，且在排列上没有特别的倾向，则表示施工作业质量处于稳定状态，满足质量标准，此时可转向步骤10。否则，当所打的点超越上下界限线或点的排列出现异常的倾向，则应分析原因，予以消除。

9.当步骤8出现异常情况时，采取适当措施，消除异常的点，重新计算并绘制管理图。

10.对满足质量标准的分析。用以上所用的全部数据绘制成直方图，与质量标准值进行分析比较。当确认工程作业处于满足质量标准的稳定状态后，可用点划线将管理线延长，作为当前进行质量管理的界限线。

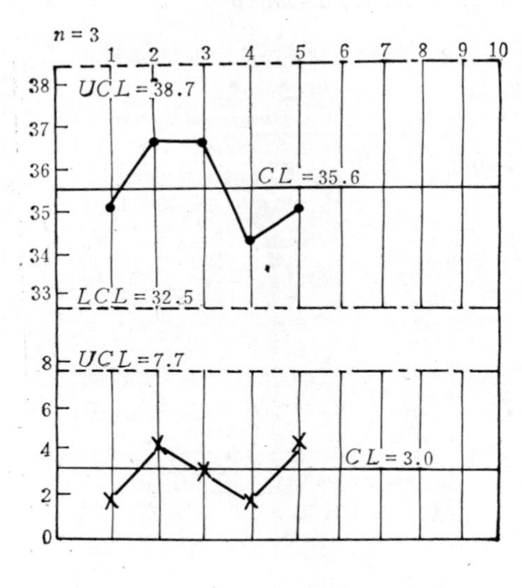

图 7-8 $\bar{x}-R$管理图

在建筑工程质量管理中，按照以上步骤绘制管理图，可能会遇到初始数据采集的困难，此时可用5-5-10-20-20的方式进行。即对某次施工的5组初始数据，先进行计算和绘制管理线。当确认施工作业已处于稳定的状态时，就延长该管理线，作为后续5组数据的管理线，进行质量管理；此时可用最初5组的全部数据作直方图，检查其质量标准。如果第6组至第10组数据所打的点全落在管理线的界限内，又可认为施工处于质量稳定状态，再将10组数据的全体作直方图进行检查。接着再用10组数据计算管理线并加以延长，作为后续10组数据的管理线。这样一来，从施工开始之后得到了20组数据，它又可以计算出后面20组的数据的管理线，如此一步步重复交错，可以应用最新的数据进行管理线的计算和质量的控制。

四、因果分析图的应用

管理图只能用于检查生产过程的质量是否满足规定的要求，生产过程是否处于稳定状态。当发现异常现象，就必须分析影响质量的各种原因，以便有的放矢地采取相应措施，消除异常因素，因果分析图就是用来分析和追求各种原因的工具。应用因果分析图的方法和步骤是：

1.罗列与质量特征有关的原因。通常是请与此问题有关的人员5～6人，集思广益，共同分析研究。在分析原因时要注意：

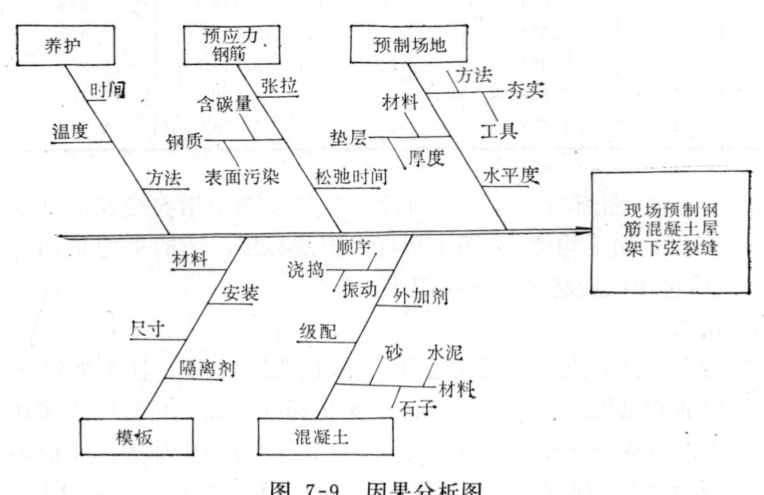

图 7-9 因果分析图

（1）不要把倾向性的意见强加给其它人，应各抒己见。

（2）尽可能广泛听取意见，逐步把问题展开，深入分析。

（3）也要注意听取其它方面的有关意见。

2.绘制因果分析图。

把各种与质量特征有关的原因，从大到小逐步分解细化，画成因果分析图，其中主要原因应具体明确，如图7-9所示。由于这种图的形状象鱼刺，故俗称鱼刺图。

3.对关键原因加以确认，提出有针对性的改善作业、提高质量的对策。

五、排列图的应用

排列图就是对影响质量特征的各种因素，按其重要程度进行排列的图表。根据排列图，人们可以抓住解决影响质量问题的重点。假定某工程结构施工质量问题的因果分析中，找出了12项影响因素，参加质量分析的小组人员有5人。现决定每人选出5项自己认为最重要的影响因素，并对这5项因素按其相对重要性，分别打上1～5个不同的点。最后对5人的打点情况进行汇总，可归纳成下面9项因素：

①施工允许偏差幅度没有确定	22点
②施工图纸未详细检查复核	17点
③施工作业标准没明确交底	12点
④管理人员不关心现场情况	8点
⑤图纸变更手续不完备	5点
⑥建筑材料进场没有检验	3点
⑦施工员没有检查作业情况	2点
⑧图纸尺寸表达不明确	2点
⑨其它	4点
	计75点

将上述结果画成排列图，如图7-10所示。从中可以一目了然地看出，前三项原因共计51点，占68％。接着又可以对这三项因素进一步做因果分析，如偏差幅度没有确定的原因，可能是：施工单位不知道如何确定偏差，管理人员没有这方面的能力；材料部门对制品构件的公差不了解；收集有关数据有困难；季节性因素的影响等等。

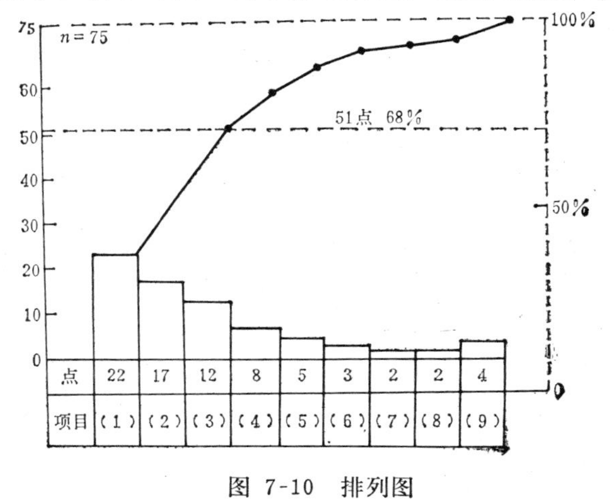

图 7-10 排列图

在排列图中通常是把因素分成A、B、C三类：

A类：累计百分数在80％以下的诸因素；

B类：累计百分数在80％～90％之间的诸因素；

C类：累计百分数在90％以上的诸因素。

六、散布图的应用

散布图也叫相关分析图，用来分析两个因素之间是否有内在的必然联系。如混凝土强度与水泥标号的关系；混凝土外加剂用量对早期强度的关系等。归纳起来说，在工程质量管理中这种相关关系有三类，即①质量特征与影响因素的相关；②质量特征之间的相关；③影响因素之间的相关。

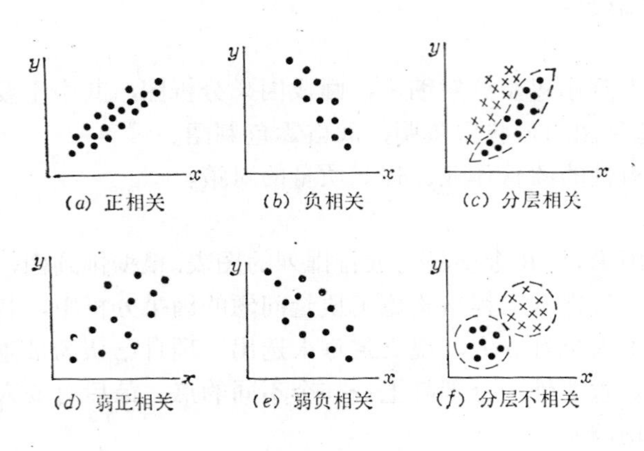

图 7-11 相关的种类

1.散布图的画法

在 x、y座标中，按两相关因素的每一对应数据打上点。根据点的分布情况，可以分析和判别它们是否有相关关系，如图7-11所示。

2.相关系数的计算

要比较正确地反映两种因素相关的密切程度，通常可以通过计算相关系数来表示。

$$r = \frac{S(xy)}{\sqrt{S(xx)\cdot S(yy)}}$$

式中

$$S(xx) = \Sigma(x-\bar{x})^2 = \Sigma x^2 - \frac{(\Sigma x)^2}{n}$$

$$S(yy) = \Sigma(y-\bar{y})^2 = \Sigma y^2 - \frac{(\Sigma y)^2}{n}$$

$$S(xy) = \Sigma(x-\bar{x})\cdot(y-\bar{y}) = \Sigma xy - \frac{\Sigma x\cdot\Sigma y}{n}$$

相关系数可以是正数，也可以为负数。正值表示正相关，负值表示负相关。r的绝对值总是在0～1之间，绝对值越大，相关程度越密切。

两因素相关关系，可以应用数学上的回归分析方法进行定量分析。

第五节　竣工验收和交付使用

一、竣工验收、交付使用的概念、意义与作用

施工准备、施工（过程）和交工验收是建筑施工生产的三个阶段。

工程的交工验收必须按照规定的手续进行。通过交工验收，确认产品达到设计要求后，施工任务方可宣告完成，施工单位可向建设单位交付建筑产品，并解除合同义务，解除对工程发包单位所承担的经济和法律责任。

工程交工验收标志着工程开始转入生产或使用阶段，它是全面考核基本建设成果，检验设计和工程质量的重要环节。对建设单位来讲，工程验收后，就意味着，形成了生产能力，具备了为国家增加或扩大生产、创造财富、积累资金的条件。及时交工验收可以促使建设工程早日动用。为此，施工企业在单位工程交工前，应进行预验收和做好交工验收的各项准备工作。要严格按照国家有关规定，评定质量等级，进行交工验收，不合格的工程不准交工，不准报竣工面积。

二、交工验收的分类

交工验收分为建设单位对总包单位的验收，国家对建设单位的验收两大类。

就建设单位对总包单位的验收而言，则又可分为以下几类：

（一）隐蔽工程验收

所谓隐蔽工程是指某工序的工作结果被下一工序所掩盖，而无法进行复查的工程部位。例如钢筋混凝土工程的钢筋、基础的土质、断面尺寸、打桩数量和位置等。因此，这些工程在下一工序施工以前，应由单位工程技术负责人或施工队邀请建设单位、设计单位三方共同进行隐蔽工程检查、验收，并认真办好隐蔽工程验收手续。它是保证工程质量，防止留有质量隐患的重要措施。

（二）分部分项工程验收

单位工程的主体结构工程或重点、特殊工程的分项工程以及推行新结构、新技术、新材料分项工程完成后，由施工单位、建筑单位和设计单位共同检查验收，并签证验收记录，归入技术档案。

（三）分期验收（或叫临时验收）

对于大而复杂的工程项目，当个别单位工程达到投产条件，需要提前动用时，有时可分期组织验收。

（四）全面交工验收

是指建设单位对施工承包单位所完成的全部工程进行的施工验收。

三、交工验收的准备工作及验收依据与标准

（一）验收的准备工作

施工企业对工程的交工验收应做好如下的准备工作。

1.抓紧工程收尾

所谓收尾工程是指建筑安装工程施工接近交工时，零星分散、工程量小、分布面广、应该完成而尚未完成的工程项目。

收尾工程不及时完成，则直接影响工程的全面竣工验收和交付使用。因此，必须在交工验收之前，通过预检，按生产工艺流程和施工图纸，逐一对照全面清查，找出漏项和需补的工作项目，及时完成收尾工作，以保证交工验收的顺利进行。

2.做好资料和文件的准备

交工验收资料和文件是工程技术档案材料的主要来源，也是交工验收的依据，必须在工程开工时就通盘加以考虑，注意积累和整理，并由专人负责，以使交工验收的资料完整准确。（资料内容详见后述）

3.交工工程的预验收

施工企业在单位工程交工前，应进行预验收工作，它是初步鉴定工程质量，避免交工过程拖延，保证工程顺利进行移交的不可缺少的工作，凡是预验收检查出的不合格的工程部位和项目，都要及时进行返修。

（二）交工验收的依据

1.上级主管部门的有关文件；

2.建设单位和施工单位签订的工程合同；

3.设计文件、施工图纸和设备技术说明书，以及上级领导机关的有关文件；

4.国家现行的施工技术验收规范；

5.建筑安装统计规定；

6.对从国外引进的新技术或成套设备项目，还应按照签订的合同和国外提供的设计文件等资料进行验收。

（三）验收的标准

1.工程项目按照工程合同规定和设计图纸要求已全部施工完毕（生产性工程和辅助公用设施已按设计要求建完），达到国家规定的质量标准，能够满足生产和使用要求；

2.交工工程达到窗明、地净、水通、灯亮及采暖通风设备运转正常；

3.主要工艺设备已安装配套，经联动负荷试车合格，构成生产线，形成生产能力，能够生产出设计文件中所规定的产品；

4.职工宿舍和其他必要的生活福利设施，能适应投产初期的需要；

5.生产准备工作能适应投产初期的需要；

6.建筑物周围2米以内的场地清理完毕；

7.竣工决算已完成；

8.技术档案资料齐全。

有的建设项目，由于少数非主要设备和特殊材料短期内不好解决，未能按设计文件规定的内容全部建完，但对近期生产影响不大，也应组织交工验收，办理交付生产的手续。

四、交工验收工作内容和程序

（一）交工验收工作内容

1.提交交工资料

为了建设单位对工程合理使用和维护管理、为改建、扩建提供依据和办理工程决算，承包单位向建设单位提交的资料有：

（1）交工工程一览表：包括单位工程名称、面积、开竣工日期以及工程质量评定等级；

（2）图纸会审记录：包括技术核定单以及设计变更通知；

（3）竣工图；

（4）隐蔽工程验收单；

（5）永久性的水准点坐标记录；

（6）建筑物或构筑物沉降观测记录；

（7）材料、构件和设备的质量合格证；

（8）土建施工的试验记录：如结构混凝土、砂浆配合比、抗压试验、地基试验、主体结构的检查及试验记录；

（9）土建施工记录：如地基处理、预应力构件、新工艺、新技术施工记录、施工日志等；

（10）设备安装施工和检验记录（即机械设备、暖气、卫生、电气、通风工程的安装施工和检验记录）；

（11）施工单位和设计单位提供的建筑物使用注意事项；

（12）上级部门对该工程的有关技术决定；

（13）工程结算资料、文件和签证等。

2.建设单位派人会同交工单位进行检查和鉴定

3.进行设备的单体试车、无负荷联动试车及有负荷联动试车

（1）所谓单体试车即按规程分别对机器和设备进行单体试车。单体试车由乙方自行组织。

（2）所谓无负荷联动试车是在单体试车以后，根据设计要求和试车规程进行的。通过无负荷的联动试车，检查仪表、设备以及介质的通路，如油路、水路、汽路、电路、仪表等是否畅通，有无问题；在规定的时间内，如未发生问题就认为试车合格。无负荷联动试车一般由乙方组织，甲方参加。

（3）有负荷联动试车是指无负荷联动试车合格后，由生产单位组织乙方参加；近来又有总包主持，安装单位负责，甲方参加的形式进行。不论是乙方或甲方主持，这种试车都要达到运转正常，生产出合格产品，参数符合规定，才算负荷联动试车合格。

4.办理工程交接手续

检查鉴定和负荷联动试车合格后，合同双方签订交接验收证书，逐项办理固定资产移交，根据承包合同的规定办理工程结算手续。除注明承担的保修工作内容外，双方的经济关系和法律责任可予以解除。

保修的内容一般有：工程移交后，凡结构部位因施工造成的质量问题，由乙方免费包修。门窗、五金、水电设施等，可在交工后一个月进行回访，作一次性修理。暖气工程保修期为一个采暖期。油毡防水屋面工程保修期可为一年（经过一个冬、夏季）。

（二）交工验收工作程序

大中型工程项目交工验收工作一般可分两个阶段进行。

第一阶段单项工程验收。一个单项工程或一个车间，已按设计要求建完，能满足生产要求或具备使用条件，即可由建设单位组织验收。建设单位要组织施工单位和设计单位整理有关施工的技术资料和竣工图，据以进行验收和办理交接手续。验收后，由建设单位报请上级主管部门批准后使用。

第二阶段全部验收。整个建设项目已符合竣工验收标准时，即应按规定进行全部验收，验收准备工作，以建设单位为主，组织设计、施工等单位进行初验，向主管部门提出竣工验收报告，由主管部门及时组织验收。

在整个项目进行全部验收时，对已验收过的单项工程，不再办理验收手续。

有些大型联合企业，因全部建成时间很长，对其中重要的工程，如大型铁矿工程等，也应按照整个项目全部验收的办法进行验收。

工程交工后，应绘制竣工图，工程变更不大的，由施工单位在原施工图上加以注明，提交建设单位存档。工程变更较大的，由建设单位组织绘制竣工图。

五、交工验收工作的组织领导

为加强交工验收工作的领导，一般应在竣工前，根据项目性质、大小，成立竣工验收领导小组或验收委员会负责竣工验收工作。大型建设项目，由国家计委组织验收，其中特别重要的项目，由国家计委报国务院批准，组织验收。中小型项目，按隶属关系，由国务院主管部门或省、市、自治区负责验收。